U0158440

中国科学院数学与系统科学研究院
中国科学院华罗庚数学重点实验室

数学所讲座 2017

付保华　段海豹　王友德　张　晓　主编

科学出版社

北　京

内 容 简 介

中国科学院数学研究所一批中青年学者发起组织了数学所讲座,介绍现代数学的重要内容及其思想、方法,旨在开阔视野,增进交流,提高数学修养. 本书的文章系根据 2017 年数学所讲座的 8 个报告的讲稿整理而成,按报告的时间顺序编排. 具体的内容包括:模空间的故事:形变和刚性、广义相对论中的拟局部质量和等周曲面、法诺簇的代数 K-稳定性理论、完全非线性偏微分方程及相关的几何问题、Langlands 纲领的近期进展、几何与表示掠影、量子克隆、量子可积系统新进展——非对角 Bethe Ansatz 方法.

本书可供数学专业的高年级本科生、研究生、教师和科研人员阅读参考,也可作为数学爱好者提高数学修养的学习读物.

图书在版编目(CIP)数据

数学所讲座. 2017/付保华等主编. —北京: 科学出版社, 2022.6
ISBN 978-7-03-072380-2

Ⅰ. ①数… Ⅱ. ①付… Ⅲ. ①数学-普及读物 Ⅳ. ①O1-49

中国版本图书馆 CIP 数据核字 (2022) 第 089890 号

责任编辑:李 欣 李香叶 / 责任校对:彭珍珍
责任印制:赵 博 / 封面设计:王 浩

科 学 出 版 社 出版
北京东黄城根北街 16 号
邮政编码: 100717
http://www.sciencep.com
北京市金木堂数码科技有限公司 印刷
科学出版社发行 各地新华书店经销
*
2022 年 6 月第 一 版 开本: 720 × 1000 1/16
2024 年 2 月第三次印刷 印张: 16 1/2
字数: 328 000
定价: 98.00 元
(如有印装质量问题,我社负责调换)

前　言

"数学所讲座"始于 2010 年, 宗旨是介绍现代数学的重要内容及其思想、方法和影响, 扩展科研人员和研究生的视野, 提高数学修养和加强相互交流, 增强学术气氛. 那一年的 8 个报告整理成文后集成《数学所讲座 2010》, 杨乐先生作序, 于 2012 年由科学出版社出版发行. 2011 年和 2012 年数学所讲座 16 个报告整理成文后集成《数学所讲座 2011—2012》, 于 2014 年由科学出版社出版发行. 2013 年数学所讲座的 8 个报告整理成文后集成《数学所讲座 2013》, 于 2015 年由科学出版社出版发行. 2014 年数学所讲座的 8 个报告中的 7 个整理成文后集成《数学所讲座 2014》, 于 2017 年由科学出版社出版发行. 2015 年数学所讲座的 9 个报告整理成文后集成《数学所讲座 2015》, 于 2018 年出版发行. 2016 年数学所讲座 8 个报告整理成文后集成《数学所讲座 2016》, 于 2020 年出版. 这些文集均受到业内人士的欢迎. 这对报告人和编者都是很大的鼓励.

本书的文章系根据 2017 年数学所讲座的 8 个报告的讲稿整理而成, 按报告的时间顺序编排. 如同前面的文集, 在整理过程中力求文章容易读、平易近人、流畅、取舍得当. 文章要求数学上准确, 但对严格性的追求适度, 不以牺牲易读性和流畅为代价.

文章的选题, 也就是报告的选题, 有模空间的故事: 形变和刚性、广义相对论中的拟局部质量和等周曲面、法诺簇的代数 K-稳定性理论、完全非线性偏微分方程及相关的几何问题、Langlands 纲领的近期进展、几何与表示掠影、量子克隆、量子可积系统新进展——非对角 Bethe Ansatz 方法. 从题目可以看出, 数学所讲座的主题是广泛的, 包含与数学密切相关的物理和信息科学, 在其他学科中数学的应用等. 数学的应用是极其广泛的, 其他学科不断产生很好的数学问题, 这些对数学的发展都是极其重要的推动力量. 报告内容的选取反映了作者对数学和应用的认识与偏好, 但有一点是共同的, 它们都是主流, 有其深刻性. 希望这些文章能对读者认识现代数学及其应用有益处.

编　者

2021 年 6 月

目　　录

1 模空间的故事: 形变和刚性

季理真[①]

这篇文章中, 我们想要解释与形变和刚性这两个对立的想法有关的一些结果的历史发展过程. 首先我们会回顾现代数学中与这两个主题有关的主要结果, 然后我们追溯到它们的源头, 即黎曼关于黎曼曲面及其模空间的工作. 在这个过程中, 我们会接触到很多伟大的数学家及其工作. 我们希望从这个历史的视角也可以阐述数学的统一性.

1.1 简　　介

在这篇文章中, 我想给你们讲一个故事. 这个故事是关于黎曼曲面、黎曼曲面的模空间, 以及它们的影响的.

一个好的故事是值得听的, 所以也是值得讲的. 或许它也是有意义的. 我也想讲一下这个故事的历史. 除了个人兴趣, 历史也可以帮助我们从一个更大更合适的视角来更好地理解这些发展过程. 另一方面, 正如外尔在他关于黎曼曲面的经典书籍 [149, p.IX] 的前言中所说:

年轻一代总是倾向于忘记新的知识和老的知识之间的联系!

可以公平地说, 数学的发展历史并没有被给予和数学的现代发展同等的强调.

我们的故事包含两个对立的方面: 形变 (灵活性) 和刚性 (不变形). 这两个性质不同但却紧密相关. 它们不只在数学中被当作基本且统一的主题.

事实上, 它们在很多其他的情形中被广泛研究. 比如说在中国文化或者说中国哲学中提到, 阴和阳以及它们的相互作用是很多或者说所有事物的本质. 这篇文章的最后, 我们想要得到的一个结论就是同样的事实对于数学来说也是成立的.

尽管很多研究数学的学生和教师都遇到过某种形式的关于刚性和形变的结果, 但是我们仍然想要说明一下从形变、刚性以及它们的相互作用出发得到的很

---

① 密歇根大学数学系.

多漂亮且重要的定理、理论、概念以及更多的一些东西, 多可以追溯到黎曼曲面及其模空间. 我们希望可以重新给数学的统一带来新的思路.

在任何一个故事中, 都有主角和配角. 在电影 (尤其是老电影) 和电视剧中, 在名字之后, 展开情节之前, 他们会列出所有的演员. 我们也来做相同的事情.

问题 1.1.1 在我们的故事中, 谁是主要的人物, 或者说谁是主角?

答 主角是伯恩哈德·黎曼 (Bernhard Riemann), 生于 1826 年, 卒于 1866 年. 在他短暂的一生中, 他引入了很多新的概念, 创造和解决了很多学科和难题, 并且能在以前的问题上给出新的视角.

希望所有人都可以赞同这样的一个选择, 至少在读完这篇文章之后. 我将会加入很多细节来证明这个论断.

问题 1.1.2 第二主角是谁? 第三主角又是谁?

我们不说第二、第三主角, 而是把下面两个人统称为副主演:

1. 奥斯瓦尔德·泰希米勒 (Oswald Teichmüller), 在世时间很短, 生于 1913 年卒于 1943 年. 他是个天才的数学家, 但是声誉不好, 因为他是一个纳粹分子.

2. 亚历山大·格罗滕迪克 (Alexander Grothendieck), 跟其他两个人相比, 在世时间很长, 从 1928 年到 2014 年. 他可以说是过去半个世纪里面最著名的数学家.

你可能会问, 他们为什么出现在这里, 并且尝试着去证明或者解释它. 关于格罗滕迪克, 可能更容易一点, 因为他对大家来说更熟悉, 尤其是对研究代数几何的人来说. 但是他和我们要讲的故事的联系好像不是那么广为人知. 另一个, 泰希米勒却因为几个不幸的原因, 包括政治原因和不好的运气, 而没有得到该有的知名度.

问题 1.1.3 我们故事里的配角呢?

下面列举了可能的配角, 基本上是按照时间和学科顺序排列的. 当然不同的人可能会有不同的列表.

1. 克莱因 (Klein), 一个很有远见的数学家, 一个坚强的信徒, 自称是黎曼的接班人.

2. 庞加莱 (Poincaré), 可能是我们故事中黎曼之后最著名的数学家.

3. 赫尔维茨 (Hurwitz), 克莱因早年的一个学生.

4. 弗里克 (Fricke), 克莱因稍晚一些时候的学生, 并和克莱因合作写了一些很厚的书.

5. 塞维里 (Severi), 意大利代数几何的黄金时代非常杰出的一个成员.

6. 科比 (Koebe), 黎曼曲面的单值化定理无可争议的启动者.

7. 布劳威尔 (Brouwer), 拓扑学的一个先驱, 一个严格且不开心的人, 对模空间也有贡献.

8. 托勒利 (Torelli), 一个聪明的但是却在世时间很短的意大利代数几何家.

9. 西格尔 (Siegel), 一个广博且深刻的数学家, 不喜欢现代数学的猛攻.

10. 劳赫 (Rauch)、韦伊 (Weil)、阿尔福斯 (Ahlfors) 和贝尔斯 (Bers), 他们有不同的兴趣方向和成就, 但是都对泰希米勒空间和模空间理论有重要的贡献.

11. 芒福德 (Mumford), 现代模空间理论的建筑师, 跟德利涅 (Deligne) 合作有很主要的贡献.

12. 格里菲斯 (Griffiths)、霍奇 (Hodge), 结构的变分理论的奠基者, 对黎曼曲面上的周期函数做了一般化.

13. 德恩 (Dehn)、芬切尔 (Fenchel) 和尼尔森 (Nielsen), 发展了双曲曲面和泰希米勒空间的双曲和拓扑理论.

14. 瑟斯顿 (Thurston), 通过使用双曲曲面对泰希米勒理论进行了革命化的改进, 并将泰希米勒理论应用到三维的双曲流形上.

15. 麦克马伦 (McMullen)、米尔扎哈尼 (Mirzakhani), 通过提出并解决问题使得泰希米勒空间上的动力系统成为主流问题.

16. 小平邦彦 (Kodaira) 和斯潘塞 (Spencer), 建立了局部形变理论和高维复流形的模空间理论.

17. Kuranishi, 针对紧的复流形, 构造了万有形变族.

18. 丘成桐、希策布鲁赫 (Hirzebruch) 和小平邦彦, 证明了复射影空间的刚性, 推广了 $\mathbb{C}P^1$ 在单值化定理中的刚性.

19. 志村五郎 (Shimura), 通过志村簇系统地开创了黎曼曲面上的计算代数几何, 并且推广到高维情形.

20. 塞尔贝格 (Selberg), 在皮亚捷茨基-沙皮罗 (Piatetski-Shapiro) 的某些工作的基础上, 开创了半单李群的格的刚性和可计算性.

21. 莫斯托 (Mostow), 针对局部对称空间和半单李群的格证明了深刻地影响了很多学科的强的刚性定理.

22. 马尔古利斯 (Margulis), 证明了高维半单李群的格的可计算性, 通过特定的齐次作用的超刚性和刚性解决了数论中的一些问题.

23. 科莱特 (Corlette)、格罗莫夫 (Gromov) 和孙理察 (Schoen), 完善了超刚性, 从而解决了维数为 1 的半单李群的格的可计算性.

上面列表中的很多名字的出现对读者可能是常见的, 但是也有一些可能不那么常见. 我们将会对他们中的大部分给出注释.

答谢: 这篇文章是对 2017 年 3 月在中国科学院数学研究所给出的一个讲座的笔记进行大量扩充得到的. 我在这里感谢组织者友好的邀请. 同时感谢比尔·哈维 (Bill Harvey) 给出有帮助性的注释.

1.2 主要的刚性和形变定理

在数学中刚性和形变有很多种不同的表述. 例如, 稳定性可以被认为是一种刚性. 某种对象的典范表达也可以被认为是某种形式的刚性, 比如微分拓扑中的莫尔斯函数, 线性代数中矩阵的若尔当标准形. 另一方面, 只要空间中出现非离散的族, 就会有形变的概念. 在数学中有一个非常强大的技术, 就是讲一个复杂的空间通过形变变成一个简单的空间, 退化就是其中的一个. 例如, 将高亏格的黎曼曲面退化成一些亏格 1 或者亏格 0 的黎曼曲面的并. 再例如, 把子空间形变到一般位置, 这在微分拓扑中解决横截相交的问题中是非常基本的方法, 在代数几何中也有用到, 特别是在施密特演算中.

虽然刚性和形变看起来是两个完全不同的概念, 但是它们通常都是联系在一起的. 最简单的例子在我们尝试着去将一个空间或者一个函数形变到标准形式时就出现了. 稍后我们会看到, 一个更加深刻的例子会出现在塞尔贝格对半单李群上的格的形变和刚性的研究中. 它联合应用这两者来证明了格的可计算性. 尽管关于刚性和形变这两个概念还有很多结果, 但是在现代数学中, 主要是以下四类结果:

1. 复射影空间 $\mathbb{C}P^n (n \geq 1)$ 的刚性.
2. 局部对称空间的莫斯托强刚性定理和马尔古利斯超刚性定理、半单李群的格的可计算性.
3. 代数曲线和代数簇的模空间.
4. 复流形的小平邦彦-斯潘塞形变理论, 以及周期函数和霍奇结构的变分理论.

我们先给出上面这些一般结果的一些例子, 然后再给出更多的细节. 为了使大家更清楚, 也使内容更具有可对比性, 下面分成几个部分来讨论.

1.2.1 关于刚性的一些结果

黎曼曲面的单值化定理是数学中最著名且重要的定理之一. 具体表述如下: 每个单连通的黎曼曲面双全纯等价于以下三个标准模型之一: 复射影空间 $\mathbb{C}P^1$、复平面 $\mathbb{C}$ 和单位圆盘 $D = \{z \in \mathbb{C} : |z| < 1\}$ (或者等价地说上半平面 $\mathbb{H}^2 = \{z \in \mathbb{C} : \mathrm{Im}(z) > 0\}$).

作为一个推论, 我们有如下结果.

定理 1.2.1 每个亏格 0 的紧黎曼曲面双全纯等价于复射影空间 $\mathbb{C}P^1$.

由于 Σ 是单连通的并且是紧的, 而 $\mathbb{C}$ 和 D 都不是紧的, 所以从单值化定理马上得到上面的结论.

我们断言这个定理是一个刚性的结果. 为了解释这个断言, 需要重新叙述这个定理为如下的结果.

性质 1.2.2 如果一个紧的黎曼曲面 Σ 和 $\mathbb{C}P^1$ 同伦, 那么它一定双全纯等价于 $\mathbb{C}P^1$.

为什么称为一个刚性结果呢? 如我们所知, 可以添加下面这个更加精细也更强的结构:

1. 拓扑流形结构.
2. 光滑流形结构.
3. 复流形结构.
4. 复数域上的光滑代数簇结果.

对于空间上的每一种结构, 我们有和它们对应的映射. 例如, 对拓扑空间和流形而言, 自然的映射就是连续映射, 拓扑空间的等价类由同胚给出. 更弱一点的等价类由同伦类给出.

对于光滑流形而言, 自然的映射是光滑映射和微分同胚; 对复流形而言, 那就是全纯映射和双全纯映射; 对代数簇而言, 它们被态射 (或者叫正规映射) 和同构给出.

众所周知, 双全纯的两个流形是微分同胚的, 微分同胚的流形是拓扑同胚的, 从而也是同伦等价的. 但是反过来一般来说每一步都是不对的, 其正确的情形是非常不平凡的. 例如, 庞加莱猜想说如果紧流形是同伦等价于 n 维球面 S^n 的, 那么它是同胚于 S^n 的. 米尔诺给出的怪球 S^7 的存在性说明一个同胚于 S^7 的光滑流形不一定能够微分同胚于 S^7. 我们可以找到很多例子来说明微分同胚的两个紧的复流形并不是双全纯等价的 (或者你们现在就可以给出一些例子). 另一方面, 有一个已知的结果说如果两个光滑的射影代数簇 (从而是紧的) 是双全纯等价的, 那么它们作为代数簇也是同构的. 这一结论来自中国数学家周炜良的一个非常著名的定理. 它的出发点是考虑图之间的映射.

性质 1.2.2 给出了反方向的一个结果, 从同伦等价到双全纯的等价. 因此我们说这是关于复射影空间 $\mathbb{C}P^1$ 的刚性性质. 这是一个非平凡的结果, 并且在单值化定理被证明之前就已经是已知的了. 事实上, 单值化定理在 1907 年被庞加莱和科比分别独立证明, 而这个关于 $\mathbb{C}P^1$ 刚性性质是在 1865 年被克莱布什 (Clebsch) 证明的.

$\mathbb{C}P^1$ 的刚性听起来像是几何方向第一个重要的刚性定理. 事实上, 这个荣誉应该归于黎曼于 1851 年在他的博士学位论文里给出的一个更加著名的结果.

定理 1.2.3 (黎曼映射定理) 复平面 $\mathbb{C}$ 的每一个单连通的真子域可以双全纯等价于单位圆盘.

这个结果有和上面类似的特征: 从拓扑等价我们可以推出全纯等价. 所以它是一个刚性结果. 另一方面, 我们后面会看到这两个结果之间存在着很大的区别. 高维复射影空间 $\mathbb{C}P^n$ 仍然有刚性性质, 但是高维复空间 $\mathbb{C}^n$ $(n \geqslant 2)$ 中的单位球却不再具有刚性性质 (在 $\mathbb{C}^2$ 中有无穷多个不能全纯等价于其中单位球的单连通有界区域).

我们想要提到的第二个刚性结果是莫斯托强刚性定理. 在阐述它的一个特殊情形之前我们先从黎曼度量的角度重新阐述性质 1.2.1.

性质 1.2.4 令 M 是一个紧的可定向曲面, 并且有一个常曲率的黎曼度量. 如果 M 同伦等价于 $\mathbb{R}^3$ 中的单位球面 S^2, 那么在一个合适的缩放后它必定同构于 S^2. 或者等价地说, 如果两个紧曲面有同样常曲率 1 的黎曼度量, 那么它们可以从同伦等价推出同构.

回忆一下 n 维双曲流形 M^n, $n \geqslant 2$, 是常曲率 1 的黎曼流形. 所以莫斯托强刚性定理的最简单的一种情形就是对局部对称空间的如下结果.

定理 1.2.5 令 M_1^3 和 M_2^3 是两个紧的可定向的双曲流形, 如果它们同伦等价, 那么它们一定同构.

对于高维的双曲流形, 同样的结果也是成立的, 但是在 2 维的时候却是不成立的, 这个将会在下一个小节中讨论.

我们可以将上述结果重述如下: 令 $\mathbb{H}^n$ 是 n 维的实双曲空间. 那么每一个可定向的 n 维的双曲流形是 $\mathbb{H}^n$ 的如下形式的商空间

$$\Gamma \backslash \mathbb{H}^n,$$

其中 Γ 是 $\mathbb{H}^n$ 的等距同构群的恒等分支 $\mathrm{Is}^0(\mathbb{H}^n)$ 的一个离散子群, M^n 有有限的体积当且仅当 Γ 是一个格, 也即 Γ 在 $\mathrm{Is}^0(\mathbb{H}^n)$ 中有有限的余体积, M^n 是紧的当且仅当 Γ 是一个余紧 (或者是一致) 的格. 例如, 当 $n = 3$, $\mathrm{Is}^0(\mathbb{H}^n) \cong \mathrm{PSL}(2, \mathbb{C})$ 时, 三维的完备双曲流形对应于 $\mathrm{PSL}(2, \mathbb{C})$ 的无挠的离散子群.

利用上面的记号, 性质 1.2.1 可以表述如下.

性质 1.2.6 令 Γ_1, $\Gamma_2 \subset \mathrm{Is}^0(\mathbb{H}^3)$ 是两个余紧的格. 那么每个同构

$$\varphi : \Gamma_1 \to \Gamma_2$$

可以延拓为两个相应的李群之间的同构

$$\varphi : \mathrm{Is}^0(\mathbb{H}^3) \to \mathrm{Is}^0(\mathbb{H}^3).$$

半单李群中的格的马尔古利斯超刚性定理说: 在适当的条件下, 半单李群 G 的维数不小于 2 的不可约格到另一个半单李群 H 的同态可以延拓成为 $G \to H$ 之间的群同态.

1.2.2 关于形变的一些结果

正如我们在前面已经提到的, 莫斯托强刚性定理对二维双曲流形 (即双曲曲面) 不成立. 每一个紧的可定向的双曲曲面有一个拓扑不变量: 亏格 ($\geqslant 2$). 事实

上, 任意两个有相同亏格的紧的可定向的曲面都是微分同胚的, 从而拓扑同胚. 所以关于 2 维双曲流形, 虽然我们没有刚性定理, 但是有如下的定理.

定理 1.2.7 任意 $g \geqslant 2$, 存在无穷多个亏格为 g 的不等距但是微分同胚的紧的可定向的双曲曲面. 更确切地说, 亏格 g 的紧的可定向的双曲曲面的等距等价类构成的空间有一个维数是 $6g - 6$ 的轨形结构.

换句话说, 这样的双曲曲面构成一个维数为 $6g - 6$ 的形变族. 根据黎曼曲面的单值化定理, 在紧的可定向的双曲曲面和亏格不小于 2 的紧黎曼曲面之间存在一对一的对应关系.

从黎曼曲面的角度去考虑问题, 马上得到上面定理的一个更强的版本如下.

定理 1.2.8 任意 $g \geqslant 2$, 亏格不小于 2 的紧黎曼曲面的双全纯类是一个复维数为 $3g - 3$ 的复轨形.

正如之前提到的, 复数域上光滑的代数簇也是紧的光滑的复流形. 一般来说, 反过来是不对的. 但是, 在 1 维的情形下, 每个紧的黎曼曲面都来自光滑的射影代数曲线. 如果从射影代数曲线的角度考虑上面的结果, 会有一个稍微强一点的结果如下.

定理 1.2.9 任意 $g \geqslant 2$, 复数域上亏格不小于 2 的光滑的射影代数曲线的等距类构成的集合是 $3g - 3$ 维的拟射影代数簇, 同时也是一个代数轨形.

这个结果给出了紧的黎曼曲面的形变的准确描述. 例如, 它给出了亏格 g 的紧黎曼曲面做形变时的精确的自由度 $3g - 3$, 对于高维的非刚性的紧的复流形, 形变理论由小平邦彦和斯潘塞建立, 回答了相似的问题, 只是结论相对较弱.

1.2.3 我们为什么会研究刚性?

给出了关于刚性的一些结果之后, 一个很自然并且很重要的问题就是为什么我们要研究这些刚性性质呢? 我们有如下几个答案.

第一个是因为它很美. 很多数学家研究数学就是因为它很美. 虽然很难精确定义数学中的美, 但是它至少包含如下几个特性: 简洁、意想不到的联系、非平凡. 另外, 像生活中的美一样, 我们看到了就一定会知道. 希望读者会赞同我们上面给出的关于刚性的几个例子具有这几个特性.

第二个原因是除其结果有趣外, 它们的证明对后面数学的发展有很大的影响. 例如, 很多人都知道黎曼映射定理和单值化定理对位势论、变分法、覆盖空间理论、复分析、微分方程这些方向都有很大的影响. 它也同时影响庞加莱和克莱因创立自守函数和自守形式理论.

莫斯托强刚性定理给出了几何群论和大范围几何中的很多基本的想法和概念可能就没有那么广为人知了, 而且它还将蒂茨 (Tits) 的厦 (building) 理论引入了微分几何和几何拓扑中, 这也说明了它的几何重要性.

大部分人会理解莫斯托强刚性定理的美和意义, 由于莫斯托因为这个工作获得了沃尔夫奖, 它的重要性也得到了印证. 那么马尔古利斯超刚性定理呢? 它的精确描述涉及高阶半单李群的不可约格和像集的扎里斯基 (Zariski) 稠密性的描述, 所以不是完全初等的. 但是这是一个非常实用的结果, 从而是美的. 最初莫斯托证明的莫斯托强刚性定理只对紧的局部对称空间有效, 马尔古利斯超刚性定理将莫斯托强刚性定理推广到高维的所有有限体积的不可约的局部对称空间. 这是到目前为止对这样的高维的有限体积的对称空间的仅有的证明. 马尔古利斯超刚性性质表明, 这种格的特定表示只是它们的环绕李群的表示的限制. 前者是很难理解的, 但后者却是更好的结构, 而且已经得到了广泛的研究. 超刚性定理的最重要的应用是在这种格的算术上. 得益于由勒让德 (Legendre)、高斯、闵可夫斯基和西格尔创立, 并且由哈里斯·钱德勒 (Harish-Chandra) 和博雷尔 (Borel) 发展起来的可计算子群的约化定理, 这个定理给出了跟这个格相关的局部对称空间的几何和拓扑上很大的信息量. 如果没有这个算术的结果, 那么对于有限体积的局部对称空间的几何和拓扑性质我们可说的就很少.

关于代数簇的刚性性质有一个不那么著名却非常重要的事实: 我们把上述结果用在代数曲线的模空间上可以证明大多数代数曲线不是定义在数域上的, 因为数域上定义的代数曲线只能有可数多个.

另一方面, 众所周知, 如果一个射影曲线 $V \subset \mathbb{C}P^n$ 是刚性的, 也就是说它没有任何的非平凡的形变, 那么它是定义在数域上的. 根据莫斯托强刚性定理, 除去黎曼曲面之外, 有限体积的埃尔米特局部对称空间是刚性的, 从而是定义在数域上的. 这使得它们可以应用在数论领域. 为了这个目的, 关于数域的信息就是重要的. 对一些特殊的埃尔米特局部对称空间, 所谓的志村簇, 志村证明了它们被定义在一个特殊的数域上. 这开启了这些空间的算术代数几何分支, 并且将它们联系到朗兰兹纲领上去.

研究刚性性质还有一个原因: 只要空间的分类是被关心的, 将一般的空间约化到一些典范的或者标准的空间总是有用的, 而且会是满意的.

1.2.4 我们为什么会研究形变和模空间?

前面介绍了研究刚性性质的原因, 现研究空间的形变的原因.

虽然什么是数学不是很容易定义, 但是空间的分类及其相关话题一定是数学中非常重要的课题. 根据定义, 给一类空间和它们之间的一个等价关系, 那么这些等价类构成的集合就是模空间 (稍后我们会解释为什么称之为模空间). 所以, 研究模空间是分类问题的一部分.

研究模空间还有另外的原因. 它给出了一些很自然而且很重要的空间. 这关系到另一个一般的问题——如何构造一个空间? 例如, 亏格 1 的紧黎曼曲面被阿贝尔、雅可比和高斯用来研究椭圆积分, 因此也成为椭圆曲线. 它们的模空间导出了模群 $SL(2,\mathbb{Z})$, 它作用在上半平面 $\mathbb{H}^2$, 从而得到模曲线 $SL(2,\mathbb{Z})\backslash\mathbb{H}^2$ 和椭圆模形式, 或者简单地说模形式理论.

泰希米勒用来理解紧黎曼曲面的模空间的方法导致了泰希米勒空间理论和曲面的映射类群在其上的作用. 除了它们在模空间上的应用, 泰希米勒空间和映射类群在其上的作用在低维几何和拓扑上面有很多意想不到的应用, 同时他们也给出了几何群论中一些最重要的例子.

从代数几何、微分几何和拓扑的角度理解紧黎曼曲面的模空间给出很多问题, 并引发了大量的工作. 它同时也提供了理解其他对象的工具. 例如, 紧黎曼曲面的模空间是曲面的映射类群的分类空间 (我们注意到, 曲面的映射类群是早于泰希米勒空间定义的, 而且它自身已经是一个很有趣的课题).

高维代数簇的模空间仍然处于密集的研究中, 没有被很好地理解. 高维的紧复流形的模空间知道得更少.

其他对象的模空间也有很多意想不到的强大应用. 例如, 唐纳森 (Donaldson) 通过瞬子的模空间对四维光滑流形的拓扑的限制就是一个非常引人注目的例子.

更近一点地, 通过稳定映射的模空间得到的格罗莫夫-威滕 (Gromov-Witten) 簇理论又是一个例子.

为了理解模空间, 一般分为两个方面: 局部和整体. 从局部方面看, 紧复流形的模空间和小平邦彦-斯潘塞的形变理论有关, 从整体方面看, 它和复流形族有关. 除黎曼曲面外, 一般来说模空间的整体方面的问题是非常难的, 相关的结果也很难得到. 例如, 计算一个模空间的维数的最有效的方法就是利用形变理论. 它也使得我们可以理解模空间的光滑结构或者奇性结构.

除了模空间, 复结构和代数簇的形变也因为其他原因而非常重要. 例如, 有理曲线的形变被用来证明两个密切相关的猜想. 一个是证明 [87] 中的哈茨霍恩 (Hartshorne) 猜想, 即有丰沛切线丛的非奇异的射影簇同构于 $\mathbb{P}^n$, 另一个是证明 [129] 中的弗兰克尔猜想, 即每一个有着正的双截面曲率的紧的凯勒流形双全纯等价于复射影空间 $\mathbb{C}P^n$.

1.2.5 刚性和形变之间的联系

我们在上面分别讨论了刚性和形变. 虽然它们之间的关系是微妙且复杂的, 但确实是直接相关的.

一般的想法是刚性空间不能作形变, 一个只有平凡形变的空间应该是刚性的.

基本的直觉是对的, 但还是有几点需要注意一下. 根据定义, 复流形的形变族 X 是以一个复流形 B 为参数 (即 $t \in B$) 的复流形 X_t 的全纯族. 更确切地说, 在两个复流形之间有一个全纯的淹没 $\pi: X \to B$ 使得每个 t 上的纤维 $\pi^{-1}(t) = X_t$.

形变族 X 称为平凡的, 如果 $X = X_{t_0} \times B$, 其中 $t_0 \in B$ 是 B 中的任意一个点, 映射 π 是到第二个分量 B 的投影.

正如前面所指出的, 黎曼曲面 $\mathbb{C}P^1$ 是刚性的, 但是存在非平凡的黎曼曲面的形变族, 其纤维同构于 $\mathbb{C}P^1$. 这样的族就是所谓的拟平凡族的例子, 其中一个形变族 X 称为拟平凡, 如果所有的纤维 $X_t (t \in B)$ 互相之间是同构的.

这样修正之后, 我们可能可以说一个复空间是刚性的, 如果每一个形变族是拟平凡的.

但是事实上, 即便是这样修正之后的形式仍然不是足够的. 下面我们将看到, 这样通过形变的拟平凡定义的刚性的概念其实是所谓的局部刚性的概念, 一个更强的版本是强刚性. 关于刚性的更精确的定义可以参看 15.1 节. 我们前面讨论的刚性的例子都具有强刚性性质.

类似地, 在这样的强刚性定理的记号下, 强刚性复流形仍然可以有非平凡的形变, 当然是拟平凡的.

1.2.6 这些是怎么开始的? 共同的根源是什么?

我们已经讨论了刚性和形变的一些例子, 也讨论了一些动机. 但是仍然有一些问题没有回答. 下面是一个问题清单.

问题 1.2.10 它们是怎么开始的? 黎曼为什么要证明黎曼映射定理? 人们为什么要研究黎曼曲面的单值化定理?

问题 1.2.11 黎曼为什么要引入紧黎曼曲面的模空间的概念? 我们为什么要叫它模空间?

问题 1.2.12 莫斯托为什么要证明强刚性定理? 它和黎曼曲面的模空间有什么联系?

问题 1.2.13 小平邦彦和斯潘塞为什么要开展他们的形变理论?

问题 1.2.14 前面讨论的这些结果和问题有没有一个共同的根源?

我们不能回答上面的全部问题. 为了回答其中的一些, 我们需要从黎曼曲面开始.

1.3 黎曼曲面的定义和相关历史

黎曼曲面是数学中的基本对象, 差不多每个数学家都或多或少会用到它. 正如唐纳森在他的关于黎曼曲面 [38] 的前言中说的那样, 黎曼曲面理论在数学中占据一个非常特殊的位置. 它是传统微积分的一个顶峰, 与几何和算术也有很让人惊喜的联系. 它是数学中非常有用的一部分, 是很多其他领域的专家都需要用到的知识. 它为很多最近发展起来的领域, 包括流形拓扑、整体分析、代数几何、黎曼几何, 以及数学物理上的多种课题都提供了模型.

在这一节我们将对黎曼曲面这个概念的历史进行一个简短的回顾. 我们主要针对下面的问题:

1. 黎曼于 1851 年在他的博士学位论文和 1857 年在关于阿贝尔函数的经典文章中写了什么东西?

2. 抽象的黎曼曲面的概念是什么时候被认识到并定义的?

3. 他是否清楚抽象黎曼曲面即那种不需要嵌入某个具体的空间或者作为 $\mathbb{C}P^1$ 的覆盖曲面的黎曼曲面的概念?

1.3.1 黎曼最初对模空间的定义

根据现代的定义, 黎曼曲面是一个连通的复一维复流形. 例如, 你可以在关于黎曼曲面的标准书本 [41, p.9], [43, p.3] 中找到. 在某些情况下连通性的假设不是必要的, 我们可以换成有限多个连通分支.

问题 1.3.1 这是黎曼用的定义吗?

由于流形的概念在 20 世纪才被提出, 所以这一定不是黎曼用的定义. 那么下一个问题就是

问题 1.3.2 尽管黎曼没有用现代语言来定义黎曼曲面, 那么本质上他是用同一种方式定义的吗?

我们注意到很多人最初学习黎曼曲面的时候学到的并不是上面的定义. 大部分人是在本科的复分析课程里面学到的黎曼曲面的概念. 针对一个、两个复变量的不可约的代数方程 $f(z,w) = 0$ 的特定的多值函数解 $w = w(z)$, 或者是多值解析但是不是代数的函数如 $w = \log z$, 会有几个有割口的平面 $\mathbb{C}$ 或者球面 $\mathbb{C}P^1 = S^2$, 将这些平面或者球面粘在一起就得到一个黎曼曲面. 在上面的构造中割口是连接函数的某些特殊点 (通常是分支点, 或者奇异点) 的线段, 但是它们并不是唯一的, 也没有一种典型的选择.

对于黎曼为什么要引入黎曼曲面这个问题, 有一个常见的答案. 对于复平面 $\mathbb{C}$ 或者其某个子域上的多值解析函数, 黎曼曲面是为了使这个函数成为单值函数而定义的. 关键在于这个多值函数已经是给定的.

问题 1.3.3 黎曼到底做了什么? 为什么他要引入黎曼曲面呢?

为了回答这个问题, 也为了理清前面的讨论, 我们需要看一下黎曼曲面这个概念第一次出现的地方.

虽然黎曼在复函数理论方面的学习受到了柯西、阿贝尔、雅可比、魏尔斯特拉斯等的启发, 但是 1851 年黎曼却在他的博士学位论文中引入了黎曼曲面的概念, 并且在他的复分析方向的工作中扮演了很重要的角色. 他的博士学位论文的题目叫《单复变函数一般理论基础》. 英文版的翻译见 [117, p.1-40], 关于黎曼曲面最早的描述出现在 [117, p.4].

下面我们只允许 x, y 在有限区域上变化. 点 O 不再被认为在平面 A 上, 但处于伸展在平面上的一个曲面 T 中.

如果我们有一个按照现代定义的抽象的黎曼曲面, 上面的描述就给出了一个把它看成是 $\mathbb{C}$ 或者 $\mathbb{C}$ 的一个子区域或者是 $\mathbb{C}P^1$ 上的分支覆盖. 关于黎曼是否在脑子里有一个作为 $\mathbb{C}$ 或者 $\mathbb{C}P^1$ 的子区域的覆盖的抽象的曲面 (即一个曲面空间) 是一个不完全清楚的问题. 不过我们有以下断言.

断言 1.3.4 黎曼确实知道这样的抽象曲面, 并且他在 1851 年写博士学位论文的时候就知道了.

黎曼确实没有说曲面 T 是平面 C 的有限或者无限覆盖. 因为来自阿贝尔积分的代数函数和与 $\log z$ 有关的超越函数都在他的文章中被讨论过, 所以可以暂且认为两个都是允许的.

在他的博士学位论文中, 黎曼对覆盖和分支点自然地给出了更详细的描述:

(1) 他在 [117, p.4-5] 中写道: "O 的位置可以在一个给定的平面上被多次延拓. 但是在这种情况下, 我们认为曲面的不同分支位于另一分支的上方而不是相交出一条线. 因此曲面的折叠或者说曲面的叠加是不存在的."

(2) 他在 [117, p.5-6] 中写道: "如果一个点绕 Σ 移动 m 圈后回到了曲面的相同部分, 并且被限制在曲面上有 m 层的部分, 那么这个点就回到了 Σ 上的同一个点. 我们称这个点是曲面 T 上的 $m-1$ 阶的分支点."

对于 (1), 它似乎暗示着三维空间外的一个抽象的曲面. 否则沿着一条线连接就会出现折叠或者断裂.

除了以上的描述, 黎曼没有给出任何黎曼曲面的现代读者喜欢的精确的定义. 黎曼也没有给出将这样的覆盖作为变量 (x, y) 的定义域的明确的动机. 基于他在 [117, p.1-4] 中做的工作和他的博士学位论文的题目《复变函数的一般理论基础》以及黎曼是一个概念上和哲学上的思想家这一事实 (例如, 在 [117, p.79] 中他写道, "我们认为变量 $x + iy$ 的函数是满足等式 $i\dfrac{\partial w}{\partial x} = \dfrac{\partial w}{\partial y}$ 的所有的复数, 并不假设 w 可以写成 x 和 y 的显式表达"), 我们似乎可以很客观地给出如下两个断言.

断言 1.3.5 在 1851 年的博士学位论文中, 黎曼第一次介绍了黎曼曲面的概念, **全纯函数的自然的定义域**是最初的全纯函数的解析延拓. 并且解析延拓的范围不只限于平面上, 它们包含在黎曼曲面中. 因此黎曼曲面是全纯函数很重要的一部分.

最初的解析函数通常是由某个开集上的幂级数或者基本初等函数 (如 $\log z$) 的代数式给出的.

断言 1.3.6 *之后在 1857 年的论文《阿贝尔函数理论》([117, p.79–134]) 中, 他清楚地解释了黎曼曲面作为 $\mathbb{C}$ 或者 $\mathbb{CP}^1$ 的覆盖曲面在研究多值函数 (例如代数函数等) 时是有用的. 这可能是他将黎曼曲面应用于多值函数的第一个清晰的例子.*

对于断言 1.3.5, 我们注意到他并没有像我们在 1.2 节中做到的那样, 从一个由代数等式给出的多值全纯函数出发, 把它看成是黎曼曲面上的函数而使之成为单值函数. 相反地, 在他的博士学位论文中, 黎曼是从讨论实变量和复变量的函数的不同点出发的 (117, §1). 特别地, 针对单实变量的函数, 他写道:

> 对于在某个区间上已知的函数, 把它延拓出这个区间的方式还是完全任意的……然而, 当 z 不是限制在实值而是形如 $x + iy$ 的复变量时并不是这样的情形. 其中 $i = \sqrt{-1}$.

在这之后黎曼不再用幂级数展开, 而是用柯西-黎曼方程作为对全纯函数的定义, 他写道:

> 无论 w 由 z 通过怎样的简单运算的复合得到, 它的导数值 $\dfrac{dw}{dz}$ 都与 dz 的特定取值无关. 很显然 w 对 z 的依赖关系不是完全任意的.

> 上述所有函数的公共特征是下面的研究的基础, 这样的函数我们可以不考虑它的形式. 并不能证明我们的定义不依赖于运算, 而是从下面的一个观点出发:

> 复变量 w 称为另一个复变量 z 的函数, 如果 w 随 z 变化的导数 $\dfrac{dw}{dz}$ 与微分 dz 无关.

在 [117, p.4] 中黎曼导出了柯西-黎曼方程的一些结果, 他写道:

> 从单个函数出发, 我们得到如下结论:
>
> $$\frac{\partial^2 u}{\partial x^2} + \frac{\partial^2 u}{\partial y^2} = 0, \quad \frac{\partial^2 v}{\partial x^2} + \frac{\partial^2 v}{\partial y^2} = 0$$

这个等式是研究这样的函数的性质的基础. 在理解复函数的更复杂的性质之前, 我们先给出这些性质中最重要一个证明. 但是我们需要先铺平研究的路.

然后他继续对 $\mathbb{C}$ 上的覆盖应用上面的引言部分, 建立了复解析的基本框架. 换句话说, 为了研究全纯函数黎曼提出黎曼曲面是全纯函数的最大的最自然的定义域, 并且系统地研究了黎曼曲面上的函数. 说全纯函数最大的最自然的定义域, 我们指的是对函数进行所有可能的解析延拓后得到的定义域.

沙法列维奇 (Shafarevich) 关于黎曼曲面这个观点 ([125, p.5]) 的一段话可能会有帮助:

> 黎曼曲面这个名词是历史上一个被设计得完全合理的罕见例子: 与之相关的所有基本想法均来自黎曼. 其中心思想是复变量的解析函数定义在一个自然的集合上, 而这个集合是需要被研究的. 这无须与函数初始定义的复平面上的区域一致. 通常而言, 这个自然的集合不在复平面 $\mathbb{C}$ 上, 而是一个从这个函数出发得到的更复杂的曲面: 这就是我们所说的函数的黎曼曲面. 要得到函数完整的图像, 必须在它对应的黎曼曲面上考虑才可以. 这样的曲面有不平凡的几何, 这也使得它是函数本身的一个必不可少的特性.

众所周知, 为了定义一个函数必不可少的特性, 就是这个函数的定义域. 因此黎曼曲面这个概念对全纯函数来说是必须要讨论的, 它构成了整个复分析理论的基础.

在黎曼的工作之后, 克莱因强调了黎曼曲面不必是 $\mathbb{C}P^1$ 的覆盖曲面, 而是一个抽象的对象. 外尔在 [149, p.VII] 中写道:

> 克莱因第一个发展了黎曼曲面的自由概念, 此时黎曼曲面不再是复平面的覆盖曲面, 从而也赋予了黎曼的基本想法足够的力量. 我很幸运地在几次谈话中和克莱因透彻地讨论了黎曼曲面的内容. 从对话中我得知黎曼曲面不只是从另一个角度看待多值解析函数的工具, 而是这个理论的一个独立的必不可少的分支; 不是人为地从一个函数抽取出来的补充内容, 而是它们的基石, 也是函数理论可以发展壮大的唯一的土壤.

事实上克莱因在 [69, p.555] 中写道:

> 黎曼曲面不仅是对函数的说明, 而且是定义了这些函数.

从 [116, p.208-210] 中得到, 克莱因是从 1874 年与普里姆 (Prym) 的谈话中得到的鼓励, 虽然普里姆说他并没有建议克莱因这么做.

注记 1.3.7   或许有人会说, 我们可以从定义在 $\mathbb{C}$ 的一个子区域上的全纯函数出发做解析延拓, 从而得到 $\mathbb{C}$ 或者 $\mathbb{C}P^1$ 上的更大区域上的一个多值全纯映射. 如我们在前面中构造的, 一个合适的黎曼曲面可以使得到的多值映射为单值的. 黎曼可能已经知道这样的结论, 但是他在 1851 年的论文中却没有提及. 这个构造后来被魏尔斯特拉斯给出.

之后在 1857 年, 黎曼通过柯西-黎曼方程更加清晰地描述了全纯函数的解析延拓. 在 [117, p.80] 中他写道:

现在我们考虑一个不是由解析展开或者包含 z 的等式表示的函数, 而是通过给出 z-平面上的一个有限区域的值, 然后通过如下的偏微分方程

$$i\frac{\partial w}{\partial x} = \frac{\partial w}{\partial y}$$

对 w 的值进行连续的延拓. 得益于前面提到的定理这个延拓是完全确定的, 只要延拓是在一个有限宽度的带上, 而不是在一些稀疏的线上就可以, 否则偏微分方程将没办法应用.

对于断言 1.3.6, 我们注意到在同一篇文章 [117] 的 81 页, 黎曼写道:

在很多研究中, 主要在代数和阿贝尔函数的研究中, 用如下方式几何地描述一个多值函数的分支是很有好处的. 在 (x,y)-平面上我们用一个无限薄的薄膜覆盖函数已经被定义的区域. 当函数存在的区域扩大时, 这个曲面相应地扩大. 当函数在一个区域里有两个或者更多个不同的延拓时这个曲面就会有两层或者更多层; 它会由叠加的几层组成, 每层代表一个分支. 在分支点附近, 从某一层连续地到达下一层, 并且在分支点附近的小邻域里曲面可以认为是螺旋形的曲面, 它的轴垂直于 (x,y)-平面, 上升的高度无限小. 如果函数在绕过分支点几圈之后回到原来的函数值 (例如当 m 和 n 是互素的自然数时 $(z-a)^{\frac{m}{n}}$ 在 z 绕过 a 点 n 圈后就是这样的情形), 那么我们自然地假定最上面的层跳过其他层进入最下面一层.

上面的解释非常现代, 读起来像是复分析的现代课本上的标准描述.

为了说明黎曼脑子里有抽象的黎曼曲面的概念, 我们看一下他 1854 年的著名的论文《几何的基础假设》([117, p.257-272]) 可能会有帮助. 在这篇文章中黎曼介绍了光滑流形的概念, 并且在没有把流形嵌入到标准的欧氏空间里的情况下介绍了其上的黎曼度量 (注意到高斯在介绍曲面的高斯曲率的时候只是考虑了可以嵌入到 $\mathbb{R}^3$ 中的情形).

为了方便, 我们给出这篇文章中的一些片段. 黎曼写道:

1. 在 [117, p.258-259] 中, "我尝试着解决这些问题里面的第一个问题, 那就是发展多维变量的概念⋯⋯这个概念自身带来的问题, 而不是在它的构造中⋯⋯这个概念带来的第一个需要关心的对象就是高维流形".

2. 在 [117, p.259-260] 中, "类似地, 如果我们想象这一个二维流形通过某种特定的运动进入一个完全不同的空间, 那么就得到三维流形; 而且很容易看出来这个过程是如何扩展的. 如果我们不再把可以决定的质量当成一个概念, 而是把相关的对象当成变量, 那么我们可以把这个构造描述为一个一维变量和 n 维变量的组合得到的一个 $n+1$ 维变量……反过来, 我应该给出在一个给定的域中一个变量如何分拆成一个低维变量和一个一维变量".

3. 在 [117, p.261] 中, "在构造了 n 维变量之后, 并且已经知道它的可以作为定义一个元素的位置的一个本质的特征, 即定义它的元素的位置可以简化为定义它的 n 维量, 这样就转化为我们之前提到的第二个问题……如果在一个给定的 n 维流形上的一点的量可以简化为 n 个变量 $x_1, x_2, x_3, \cdots, x_n$, 那么一条直线可能可以被叙述为单变量函数给出的点 x 的某种表达".

4. 在 [117, p.263] 中, "最后, 我们想象流形上任意给定的一个点, 从原点到这个点的最短线给出一个系统. 一个不定点的位置就可以被这条最短线的初始方向和它沿着这条最短线到原点的距离来刻画".

5. 在 [117, p.266] 中, "在平坦的 n 维流形中, 在每个点沿着每个方向曲率都是零".

黎曼的这篇文章和评论的一个早期译本可以在 [130, Chap.4, Part B] 中找到. 我们摘录了评论 [130, p.155] 中的一段:

在第一部分, "n 层延拓量的概念", 很清楚的是黎曼在尝试定义流形. 从这个不是为数学家准备的报告中很难判断黎曼在这个问题上取得了什么样的进展, 也无法知道他是否有什么方法可以描述对流形的定义至关重要的度量空间或者拓扑空间的概念. 但是, 很明显这些概念在他脑中是非常清楚的, 并且他认为流形局部上看就像 n 维欧氏空间一样.

1.3.2 抽象的黎曼曲面的形式定义

尽管黎曼流形是于 1851 年黎曼在他的博士学位论文中引入的, 而且他应该对抽象黎曼曲面和抽象黎曼流形的概念有很清楚的概念, 但是黎曼曲面不再作为 $\mathbb{C}$ 或者 $\mathbb{C}P^1$ 上的区域的覆盖曲面而是单独地被形式且抽象的定义却花费了一段时间.

根据大众化的观点 (至少我从很多人处听到过), 二维抽象流形的概念是在 1913 年被外尔在 [149, p.17] 中第一次正式且清楚地定义的, 而且抽象黎曼曲面的概念是外尔在同一本书 [149, p.17] 中通过添加额外的复结构, 也就是通过给出重叠的坐标卡上的全纯变换来定义的.

同样众所周知的是, 外尔定义黎曼曲面是受到光滑流形和复流形的现代定义启发. 我们注意到拓扑流形的定义中对有重合的不同的坐标卡之间的参数转换函数除了同胚没有其他的要求 (要求参数转换函数是同胚, 从布劳威尔关于定义域的不变性的观点出发是自然得到的). 这可能使得对当时的数学家来说, 拓扑流形的概念比光滑流形或者复流形的概念要更简单.

正如上面提到的, 克莱因关于黎曼曲面的工作对外尔有很重要的影响. 从某种意义上来说克莱因最先有黎曼曲面上的坐标卡的概念. 事实上他于 1891 年到 1892 年在哥廷根做的讲座 ([70, p.26]) 中曾经写道:

一个定义了弧长 ds^2 的二维的闭的可定向的流形, 如果存在一个有限多层的瓦片状的覆盖, 每层覆盖可以共形地映射到一个圆盘, 那么这个流形一定可以作成黎曼曲面.

他的基本想法是: 给定曲面上的黎曼度量、等温参数或者坐标就给出从曲面上的小区域到圆盘的共形的双射, 并且这个局部的坐标卡定义了曲面上的一个共形结构或者说是复结构, 也就是给出了一个曲面上的黎曼曲面结构.

如前所述, 黎曼对抽象的黎曼曲面的概念有一个很清晰的理解. 除了用 $\mathbb{C}$ 或者 $\mathbb{C}P^1$ 的覆盖, 或者它们的子区域作为一种方便的方式来表示或者说可视化它们, 他在 [117, p.81-82] 中还得到了黎曼曲面上的自然坐标.

黎曼的文章中很重要的内容就是光滑结构和局部坐标. 例如, 在 [117, p.10-18, p.82-84] 中黎曼通过用局部坐标描述的微分方程来描述黎曼曲面上的映射. 他在 [117, p.83] 中对黎曼曲面的拓扑的讨论, 也就是关于连通性的问题, 也表明对不是 $\mathbb{C}$ 或者 $\mathbb{C}P^1$ 的覆盖的光滑曲面的概念他是知道的.

总结一下, 黎曼发展了黎曼曲面上的映射 (全纯或者调和) 理论, 这里的黎曼曲面指的是一维复流形 (即二维光滑曲面), 是独立于 $\mathbb{C}$ 或者 $\mathbb{C}P^1$ 而存在的.

1.4 紧黎曼曲面的模空间以及黎曼的数值方法

令 Σ_g 是一个亏格 g 的黎曼曲面. 两个黎曼曲面 Σ_g, Σ_g' 等价定义为存在双全纯映射 $h: \Sigma_g \to \Sigma_g'$. 亏格 g 的紧黎曼曲面的等价类的集合记为

$$\mathcal{M}_g = \{\Sigma_g\}/\sim$$

称为黎曼曲面的模空间. 这是模空间在数学上的第一个应用.

为了理解模空间的原始概念以及 "模" 这个词, 我们来看一下黎曼最初的写法.

1.4.1 黎曼给出的初始定义

上面对 $\mathcal{M}_g$ 的定义说明可以把黎曼曲面的分类问题转化成双全纯等价问题. 然而黎曼并没有从双全纯等价的角度出发去研究紧黎曼曲面的分类, 而是从代数曲线的双有理等价出发去考虑平面代数曲线的双有理分类问题.

令 $F(z,w)$ 表示一个不可约的多项式. 那么由 $C_F = \{(s,z) \in \mathbb{C}^2 \mid F(s,z) = 0\}$ 所定义的代数曲线 C_F 上定义的所有有理函数就形成了一个函数域 $K(C_F)$. 黎曼注意到, 两个平面代数曲线 C_1, C_2 互相双有理等价当且仅当它们对应的函数域 $K(C_1)$ 和 $K(C_2)$ 是同构的.

特别地, 在 [117, p.111] 中他写道:

> 现在我们考虑把所有的通过有理变换可以互相得到的两个复变量的不可约的代数等式看成是同一个等价类. 因此 $F(s,z) = 0$ 和 $F_1(s_1, z_1) = 0$ 属于同一个等价类, 如果可以找到关于 s 和 z 的有理函数 s_1 和 z_1, 把等式 $F(s,z) = 0$ 变换成 $F_1(s_1, z_1) = 0$.
>
> 关于 s 和 z 的有理函数作为其中一个变量的有理函数 (记为 ς), 给出了一个类似的分支代数函数系统. 从这个角度看, 通过把其中一个变量看成是独立的变量, 每一个等式都可以给出一类类似的分支代数函数系统, 其中每一个都可以通过有理函数变成另一个. 而且, 每一类中的所有等式得到的都是代数函数的同一类系统. 反之, 这样的一类系统也可以得到同一类等式.

所以, 我们看到黎曼研究模空间的目的是依据双有理等价对平面代数曲线进行分类, 并且把这个问题约化为找函数域的等价类 (黎曼的文章也孕育了代数几何中代数簇上的双有理几何理论). 因为黎曼的主要兴趣也是在黎曼曲面上的代数函数及其积分, 所以这是完全合理的. 因此, 黎曼曲面只是作为背景出现, 或者是被用作研究代数函数和阿贝尔积分时使得函数或者积分单值的工具.

回到紧黎曼曲面的双全纯等价的问题上来, 我们可以证明所有的紧黎曼曲面都可以从正规化的复射影代数平面曲线得到, 并且两个紧黎曼曲面互相双全纯等价当且仅当它们对应的代数曲线是双有理等价的. 因此模空间 $\mathcal{M}_g$ 给出了在双有理等价意义下代数曲线的分类.

1.4.2 黎曼对模的计数

模空间中的模来自黎曼对模的计数. 他通过数把黎曼曲面作为 $\mathbb{C}P^1$ 的覆盖曲面时的分支点的个数给出模的个数.

在 [117, p.111] 中黎曼写道:

如果 (s, z) 区域是 $2p + 1$ 连通的, 而且函数 ζ 在区域中的一点 μ 处是一阶极点, 那么通过关于 s 和 z 的有理函数变换得来的 ζ 的等价的分支函数的分支点数目就是 $2(\mu + p - 1)$ 个, 并且函数 ζ 的任意的常数的数目也是 $2\mu + p - 1$ 个 (参看第五节). 当这些分支点是这些常数的相互独立的函数时, 我们总是可以选择合适的常数使得 $2\mu - p + 1$ 个分支点取到任意的给定的值. 由于这个条件是代数的, 我们总是可以通过有限个不同的方式得到这样的结果. 在连通数是 $2p + 1$ 的每一类类似的分支函数中只有有限个 μ-值函数使得 $2\mu + p - 1$ 个分支点取到之前给定的值. 另一方面, 如果连通数是 $2p + 1$ 的覆盖整个 ζ-平面 μ-次的曲面上的 $2(\mu + p - 1)$ 个分支点是任意给定的, 那么 (参看第三节到第五节) 总有一个关于 ζ 的代数函数使得它的分支和这个曲面一样. 这个系统中剩下的 $3p - 3$ 个分支点就可以取任意给定值. 因此连通数是 $2p + 1$ 的这类分支函数以及它对应的代数等式依赖于 $3p - 3$ 个连续变量, 我们称之为这类函数的模.

然后他解释了这种计数方法只有在亏格 $p \geqslant 2$ 时候是成立的, 并且计算了 $p = 1$ 时的情形.

注记 1.4.1 为方便读者, 我们概括地给出描述 $\mathcal{M}_g$ 中的一个点所需的必要参数的黎曼计数的现代版本. 更多细节可以参看文献 [56, p.256].

选定任意整数 $n > 2g - 2$. 那么每一个紧黎曼曲面 Σ_g 上就可以定义一个次数为 n 的全纯映射. 这是黎曼-罗赫定理的结论. 事实上, 对 Σ_g 上的任意 n 个点 $c_1, \cdots, c_n$, 都存在 Σ_g 上的亚纯函数 f, 使得它的极点除子 $(f)_\infty$ 就是 $c_1, \cdots, c_n$. 对这样的分支覆盖 f 黎曼-赫尔维茨公式表明它的分支除子 B 在记重数的意义下等于 $2n + 2g - 2$.

反过来, 在 Σ_g 上给定任意次数为 $2n + 2g - 2$ 的除子, 则存在一个紧的黎曼曲面 Σ_g 和一个全纯映射 $f : \Sigma_g \to \mathbb{CP}^1$, 使得它的分支除子就等于 B. 这表明在选择这样的对 (Σ_g, f) 时有 $2n + 2g - 2$ 个自由度.

我们感兴趣的是计算紧黎曼曲面 Σ_g 的自由度, 而不是这样的对 (Σ_g, f). 因此我们需要考虑固定黎曼曲面 Σ_g 的情况下映射 f 的自由度. 这样的亚纯函数 f 可以通过两个步骤得到

(1) 决定它的极点除子 $(f)_\infty$, 一个次数是 n 的有效除子 D.

(2) 决定极点除子 $(f)_\infty$ 等于 D 的所有亚纯函数, 即复向量空间 $H^0(\Sigma_g, \mathcal{O}(D))$.

在 (1) 中, 除子 D 的自由度是 n. 条件 $n > 2g$ 以及黎曼-罗赫定理说明

$$\dim_\mathbb{C} H^0(\Sigma_g, \mathcal{O}(D)) = n - g + 1$$

这说明一旦极点除子 $(f)_\infty$ 确定, 在选择 f 时还有 $n-g+1$ 个自由度. 这说明在选择次数为 n 的全纯映射 $f:\Sigma_g \to \mathbb{C}P^1$ 时有 $n+(n-g+1)=2n-g+1$ 个自由度.

由于在选择对 (Σ_g,f) 时的总自由度是 $2n+2g-2$, 所以我们在选择 Σ_g 时的自由度就是

$$2n+2g-2-(2n-g+1)=3g-3$$

因此, 构造一个亏格是 g 的紧黎曼曲面 Σ_g 的自由度有 $3g-3$, 也就是说一般黎曼曲面 Σ_g 的等价类有 $3g-3$ 个有效复参数.

根据前面黎曼文章中的引言, 前面关于模的定义是不清楚的. 但是说一个黎曼曲面的等价类的模是一个包含着决定一个一般的黎曼曲面的等价类所需要的非退化的连续复参数的集合却是合理的①. 这是某些人 (或者说很多人) 理解黎曼的文章中的模的概念的初始意义的一种非严格的方式. 例如, 在文章 [74, p.331] 中小平邦彦和斯潘塞写道:

> 黎曼曲面的复结构的形变的想法也来源于黎曼. 黎曼在他于 1857 年发表的关于阿贝尔函数的著名文章中计算了形变依赖的独立参数的数目, 并且称之为 "模".

在黎曼发表的文章中, [117] 是黎曼唯一讨论了黎曼曲面的模的文章, 黎曼并没有清楚地提出任何关于模空间 $\mathcal{M}_g$ 的问题.

1.4.3 黎曼为什么要用模这个名词?

现在看来模这个概念在数学中已经成为一个得到了很好研究的概念. 在数学中有各种各样的对象的模空间, 比如向量丛的模空间, 杨-米尔斯 (Young-Mills) 连通数的模空间, 给定群的表现的模空间等. 但是模这个词的确切意义是什么, 黎曼为什么要用这个词呢?

在他发表的论文 [117] 中黎曼没有给出选择这个词的原因. 在他 1857 年关于阿贝尔函数的最初的文章中, 模似乎是用来指与黎曼曲面的分支点相关的某种特殊的非多余的局部的决定一般的黎曼曲面的连续的复参数.

---

① 根据德利涅的一封电子邮件: 那是我认为任何合理的空间, 对象的集合……有一个维数是大家都一致认为正确的. 这里的维数指的是对我们要考虑的一般对象 obj, 决定其中一个特定的对象所需要的参数的数目 (虽然对某些特殊对象, 可能需要的条件更少). 这是现在所说的 "分层空间, 维数 $\leqslant d$ 的分层流形, $\dim d$ 的开层" 这些定义的直觉. 正是由于这些事实, 佩亚诺的正方形填充曲线才如此让人惊讶, 但是我想大多数数学家顽固地认为这种异常状态在他们考虑的合理对象中是不会出现的. 至少意大利人依然说某种 ∞^d 的对象. 分析学家提到了 (一个偏微分方程的) 依赖于很多函数和很多变量的解空间, 这从我们的直觉来看也不是一个很清楚的概念.

很长时间我都很好奇模这个词的意义. 直到最近才发现劳赫的一个简单合理的解释. 在 [112, p.42] 中劳赫写道:

> 曲面的共形类全体依赖于 $3p - 3(p \geqslant 2)$ 个参数, 因为与这种函数相关的第一类的椭圆积分的模刚好是这个数, 他把这个数称为 "模".

从某种意义上来说这应该是显而易见的. 在 1857 年的文章中黎曼试着去推广椭圆积分的理论到阿贝尔积分上. 我们知道椭圆积分本质上和它对应的椭圆曲线或者黎曼曲面一样, 它的模 k 是描述椭圆积分的很重要的一个参数. 因此, 描述阿贝尔积分对应的黎曼曲面的参数也应该被称为模. (我们注意到对椭圆曲线, 一个参数就足够了, 但是对于亏格较高的黎曼曲面, 我们需要除了模以外的参数, 因此需要模空间这个概念.)

为方便读者, 我们在这里一起回忆一下最基本的三种完备的椭圆积分:

(1) 第一种

$$K(k) = \int_0^{\frac{\pi}{2}} \frac{d\theta}{\sqrt{1 - k^2 \sin^2\theta}} = \int_0^1 \frac{dt}{\sqrt{(1 - t^2)(1 - k^2 t^2)}}$$

(2) 第二种

$$E(k) = \int_0^{\frac{\pi}{2}} \sqrt{1 - k^2 \sin^2\theta}\, d\theta = \int_0^1 \frac{\sqrt{1 - k^2 t^2}}{\sqrt{1 - t^2}}\, dt$$

(3) 第三种

$$\Pi(n, k) = \int_0^{\frac{\pi}{2}} \frac{d\theta}{(1 - n\sin^2\theta)\sqrt{1 - k^2\sin^2\theta}} = \int_0^1 \frac{dt}{(1 - nt^2)\sqrt{(1 - t^2)(1 - k^2 t^2)}}$$

在上述椭圆积分中 k 就是模, 它决定了椭圆积分并且是可以变化的. (在第三种积分中 n 是一个常数, 称之为椭圆特征.) 大家可以参看 [85] 了解关于椭圆积分的更多细节.

注记 1.4.2 对于很多现代的数学家而言, 或许模空间这个词中模的最直接的含义和参数空间中的参数是差不多的. 因此, 模是基本的参数, 或者说复参数.

模空间里面模这个词的现代意义可以有如下解释. 如果我们真的需要一个变量来决定一个亏格 g 的黎曼曲面的等价类, 那么这个等价类本身就是最好的或者说最本质的变量. 把所有的黎曼曲面放在一起我们就得到了黎曼模空间 $\mathcal{M}_g$. 这个想法也可以应用在其他的分类问题上, 现在的模空间一般也是这么定义的. 当然, 在上面定义想要的结构以及如何去理解它们就是另一个故事了!

1.5 黎曼模问题

讲完黎曼的计数方法和模的基本定义, 一个很重要的问题就出来了: 理解模的数目的意义. 这就是所谓的黎曼模问题的基本内容.

在我们详细描述这个问题之前, 让我们引用一些专家对这个问题的看法.

在 [2, p.4] 里阿尔福斯写道:

> 黎曼的模问题不是一个单一目标的问题, 而是从不同的角度来对这个复杂的问题给出更多信息的一个体系.

在 [3, p.152] 中阿尔福斯更加明确地写道:

> 事实上, 这个经典问题需要一个复杂的结构.

类似地, 劳赫在 [115, p.17] 中写道:

> 黎曼曲面的模问题不是一个良定的确切表达的问题, 而是一个很泛的复杂的问题, 一些来自黎曼的传记和 "阿贝尔函数论", 以及随后的一些观察.

与这篇文章相关, 我们将给出黎曼模问题的两个确切的公式.

1.5.1 黎曼对维数的计算

问题 1.5.1 对 $g \geqslant 2$, 可以在空间 M_g 上给一个复解析结构使得 M_g 成为一个复维数是 $3g - 3$ 的复空间.

如我们所知, 一个 n 维复流形在任一局部坐标卡下的一个点由 n 个复数表示. 之前我们也希望 M_g 可以是复流形. 注意到黎曼引入了黎曼度量和黎曼曲率, 并且在两篇文章中用黎曼曲率给出了平坦空间 (即局部等距于 $\mathbb{R}^n$) 的一个刻画对理解上面问题的描述是很有帮助的. 这两篇文章分别是

(1) *The hypotheses on which geometry is based.*

(2) *A mathematical work that seeks to answer the question posed by the most distinguished academy of Paris.*

它们的英文翻译版本可以在 [117, p.257-272, p.365-381] 中找到.

第一个尝试把 $3g - 3$ 作为空间 M_g 的维数的人可能是克莱因. 在书 [69] 中克莱因试着用自己的方式来解释黎曼已经完成的工作, 并且对黎曼的概念和断言给出了更严格的说明. 此书第三部分的第 19 章的标题是代数等式的模, 并且他在 [69, p.80-81] 中写道:

我们沿袭黎曼的说法, 如果代数函数的自变量 z 可以互相用有理函数来表达则认为关于 z 的代数函数属于同一类. 那么问题中的数就是有着给定的分支值的关于 z 的代数函数不同的类的数目.

这里以及接下来的几小节我们将会给出从这个命题出发得到的各种结果, 其中最先考虑的是代数函数的模的问题, 也就是对等式 $f(w, z) = 0$ 作一致变换下的不变量.

为了达到这个目的, 我们令 ρ 表示一个最初不知道的数字, 表示一个曲面到自己的一一映射的自由度, 也就是曲面到自己的共形表示的数目. 然后我们回忆一下对于给定的曲面 (§13) 上的一致函数的可用常数. 我们发现, 一般来说有 ∞^{2m-p+1} 个有 m 个无穷的单一函数, 正如我们不加证明地声明的那样, 这正好是当 $m > 2p - 2$ 时需要的数目. 现在这些函数中的每一个将给定的曲面用一个单一的变换映到平面的 m 层覆盖曲面上. 因此一个给定的曲面可以表示成一个单一变换映射下的 m 层曲面的总和, 也是等式 $f(w, z) = 0$ 对应的 m-层曲面的总和, 刚好是 $\infty^{2m-p+1-\rho}$; 根据假设, 这 ∞^{ρ} 个表示方法会给出同一个 m-层曲面.

但是总共有 ∞^{w} 个 m-层曲面, 其中 w 表示分支点的数目, 也就是 $2m + 2p - 2$. 如我们上面已经观察到的, 曲面由自由度有限的分支点以及由单分支点所退化而得到的高阶分支点给出, 我们已经在第一节 (参考图 2 和图 3) 中解释对应的交叉点的联系时解释过. 如我们所知这里面的每一个曲面都有对应的代数函数. 因此模的数目是

$$w - (2m + 1 - p - \rho) = 3p - 3 + \rho$$

这里应该注意到有 w 个分支点的 m-层曲面的全体组成一个连续统, 对应地, 在 13 节中指出, 在给定的曲面上的有 m 个无穷点的一致函数也有相同的事实. 因此我们得到给定亏格 p 的所有代数等式组成一个连续的流形, 其中所有可以互相通过一致变换得到的等式构成一个元素. 所以, 模的数目第一次有了确切的含义, 即它决定了这个连续流形的维数.

根据上面的描述, 模空间是否是一个流形我们还不清楚, 因为总需要考虑自由度是否有限的问题. $\mathcal{M}_g$ 上的复结构也还没有定义, 但是已经差不多给出来了.

这个问题历史很长, 后面我们将会详细讨论. 它比看上去更加复杂, 例如, 由于一个空间如果有一个复结构就会有很多个不同的复结构, 那么选择哪个复结构自然就会成为一个问题.

1.5.2 数值模

现在我们给出黎曼对模的计数的另一个解释. 由于复参数通常都由复数给出, 黎曼模问题的另一个想法如下.

问题 1.5.2 对每一个亏格为 $g \geqslant 2$ 的紧黎曼曲面 Σ_g 我们可以找到 $3g-3$ 个复数, 它们只依赖于 Σ_g 的双全纯等价类, 并且完全决定了 Σ.

这个想法也就是数值模问题. 虽然它的动机很清楚, 但是它的准确含义确实是很微妙的, 而且也比看上去要复杂.

我们希望这些复数是黎曼曲面上的复结构的一个不变量. 如果假定 $\mathcal{M}_g$ 是一个复解析空间, 那么我们希望可以定义全纯映射. 如果它们真的唯一决定黎曼曲面, 那么我们就会得到一个单的全纯映射

$$\mathcal{M}_g \to \mathbb{C}^{3g-3}$$

并且这也意味着 $\mathcal{M}_g$ 双全纯等价于 $\mathbb{C}^{3g-3}$ 中的一个区域. 这种性质可能太好了, 因此应该是不对的. 事实上, 这是不对的, 因为我们知道, 之前人们也是这么希望的, 那就是 $\mathcal{M}_g$ 上的拓扑不是平凡的. 另一方面, 后面我们也会看到, 如果我们用后面定义的泰希米勒空间 $\mathcal{T}_g$ (带标记的黎曼曲面的模空间) 来代替 $\mathcal{M}_g$, 那么确实会得到一个全纯嵌入

$$\mathcal{T}_g \to \mathbb{C}^{3g-3}$$

基于以上讨论, 问题 1.5.2 中的这些复不变量只能被局部地定义. 这就把这个问题分成了两部分:

1. 基于黎曼曲面的复结构对全纯不变量进行局部构造;
2. 基于黎曼曲面的拓扑进行全局构造.

后面我们讨论托勒利和西格尔的工作的时候也会详细讨论这部分内容. 周期函数的构造、托勒利空间以及泰希米勒空间都是从上面的角度去研究黎曼模问题的.

注记 1.5.3 按照劳赫的说法, 对黎曼模问题的上面两种想法是有直接联系的. 在 [114] 中劳赫提出了黎曼模问题的四个方面.

1. 在实维数是 $6g-6$ 的 $\mathcal{M}_g$ 上定义一个内蕴的拓扑, 最好是一个流形结构.
2. 在 $\mathcal{M}_g$ 上引入复函数, 最好有 $3g-3$ 个, 要求每一个映射关于 1 中定义的拓扑都是连续的并且可微的, 而且这些映射定义了 $\mathcal{M}_g$ 上的一个复解析结构.
3. 把 $\mathcal{M}_g$ 认为是仿射空间或者射影空间中一个解析的或者部分代数的部分.
4. 从曲线的代数几何的角度验证 $\mathcal{M}_g$ 中的常数的数目.

1.6　模空间在单值化定理中的第一个应用

在模空间 $\mathcal{M}_g$ 从拓扑上被充分研究和理解之前, 庞加莱和克莱因曾经尝试着用连续的方法给出黎曼曲面的单值化定理的证明. 在它们的应用中假定 $\mathcal{M}_g$ 或相关的空间是解析流形.

1.6.1　什么是单值化?

在我们解释克莱因和庞加莱的上面的证明之前需要谈一点单值化定理的动机. 根据 1857 年黎曼关于阿贝尔函数的论文中的描述, 对每一个不可约的多项式 $P(z,w) = 0$ 都存在一个紧的黎曼曲面与仿射代数曲线

$$C_P = \{(z,w) \in \mathbb{C}^2 \mid P(z,w) = 0\}$$

对应, 这个可以看成是 C_P 作为仿射曲线的紧化的正规化 (或去奇异化). 反过来每一个紧黎曼曲面也通过这种方式与一个代数曲线联系在一起.

代数曲线 C_P 的正规化, 即其对应的紧黎曼曲面的正规化问题就是寻找两个在 $\mathbb{C}$ 的某个区域上的关于复变量 t 的全纯的函数 $z = z(t), w = w(t)$ 使得

$$P(z(t), w(t)) = 0$$

由于两个变量 z, w 被一个单变量 t 统一表示出来, 所以这种对曲线的参数化就称为对曲线的单值化.

克莱布什在 1865 年证明了每一个亏格是 0 的紧黎曼曲面都双全纯等价于 $\mathbb{C}P^1$, 每一个亏格为 1 的紧黎曼曲面双全纯等价于某个复环面 $\Lambda\backslash\mathbb{C}$, 其中 Λ 是 $\mathbb{C}$ 上的一个格. 因此亏格小于等于 1 的紧黎曼曲面的单值化问题已经得到完全解决. 当黎曼曲面的亏格至少是 2 时, 我们希望单变量 t 取值在 $\mathbb{C}$ 中的单位圆或者等价的上半平面 $\mathbb{H}^2$ 上.

如果有一个富克斯 (Fuchs) 群 Γ 作用在上半平面 $\mathbb{H}^2$ 上, 两个自同构函数 $z = z(t)$ 和 $w = w(t)$ 满足方程 $P(z(t), w(t)) = 0$, 其中 $t \in \mathbb{H}^2$, 那么我们就得到代数曲线 C_P 的一个单值化.

已知 $\Gamma\backslash\mathbb{H}^2$ 是一个黎曼曲面, 上面所说通过一个复变量 t 来进行单值化本质上等价于在 $\Gamma\backslash\mathbb{H}^2$ 和对应于 C_P 的紧黎曼曲面之间找一个全纯映射, 当然可能会有有限个例外点. 我们注意到, 如果 $\Gamma\backslash\mathbb{H}^2$ 是紧的, 那么上述等价没有例外点.

注记 1.6.1　对这种对应的一个更好的理解是要求 $\Gamma\backslash\mathbb{H}^2$ 上的自同构映射构成的域等价于与 C_P 对应的黎曼曲面上的亚纯函数构成的域, 也等价于代数曲线 C_P 上的有理函数构成的域.

1.6.2 克莱因和庞加莱对代数曲线的单值化

单值化定理对所有的黎曼曲面都是有效的, 不论它们是不是紧的, 并且这是一个主要的结果. 它的第一个关于紧黎曼曲面的版本是由克莱因和庞加莱独立给出的, 在这之前他们两人之间有一系列的竞争和通信. 现在我们简单地解释他们证明中的想法, 或者给出一个可能的证明.

对每一个 $g \geqslant 2$, 令 $\mathcal{F}_g$ 表示富克斯群 Γ 作用在 H^2 上得到的亏格 g 的黎曼曲面的等价类组成的空间. 那么代数曲线的单值化问题就转化为在两个空间 $\mathcal{F}_g$ 和 $\mathcal{M}_g$ 之间建立一个双射. 正如前面我们已经知道的, 这是单值化定理的一个重要的特殊情形.

由于对每一个 $\Gamma \in \mathcal{F}_g$, 商空间 $\Gamma \backslash \mathbb{H}^2$ 是一个紧黎曼曲面, 因此我们有一个单射:

$$\pi : \mathcal{F}_g \to \mathcal{M}_g.$$

这个映射从直觉上来说是连续的. 如果我们还可以证明这个映射是满的, 那么单值化定理就得到了证明. 根据连续性的方法证明单值化定理就是要证明 π 是一个逆紧的开映射.

这个方法由克莱因和庞加莱在他们大量的通信和竞争后分别独立提出. 克莱因在写完他的结果并且于 1882 年在自己的杂志 *Mathematische Annalen* 上发表了之后隐退了, 他作为一个数学研究者的事业也结束了. 差不多相同的时间庞加莱也发表了他自己的版本. 一个伟大的定理诞生了, 但是对它的证明却还是缺失的.

隐藏在这个论断后面的直觉是合理的. 某种意义上它给出来它有效的最可信服的理由. 他们同时计算了两个空间的维数或者说自由度并且发现两者相同. 对于 $\mathcal{M}_g$, 黎曼的计数方法就给出了 $6g - 6$ 个实参数. 他们用双曲多边形和由它们生成的富克斯群来描述空间 $\mathcal{F}_g$. 庞加莱多边形定理就和这个有关. 可以证明 $\mathcal{F}_g$ 和 $\mathcal{M}_g$ 有相同的维数, 这使得他们相信这两个空间是同胚的, 但是证明这个确实非常有难度并且不平凡.

其中有以下几个原因:

1. 所有涉及的空间, 例如 $\mathcal{F}_g$ 和 $\mathcal{M}_y$, 都没有良定的拓扑.

2. 在他们的论断中, 事实上用了类似于标记的黎曼曲面的泰希米勒空间和标记的双曲多边形空间的概念. 他们同时也假定了这些空间是实解析的流形.

3. 为了证明映射是开的, 他们假设了这个映射是实解析的.

4. 他们尝试用关于模空间的边界的一些论证去证明映射的逆紧性.

似乎克莱因和庞加莱都没有被他们自己的论证说服, 其他人也没有. 在克莱因停止了他的研究工作的同时, 庞加莱继续用不同的方法得到各种更一般的单值化定理. 最终在 1907 年庞加莱和科比 (Koebe) 独立证明了最一般的黎曼曲面的单值化定理. 另一方面, 人们从来都没有停止通过连续性的方法修正之前的证明. 由于拓扑上一些新结果的出现, 布劳威尔学习这个学科并且和科比展开了竞争.

关于这个复杂的故事可以参看 [37]. 这本书也包含了克莱因和庞加莱之间的竞争与克莱因退隐之前的故事. 我们把这些故事强烈地推荐给所有年龄段的数学家. 它们既让人感到兴奋, 也让人感到亲切. 如果数学家之间想要竞争, 这就是一个很好的榜样.

关于克莱因自己对那一段时间的描述可以参看他唯一的一本书 [71] 的最后一章.

1.6.3 赫尔维茨空间和塞维里簇

正如我们前面回顾的, 当黎曼引入黎曼曲面的模的概念之后, 他把紧黎曼曲面认为是 $\mathbb{C}P^1$ 的分支覆盖并称这些分支点为模. 某种意义上如果我们想要用分支点研究模空间 $\mathcal{M}_g$, 我们就需要很好地理解 $\mathbb{C}P^1$ 的分支覆盖构成的空间.

正如我们前面的章节中所看到的那样, 克莱因跟随黎曼尝试通过 $\mathbb{C}P^1$ 的分支覆盖来构造模空间. 这是他尝试用连续性方法证明代数曲线的单值化定理时的主体部分.

结果发现这个可以做得很精确, 但是最后得到的空间却不是模空间, 而是赫尔维茨空间. 这个研究最开始由克莱布什 [30] 和赫尔维茨 [63] 提出. 很有意思的一件事, 赫尔维茨是克莱因的学生, 而克莱布什是克莱因的博士后导师.

赫尔维茨空间是 $\mathbb{C}P^1$ 的具有不变的分支点集的覆盖空间的模空间. 在这个构造中, 被推广到黎曼曲面的黎曼-赫尔维茨公式和覆盖的分支指标都起到了很重要的作用. 大家可以参看 [61, Chap I, §G], [47] 关于赫尔维茨空间完整详细的讨论.

由于 $\mathbb{C}P^1$ 的每个分支覆盖都给出了一个紧的黎曼曲面, 所以每个赫尔维茨空间到模空间 $\mathcal{M}_g$ 都存在一个典范映射, 其中 g 由分支集确定.

赫尔维茨空间是代数簇. 只要我们给 $\mathcal{M}_g$ 一个合适的代数结构上面的映射就是个态射. 如果给 $\mathcal{M}_g$ 一个合适的复解析结构, 这个映射就是全纯的.

为了给出 $\mathcal{M}_g$ 上的复解析结构, 我们可以要求一定的条件使得这个映射是全纯的. 但是问题在于不清楚这样的复解析结构是否存在.

另一个很明显的方式去理解模空间 $\mathcal{M}_g$, 例如去理解 $\mathcal{M}_g$ 上的拓扑和复结构的存在性, 就是去考虑平面仿射代数曲线, 也就是由多项式 $P(z, w)$ 定义的曲线所定义的空间.

正如前面已经提到的, 对每一个 $\mathbb{C}$ 上的平面代数曲线都有一个紧黎曼曲面作为对应的射影曲线的正规化与之对应, 并且每一个紧黎曼曲面都可以这样得到.

因此紧黎曼曲面的形变基本上就是定义代数曲线的多项式的形变. 由多项式的系数决定, 所以平面代数曲线的形变 (即紧黎曼曲面的形变) 是很容易的.

这就是塞维里代数簇的想法. 其中一种是包含次数 d、亏格 g 的可约的和不可约的平面代数曲线组成的空间.

一般来说, 我们无法从光滑的平面代数曲线得到所有的紧黎曼曲面, 还需要补充一些有奇点的曲线. 为了达到这个目的, 代数曲线上允许的最简单的奇点就是对应的结点. 对这些点, 正规化就是把这些结点分开. 那么我们就会得到另一种塞维里簇, 其包含了次数 d、亏格 g 的只以结点为奇点的可约和不可约的平面代数曲线.

这种方法得到 $\mathcal{M}_g$ 时会遇到如下的困难.

1. 尽管塞维里簇是簇, 但是它们的结构和性质很复杂, 而且很难证明. 从曲线族或者曲线的范畴和函子的角度来看, 它们作为模空间并不是一个好的空间.

2. 尽管很多不同的平面代数曲线可以双全纯等价到黎曼曲面, 我们还是需要选取塞维里簇的合适的商空间, 从而得到模空间 $\mathcal{M}_g$. 和点集拓扑不同的是, 取代数簇的商空间的同时又保持它们作为代数簇的性质是非常不平凡的, 甚至是不可能的.

关于塞维里簇的更多讨论, 可以参看 [61, Chap.I, §F].

1.6.4 布劳威尔和科比的工作: 完善连续性方法

关于布劳威尔对连续性方法的修正也是一个很复杂的故事. 虽然布劳威尔和科比都声称完全修正了它, 但是我们对此持怀疑态度.

基本想法如下. 布劳威尔想要换掉空间 $\mathcal{M}_g$ 和 $\mathcal{F}_g$ 使得这两个空间都是拓扑流形. 那么它的区域不变性定理就可以直接推出这两个空间之间的映射自然是开映射. 问题在于他想要的空间和标记黎曼曲面的模空间也就是泰希米勒空间以及标记的双曲空间的模空间也就是弗里克空间类似, 而这两个空间后来才被得到良好的定义.

为了看清他们面对的问题且布劳威尔如何尝试去解决它们, 以及当时人们如何看待模空间, 我们引用 1911 年布劳威尔和弗里克之间的一封信 ([140, p.116]):

在上次的谈话中, 我跟你提到了几个注记, 关于连续性证明的拓扑上的困难, 这些困难我在卡尔斯鲁厄的博物学家会议上已经提到过.

令 κ 表示一类有 n 个奇点的亏格 p 的有特定特征符号的不连续线性群; 如果对每一个去掉并标记 n 个点的亏格 p 的黎曼曲面, 它们属于且仅属于一个 κ 类的那一类群的基本代换的典范系统, 那么对这一类的群克莱因的基本定理仍然成立.

在克莱因用来简化他的基本定理的连续性方法中, 他应用了如下 6 个定理.

1. κ 类含有的基本代换的典范系统均包含一个可以被 $6p - 6 + 2n$ 个参数一对一且连续地表示的邻域.

2. 在类 κ 中对基本代换进行连续的变化, 对应的典范切割黎曼曲面也同样地连续改变.

3. 类 κ 中的基本代换的两个不同的典范系统不会对应相同的切割黎曼曲面.

4. 当有 n 个特定点的亏格 p 的一个典型切割黎曼曲面组成的序列收敛到有 n 个不同点的亏格 p 的典范切割黎曼曲面, 并且序列中的每个曲面对应类 κ 中的基本代换的典范系统时, 极限曲面同样对应类 κ 中的基本代换的一个典范系统.

5. 切割黎曼面的流形对于每个曲面包含一个邻域, 一对一且连续地被 $6g - 6 + 2n$ 个参数表示.

6. 在 $(6g - 6 + 2n)$-维空间中, $(6g - 6 + 2n)$-维区域的一对一的连续像也是一个区域.

这里我们不谈定理 1—定理 4. 有界圆周的情形已经被庞加莱在 *Acta Mathematica* 的第四卷中完全研究过了. 对于最一般的情形, 只有定理 3 和定理 4 还没有被完整证明. 但是这个空缺也会在不久之后被科比先生在他的文章中补充完整.

定理 5 和定理 6 就是你们课本中关于自守函数的证明中被强调的拓扑困难. 然而, 定理 6 已经被我最近的文章 *Beweis der Invarianz des n-dimensionalen Gebietes* 解决, 而定理 5 在连续性方法的证明中应用, 可以通过下面形式的修改被去掉:

我们选一个 $m > 2p - 2$, 一方面考虑类 κ 中的只有简单分支点并且在基本区域内由 m 个单极点的自守函数组成的集合 M_g; 另一方面考虑曲面的亏格 p 的有 n 个标记点和 $2m + 2p - 2$ 个不在无穷远点的单的分支点的 m 层的覆盖黎曼曲面的集合 M_f, 其中层和分支点的标号对应于 Lüroth-Clebsch 意义下的典范关系.

我们知道集合 M_f 构成一个连续统, 并且对于每一个相应的曲面都拥有邻域, 这个邻域一一且连续地被 $4p - 8 + 2n + 4m$ 个实参数表示. 对于 $\mathcal{M}_g$ 中的任意一个自守函数 φ 在 M_g 中都存在一个由

$4p - 8 + 2n + 4m$ 个实参数决定的邻域 u_φ; 这些参数中 m 个复参数表示基本区域中极点的位置, $m - p - 1$ 个复参数表示剩下的 $m - p$ 个任意极点的行为, $6p - 6 + 2n$ 个参数表示基本代换的典范系统. u_φ 中参数对应的值域是一个 $(4p - 8 + 2n + 4m)$-维的区域 w_φ.

如果固定函数 φ, 则有限个对应的曲面属于 M_φ. 而且, 从定理 1—定理 3 以及后面的说明知道自身映到自身的可能的双有理变换无论对单个黎曼曲面, 还是对属于 u_φ 的黎曼曲面的全体都不会任意小, 对于 $\mathcal{M}_f$ 中足够小的区域 w_φ 都有有限个一对一并且连续的像, 从而根据定理 6 得到一个区域集合. 然而, $\mathcal{M}_f$ 中的全体集合 $\mathcal{M}_g$ 也对应 G_f 中的一个区域.

现在我们通过如下的方式规范一下定理 4:

当 $\mathcal{M}_f$ 中的一列典范切割曲面收敛到 $\mathcal{M}_f$ 中的一个典范切割曲面时, 且序列中的每一个曲面对应类 κ 中的基本代换的一个典范系统, 那么极限区域也对应类 κ 中的基本代换的一个典范系统.

由这个性质我们马上知道自变量集合 G_f 在 $\mathcal{M}_f$ 中是无界的, 从而它就是整个流形 $\mathcal{M}_f$. 这证明了对每个亏格 p 的其上存在超过 $2p - 2$ 个单极点且只有单分支点的代数函数的黎曼曲面的基本定理, 也就是对亏格 p 的所有黎曼曲面的基本定理.

正如读者所见, 这里的空间 $\mathcal{M}_g$ 不是这篇文章中提到的紧黎曼曲面的模空间 $\mathcal{M}_g$, 而是由一些标记点构成的双曲曲面的空间, $\mathcal{M}_f$ 也不是模空间 $\mathcal{M}_g$, 更像是赫尔维茨空间.

布劳威尔和庞加莱之间的通信表明布劳威尔和庞加莱都知道 $\mathcal{M}_g$ 不是一个流形, 布劳威尔用这些更广泛的黎曼曲面的模空间得到流形使得区域不变性定理可以应用.

这也说明了另一个问题. 人们并不真的知道怎么在 $\mathcal{M}_g$ 上赋予一个结构, 也不知道如何理解它们. 把黎曼曲面看成是 $\mathbb{CP}^1$ 的分支覆盖曲面使得我们可以操作它们, 并且描述它们的模空间. 本质上这就是黎曼最初使用的方法.

科比断言他对连续性方法的修正和他的信件看起来不可信. 我们引用布劳威尔写给希尔伯特的一些信件, 提到了对科比的一些抱怨.

2 月 24 日, 布劳威尔写给希尔伯特的信 ([140, p.134]) 中提到:

我要求你的帮助和保护是一件非常不愉快的事情. 1 月 2 日我将我 12 月份写给弗里克先生的信的复印件寄给了科比, 那封信曾经于 1 月 13 日被提交给哥廷根科学院, 并且在大约一周后, 我收到了附寄的明信片. 这张卡片是 2 月 14 日拿到的, 不是承诺的手稿, 而是与我的答案一起在这里附上的信件; 其中我用蓝色铅笔标记了我的反驳中提到的部分 (其余所有内容都是无稽之谈).

然而科比的意思不可能是陈述的那样, 正如任何一个在卡尔斯鲁厄听了我的报告的人. 因此, 从科比的陈述中我感觉不到他想要将他的笔记给我, 这个笔记指的是包含我写给弗里克的信中包含的我在和科比的对话中学到的想法的笔记. 事实上, 在卡尔斯鲁厄的真实情况是关于完成有界圆周的情形的连续性证明的内容是我贡献的, 而科比只是贡献了一些关于他的形变定理可以被用在连续性方法中的暗示. 事实上, 在我 9 月 27 日的报告的最后他说道: "由于我的形变理论的基础, 在模的连续变化下什么都不会发生, 布劳威尔的成果在我的思想体系中是可有可无的. " 对此我着重回复道: "形变理论只能扩展到由庞加莱得到的有界圆周的结果, 从而也可以将我的连续性证明扩展到更一般的情形; 从这里看来, 我的贡献仍然像它的全部力量一样必要. " 然后科比说了一些毫无意义的话: "布劳威尔先生展示的这些东西, 我和庞加莱后续会做. " 然后克莱因终止了讨论.

1912 年的 3 月 6 日, 科比写给布劳威尔的信 ([140, p.140]) 中写道:

亲爱的布劳威尔先生!

我很期待你在卡尔斯鲁厄的报告能够发表. 然而, 我不能同意发表你写给弗里克的信, 因为根据仲裁, 你没有权利做那个展示, 而且我和庞加莱取得的成果在那里以一个没有价值且不正确的角度出现. 另外, 鉴于你在 "Jahresbericht" 的报告已经发表, 这封信就更加没有必要发表.

真诚的

科比

1912 年 3 月 7 日, 布劳威尔写给希尔伯特的信 ([140, p.141]) 中写道:

下面我将说一下, 在我看来科比有义务将他的证明发给我的原因: 我相信在 11 月份当我不得不从弗里克的信件中得到科比已经准备好了一个给哥廷根新闻的关于连续性证明的笔记时, 我向科比提议双方都来编辑我们的笔记, 在科比接受了这个提议之后, 我才把我的手稿和证明发给了他. 现在当他不把我的和他的部分发给我的时候, 他应该为这不像话的失信感到惭愧. 这样的事情是不可能被接受的! 而且他固执地拒绝将我三个星期前同意借给他几天的在卡尔斯鲁厄做报告的手稿发回给我. 所有的这一切对我来说都是谜! 或许科比的笔记根本就不存在? 或者他这么做只是为了争取时间? 如果是后者, 我希望你不要等他太久, 现在马上把我的笔记印刷. 请给我回信!

如果读者感兴趣, 可以从 [140] 中找到更多的关于布劳威尔和科比之间的冲突的信息, 也可以看弗赖登塔尔 (Freudenthal) 对布劳威尔文集的评论以及对克莱因工作的评论. 我们希望上面的引言和讨论从某些方面可以对数学家或者非数学家有帮助.

1.6.5 弗里克空间

在布劳威尔给弗里克的信中提到的弗里克的关于自守形式的书 [44] 是他和克莱因一起写的书的第二卷. 第一卷在 1897 年发表, 第二卷在 15 年后的 1912 年发表.

中间很长的推迟是因为关于黎曼曲面的单值化定理还有很多事情要做. 这本书第一次尝试着给出由克莱因和庞加莱给出的关于富克斯群和自守形式的理论的全面介绍, 然后用连续性的方法给出了单值化定理的一个证明.

正如我们前面提到的, 由于缺失对黎曼曲面的模空间的定义和理解, 这个证明不可能是完整的. 但是布劳威尔在拓扑上的工作鼓励了弗里克去完成第二卷的书写.

这几卷书非常厚, 包含的信息量也非常大. 对我们尤其重要的是里面对所谓的弗里克空间的介绍, 它是一个曲面群在 $\mathrm{SL}(2,\mathbb{R})$ 中的表示空间, 它的像是一个富克斯群. 特别地, 令 $\Gamma = \pi_1(S_g)$ 表示亏格是 g 的可定向的紧黎曼曲面的基本群. 我们考虑所有的表示

$$\rho : \Gamma \to \mathrm{SL}(2,\mathbb{R})$$

使得 $\rho(\Gamma)$ 是一个余紧的离散子群. 那么 $\mathrm{SL}(2,\mathbb{R})$ 通过共轭作用在这个空间上就会得到一个商空间

$$\mathcal{F}_g = \{\rho : \Gamma \to \mathrm{SL}(2,\mathbb{R})\}/\mathrm{SL}(2,\mathbb{R})$$

这就是**弗里克空间**. 这个空间可以和亏格是 g 的带标记的可定向的双曲曲面的模空间等同起来.

一旦黎曼曲面的单值化定理得到证明, 这个空间就可以和由泰希米勒引入的泰希米勒空间等同起来. 我们也需要指出一个很重要的不同, 正如我们之前提到的, 后面我们将也会看到, 泰希米勒空间上的自然的复结构的存在性是一个很重要的结果, 因此模空间 M_g 上的复结构也是. 这个复结构不能从弗里克空间上得到.

弗里克空间很重要的一个方面在于，如果我们用高维的单李群例如李群 $\mathrm{SL}(n,\mathbb{R})$ 和 $\mathrm{Sp}(2g,\mathbb{R})$ 代替 $\mathrm{SL}(2,\mathbb{R})$，我们就得到现在有很多人在研究的高维的泰希米勒空间.

这里我们给出一个存疑的历史问题. 谁第一次引入了泰希米勒空间或者说标记的双曲曲面空间在研究泰希米勒理论的人中一直存疑，是弗里克还是泰希米勒?

最恰当的答案可能是弗里克和克莱因. 但是为什么大部分人都称这个空间是泰希米勒空间而只有一些人称之为弗里克空间，并且没有人称它为弗里克-克莱因空间? 关于这个复杂的情况，我们也会给出一些可能的解释.

正如前面提到的，在他们的书 [41] 中，弗里克和克莱因想通过在第 4 节中提到过的连续性方法证明有限型的黎曼曲面的单值化定理，并把它称为他们那本书中的基本定理. 这本书建立在克莱因和庞加莱对单值化定理的工作上，是把最近的研究工作整合到一起并且把自己的最新结果放进去的一本专著. 为了应用连续性方法，他们需要两个空间以及这两个空间之间的一个单射，然后证明这个单射实际上也是满射，也就是一个同胚. 因变量空间是黎曼模空间 $\mathcal{M}_g$，自变量空间是亏格 g 的紧双曲曲面的模空间 $\mathcal{F}_g$，其中 $g \geqslant 2$. 如果我们在每个双曲曲面上取共形结构，那么映射 $\mathcal{F}_g \to \mathcal{M}_g$ 是一个自然的映射. 构造双曲曲面的最基本的方法是取 $\mathrm{SL}(2,\mathbb{R})$ 的离散子群 Γ，就是所谓的富克斯群，然后作用在上半平面 $\mathbb{H}^2$ 上得到的商空间 $\Gamma\backslash\mathbb{H}^2$. 自守形式理论告诉我们每一个商空间 $\Gamma\backslash\mathbb{H}^2$ 都有一个代数曲线的结构，或者因为 Γ 全纯作用在 $\mathbb{H}^2$ 上，所以我们也可以直接将其看成是黎曼曲面. 构造富克斯群最有效的方法是用庞加莱多边形定理，这个定理指出了群的生成元，并且通过这个双曲多边形的几何边之间的粘合关系得到群元素之间的关系. 因此，弗里克和克莱因发展出多边形群的空间. 严格地说，在克莱因和庞加莱从 1882 年到 1883 年的文章中，多边形空间被用来从大体上证明单值化定理，但是弗里克和克莱因在这个空间上做了很多系统的工作并且试着通过富克斯群的生成元的矩阵来理解它. 由于双曲多边形的边本质上是双曲曲面的标记，所以他们得到的实际上是标记的双曲曲面的模空间. 由于各种原因他们的构造和表述都不是非常清楚，对大部分人来说他们书 [41] 中的内容一直是很困难的，以前是，现在仍然是. 例如，他们对亏格是 $g \geqslant 2$ 的标记的紧双曲曲面空间同胚于 $\mathbb{R}^{6g-6}$ 有一个非常难的证明，尽管标记和标记的双曲曲面在 [41] 中都没有精确的定义. 这个结果对他们应用连续性方法和不变域上的布劳威尔定理都是非常重要的.

当然众所周知的是，在 [41] 中单值化定理的证明是不完整的，后面科比 (1907 年) 和庞加莱 (1908 年) 关于一般的黎曼曲面的单值化定理的工作极大地拓展了这个结果并且取代了 [41] 中的结果和方法.

[41] 整本书包括前言都是由弗里克独自写成的. 另一方面，弗里克在前言中也说明了书中的很多想法都来自克莱因，克莱因的名字并不只是出现在封面上作

为一个装饰或者用来提高这本书的名气.

为了应用连续性方法证明黎曼曲面中极值拟共形映射的存在性, 泰希米勒在 [133] 的 "曲面 𝔐 的单值化和拓扑决定" 一章中通过富克斯群的标准的生成元及其之间的关系的矩阵引入并给出了标记的紧双曲曲面空间的系统讨论, 这里的富克斯群是紧曲面 $\pi_1(\Sigma_g)$ 的基本群的表示. 例如, 他证明了它是一个 $6g-6$ 维的流形. 泰希米勒关于极值拟共形映射的结果给出了关于带标记的紧双曲曲面空间同胚于 $\mathbb{R}^{6g-6}$ 这个事实一个优雅而简单的证明. 某种意义上这个证明解释了为什么这个结果是正确的. 泰希米勒还精确地定义了曲面上的标记, 并在泰希米勒空间上给出了一个自然的度量, 从而给出一个自然的拓扑. 这也是泰希米勒空间更加出名的原因.

另一个很重要的原因是泰希米勒给出了泰希米勒空间和黎曼曲面、黎曼模空间以及拟共形映射之间的几个联系, 并且像之前阿尔福斯所指出的那样, 在几何函数理论的研究中把拟共形映射作为一个主要的工具和对象. 这些联系是很重要的. 例如前面所提到的, 如果只从曲面的双曲几何 (例如庞加莱上半平面和其富克斯群或者曲面群的表示群) 出发几乎没有办法在泰希米勒空间 $\mathcal{T}_g$ 上定义一个复结构.

弗里克-克莱因的工作 [41] 以及泰希米勒的工作 [132] 和 [133] 中, 标记的黎曼曲面或者标记的双曲曲面的模空间都是基本步骤. 为了从中得到黎曼曲面或者双曲曲面的模空间, 我们需要用映射类群作用在前面的空间上. 映射类群的概念在 [41] 中被引入和使用, 但是并没有清晰和准确地定义. 另一方面, 它们在泰希米勒的文章 [132] 和 [134] 中被用现代语言精确定义. 当然, 后面的工作表明映射类群在泰希米勒空间上的定义是研究映射类群中非常重要的工作. 后面我们也将看到, 泰希米勒对黎曼模空间本身的贡献 (而不是它的无穷覆盖泰希米勒空间) 是非常本质的, 但是很多从复解析角度和代数角度研究模空间的人并不知道.

1.7 托勒利定理、西格尔上半空间和数值模

由于理解模空间 $\mathcal{M}_g$ 等价于分类紧的黎曼曲面, 所以找到黎曼曲面的全纯不变量是一个非常自然的问题. 正如前面已经解释过的, 黎曼模问题的一个构想, 或者说黎曼对模的计数, 是数值模问题, 也就是找 $3g-3$ 个复数使之成为黎曼曲面上的复结构的数值不变量, 并且可以作为数值模. 其中的一个答案由黎曼曲面的周期给出.

1.7.1 黎曼曲面的周期

对这个数值模的问题的系统讨论在 [112, p.42-43] 中给出:

在黎曼的回忆录《阿贝尔函数理论》中, 他观察到, 两个有相同的亏格 p 的闭的 (与代数曲线对应的) 黎曼曲面 $\left(\dfrac{1}{2}\right.$ 非分离的闭曲线的数目 $\left.\right)$ 一般来说不能共形地映射到另一个, 共形等价的曲面的等价类个数依赖于 $3p-3$ $(p>2)$ 个参数, 由于第一型的椭圆积分的模也可以得到这个函数, 他称之为 "模".

然而, 一个简短的综述表明这种依赖的模糊性. 固定 n, 令每个曲面都表示成 z-平面上的一个 n-叶的曲面. 然后所有有价值的参数都是分支点, 根据欧拉多边形定理我们可以很简单地得到参数有 $2(n+p-1)$ 个. 另一方面, 这些参数并不是每一个都是本质的, 因为给定的曲面可能会通过一个有 n 个 (记重数) 极点的函数共形地映射到另一个 n 叶曲面. 但是黎曼-罗赫定理表明, 对于一般位置的极点有 $n-p+1$ 个线性独立的以这些点为极点的函数, 因此 $2(n+p-1)$ 分支点减去 n 个极点再减去 $n-p+1$ 个函数就得到 $3p-3$ 个参数. 对 $p=1$, 只有一个参数, 对 $p=0$ 则没有参数.

我们更喜欢数值模——一个与曲面对应的数字集合, 对应于该集合中同一个数字的两个曲面之间一定存在共形等价.

人们曾经做过各种尝试去构造与代数曲线对应的等式的系数的代数不变量. 但是, 这些尝试不仅不完整, 而且是一个错误的方向, 因为从所有的共形映射出发得到的模问题中, 例如与平面上的多连通区域之间的映射相关的模问题中, 这样的不变量明显是没有意义的.

因此, 一个更有前景的方向是处理由第一类的阿贝尔积分的周期提供的超越不变量 (每一种都有限)……

黎曼曲面上的阿贝尔积分的周期如下定义. 令 Σ_g 表示一个亏格 $g \geqslant 1$ 的紧黎曼曲面. 任取空间 $H_1(\Sigma_g, \mathbb{Z}) \cong \mathbb{Z}^{2g}$ 中的一组基 $a_1, b_1, \cdots, a_g, b_g$ 满足

$$a_i \cdot a_j = 0, \quad b_i \cdot b_j = 0, \quad a_i \cdot b_j = \delta_{ij}, \quad i, j = 1, \cdots, g.$$

令 $\omega_1, \cdots, \omega_g$ 是 Σ_g 上的全纯 1-形式空间 $H^0(\Sigma_g, \Omega^1)$ 上的一组基, 满足正规化条件

$$\int_{a_i} \omega_j = \delta_{ij}, \quad i, j = 1, \cdots, g$$

那么

$$\pi_{ij} = \int_{b_j} \omega_i, \quad i, j = 1, \cdots, g$$

称为周期, 它们构成黎曼曲面 Σ_g 关于选定的基底的周期矩阵 Π

$$\Pi(\Sigma_g) = (\pi_{ij})$$

1.7.2 西格尔上半空间和托勒利定理

黎曼双线性关系在周期 (π_{ij}) 上强加了限制. 特别地, 次数 $g \geqslant 1$ 的西格尔上半空间 $\mathfrak{h}_g$ 是上半平面 $\mathbb{H}^2$ 的高维推广, 被定义为

$$\mathfrak{h}_g = \{X + iY \mid X, Y, g \times g \text{ 实对称矩阵}, Y > 0\}.$$

那么黎曼双线性关系表明

$$\Pi(\Sigma_g) \in \mathfrak{h}_g$$

辛群 $\mathrm{Sp}(2g, \mathbb{R})$ 全纯且传递地作用在 $\mathfrak{h}_g$ 上, iI_g 的稳定化子同构于 $U(g)$. 因此西格尔上半空间可以等同于

$$\mathfrak{h}_g = \mathrm{Sp}(2g, \mathbb{R})/U(g)$$

因此, 西格尔模群 $\mathrm{Sp}(2g, \mathbb{Z})$ 恰当且全纯地作用在 $\mathfrak{h}_g$ 上, 商空间 $\mathrm{Sp}(2g, \mathbb{Z})\backslash\mathfrak{h}_g$ 是一个复轨形, 被称为西格尔模簇. 通常记为

$$\mathcal{A}_g = \mathrm{Sp}(2g, \mathbb{Z})\backslash\mathfrak{h}_g$$

字母 $\mathcal{A}$ 表示这是维数为 g 的主极化的阿贝尔簇的模空间.

虽然黎曼曲面 Σ_g 的周期 $\Pi(\Sigma_g)$ 依赖于 $H_1(\Sigma_g, \mathbb{Z})$ 的辛基 $a_1, b_1, \cdots, a_g, b_g$ 的选取, 但是 $\Pi(\Sigma_g)$ 在 $\mathrm{Sp}(2g, \mathbb{Z})\backslash\mathfrak{h}_g = \mathcal{A}_g$ 中的像却不依赖于辛基的选取, 它只依赖于 Σ_g 的双全纯等价类. 因此我们得到一个良定的映射.

$$\Pi : \mathcal{M}_g \to \mathcal{A}_g$$

这通常称为周期映射.

根据定义, $\mathcal{A}_g$ 的周期 $\Pi(\Sigma)$ 只依赖于黎曼曲面 Σ_g 上的复结构, 它们由特定的数字不变量给出. 它们是否唯一地决定黎曼曲面 Σ_g 的问题已经被托勒利 (Torelli) 在 [139] 中解答. 详细的讨论请看 [56, p.359].

定理 1.7.1 周期映射 $\Pi : \mathcal{M}_g \to \mathcal{A}_g$ 是单射.

如果我们不想研究商空间 $\mathcal{A}_g$, 而是从矩阵 (π_{ij}) 得到数值, 我们就需要在黎曼曲面上加一些额外的结构.

一个托勒利 (或者说同调) 的带标记的黎曼曲面是指黎曼曲面 Σ_g 和 $H_1(\Sigma_g, \mathbb{Z})$ 上选定的一组辛基 $a_1, b_1, \cdots, a_g, b_g$. 两个托勒利的带标记的黎曼曲面 $(\Sigma_g, a_1, b_1, \cdots,$

$a_g, b_g)$ 和 $(\Sigma'_g, a'_1, b'_1, \cdots, a'_g, b'_g)$ 是等价的当且仅当存在一个双全纯映射 $\varphi : \Sigma_g \to \Sigma'_g$ 把辛基 $a_1, b_1, \cdots, a_g, b_g$ 映到辛基 $a'_1, b'_1, \cdots, a'_g, b'_g$.

托勒利的带标记的黎曼曲面的等价类组成的集合称为托勒利空间, 记为 $\mathcal{TO}_g$. 那么周期映射定义了一个映射

$$\Pi : \mathcal{TO}_g \to \mathfrak{h}_g \tag{1.7.1}$$

托勒利定理的另一个稍微有点不同的版本, 是说这个周期映射是单射.

托勒利空间 $\mathcal{TO}_g$, (1.7.1) 中的周期映射 Π 和定理 1.7.1, 以及空间 $\mathcal{A}_g$ 都是西格尔在他的文章 [126, §13] 中作为他在前面的几个小节中发展出来的二次形式的理论的一个应用引入的. 空间 $\mathcal{A}_g$ 被称为西格尔模簇, 前面已经提到过它是维数为 g 的主极化的阿贝尔簇的模空间.

根据定义我们很清楚地知道, 从托勒利空间 $\mathcal{TO}_g$ 到模空间 $\mathcal{M}_g$ 有一个抹去黎曼曲面上的托勒利标记的满射. 下一节我们将看到泰希米勒空间 $\mathcal{T}_g$ 上也存在到 $\mathcal{M}_g$ 的满射, 这三个空间满足下面的一个关系

$$\mathcal{T}_g \to \mathcal{TO}_g \to \mathcal{M}_g$$

其中每一个映射都是满的.

空间 $\mathcal{TO}_g$ 和 $\mathcal{T}_g$ 有很多相似之处, 在研究 $\mathcal{M}_g$ 上都处于很重要的地位. 某种意义上它们解决了模空间 $\mathcal{M}_g$ 的奇性, 并且提供了一个简单并且有好的行为的 $\mathcal{M}_g$ 的覆盖空间. 这可能也是在他的文集的评论 ([146, Vol. II, p.545]) 中韦伊特意提到了西格尔和泰希米勒的工作的原因:

> 由黎曼提出的曲线的模的理论在我们这个时代已经迈出了决定性的两步. 第一步是 1935 年西格尔的工作 (Ges. Abh. No. 20, §13, Vol. I, p. 394–405), 第二步是泰希米勒的卓越的工作. 确实关于后一个存在一些争论, 但是终于在 1953 年被阿尔福斯澄清 (J. dAn. Math. 3, p.1-58). 另一方面, 最后我们注意到西格尔在辛群上的关于自守函数的发现最先是应用在阿贝尔簇的模上, 后来只是通过它们的雅可比并应用托勒利的定义推广到这些曲线上. 因此, 多亏了西格尔我们有了维数 > 1 的簇的模理论的第一个例子. 由于小平邦彦和斯潘塞 (Ann. Math. 67 (1958), p.328–566) 的关于上同调的进展, 我们不仅可以对同一个问题从新的角度来看, 而且可以, 至少从局部点的角度看, 得到簇上的复结构的一般情形.

韦伊也特意提到了小平邦彦和斯潘塞的工作, 我们下面也会进行讨论.

1.7.3 数值模

托勒利空间和周期映射的一个应用涉及数值模的问题. 托勒利定理表明除了有一个问题外, 黎曼曲面的周期的数值为它们提供了数值模. 对称矩阵 $\pi(\Sigma_g)$ 包含了 $\dfrac{g(g+1)}{2}$ 个不同的变量. 当 $g \geqslant 4$ 时, $\dfrac{g(g+1)}{2} > 3g - 3$. 因此, 周期 "$\pi_{ij}$ 从数字上看是多余的" ([9,43, 112]). 我们需要找出其中正确变量.

[112, 定理 1] 中的主要结果解决了这个问题.

性质 1.7.2 令 Σ_g 表示一个非超椭圆的亏格 $g \geqslant 2$ 的紧的黎曼曲面, (π_{ij}) 表示上面定义过的 Σ_g 的周期. 那么存在 $3g - 3$ 个变量 π_{ij} 使得对任一个黎曼曲面 Σ_g', 如果对应的 Σ_g' 的周期 (π_{ij}') 中的 $3g - 3$ 个变量取相同的值 (π_{ij}), 那么 Σ_g' 和 Σ_g 是双全纯等价的.

对超椭圆的亏格 g 的紧黎曼曲面, 注意到亏格 g 的超椭圆的紧黎曼曲面的轨迹是 $2g - 1$ 维的. 周期矩阵的合适的 $2g - 1$ 个变量唯一地决定了黎曼曲面. 参看 [114].

1.8 泰希米勒关于模空间的工作: 标记的黎曼曲面、泰希米勒空间、细模空间

上面的讨论表明很多人都曾尝试去理解模空间 $\mathcal{M}_g$, 并用它或者相关的空间去证明黎曼曲面的单值化定理, 但是都不完整. 从上帝视角看, 其中一个原因可能是没有正确地提出问题.[①]

当 1938 年泰希米勒转去研究函数理论时, 他从黎曼模问题着手. 他花了一些时间去规划问题并且给出答案. 他最出名的文章是长文 [132], 和我们的讨论最相关的文章 [134] 却是很多研究泰希米勒空间的人都不熟悉的文章. 另一篇著名的文章 [133] 中完善了文章 [132] 中的一个猜想的证明, 也就是关于被标记的黎曼曲面之间的极值拟共形映射的存在性的文章.

斯特雷贝尔 (Strebel) 给泰希米勒文集 [135] 的数学评论对这三篇文章有一个简短但却是非常好的总结:

> 泰希米勒在 1938 年出版的论文《关于共形和拟共形图像的研究》以及下一篇论文《简单函数系数之间的不等式》可以看作是他对函数理论的重大贡献的开始, 这最终导致他 1939 年的杰作《极值拟共形映射和二次微分》. 在文章及其补充《在闭定向黎曼平面上测定极值准周期图像》(1943 年) 中, 泰希米勒奠定了现在被称为泰希米勒空间理论的基

---

① 值得注意的是, 1876 年乔治·康托尔的博士学位论文的题目是《数学中提问的艺术比解决问题更有价值》.

础. 他在他的最后一篇论文《可变的黎曼曲面》(1944 年) 中进一步发
展了这个想法.

尽管文章 [134] 发表在一个臭名昭著的杂志上, 而且在泰希米勒文集出版之
前也很难找到, 但是, 在一个知名的杂志上发表的文章 [133] 中有它的主要结果的
一个总结.

所有的这些事情使得黎曼模问题和泰希米勒理论的历史变得复杂而有趣.

1.8.1 泰希米勒问了哪些问题?

我通过一个引言来说明泰希米勒是如何提出疑问并且建立问题的?

下面我们使用泰希米勒理论手稿中的文章 [134] 的英译版本中的页码. [134,
p.787-788] 的开头很好地解释了那个时候黎曼曲面的模问题的地位以及泰希米勒
的工作的动机. 特别地, 泰希米勒写道: 我们很早就知道亏格 g 的闭黎曼曲面的共
形等价类的分类依赖于 τ 个复常数, 其中

$$\tau = \begin{cases} 0, & g = 0, \\ 1, & g = 1, \\ 3(g-1), & g > 1 \end{cases}$$

这个数字 τ 已经通过不同的具有启发性的论断得到, 这个结果正在被
人们忽视, 而没有考虑太多这个论述的意义. 亏格 $g > 0$ 的曲面的共形
等价类的集合 $\mathfrak{R}$ 一定有连续统的基数; 另外, 如果想要计算 $\mathfrak{R}$ 的维数,
那么首先需要通过某种方式把 $\mathfrak{R}$ 转化为一个空间.

最初人们尝试着用 τ 或者满足 $\nu - \tau$ 关系的 ν 个参数来表示 $\mathfrak{R}$ 中
的元素. 但是从不同的观点出发对 τ 进行不同的计算, 得到的结果互
相之间没有联系, 它并不像之前想得那么清楚, 如果不同的计算总能给
出一个相同的 τ 值就是一个奇迹. 我认为最初不应该要求通过一个坐
标系中的数字给 $\mathfrak{R}$ 中的点一个清楚的表示, 而是要研究 "空间" $\mathfrak{R}$ 的
内部结构.

我们应该从介绍 $\mathfrak{R}$ 中邻域的概念出发. 但是到目前为止只有一种
方法, 而且不合适作为基础. 但是, 只要 $\mathfrak{R}$ 不是一个有邻域概念的空
间, 它就没有分析或者集合意义上的维数. [①]

后来范德瓦尔登在代数几何的框架下证明了如果某些坏的情形被排除
后, 代数函数域依赖于 τ 个参数. 我不会沿着这个方向, 因为这种方法

---

① 根据德利涅 [33]: 在断定谈维数需要拓扑, 泰希米勒是非常现代的.

中问题被换成一个完全代数的问题, 它的答案不会给出函数论学者想要寻找的角度.

我们不仅需要 $\mathfrak{R}$ 有一个邻域空间或者代数簇的结构, 也需要其有一个解析流形的结构, 也就是在 $\mathfrak{R}$ 的每个点的邻域中需要有 τ 个方向的坐标系, 且所有的坐标转换函数都是解析的. 那么邻域的概念就自动得到了, 而且在我们的情形中选择一类坐标系使之互相之间可以代数地转换并不困难.

但是, 由于集合 $\mathfrak{R}$ 可以通过不同的方法得到解析流形, 我们必须确保这个选择由某种性质唯一确定. 而且这些决定性的性质必须保证在函数理论中的应用. 结果显示 $\mathfrak{R}$ 包含特定的带奇点的流形. 但是我们将构造一个没有奇点的覆盖空间 $\widetilde{\mathfrak{R}}$.

在上面的引言中知道 $\mathfrak{R}$ 是模空间 $\mathcal{M}_g$. 很清楚的是, 从字面上看仍然没有对 $\mathcal{M}_g$ 给出除集合意义以外的定义, 尽管已经有很多人对 $\mathcal{M}_g$ 有很多直觉, 也有很多期待中的性质.

注意到泰希米勒 1943 年在东部前线去世, 可能在去那里之前他简短地写下了这篇文章 [134]①.

---

① 根据维基百科的说法东线战役构成了历史上规模最大的军事对抗. 它们的特点是前所未有的凶猛, 大量的破坏, 大规模驱逐, 以及由战争、饥饿、暴晒、疾病和屠杀等原因造成的巨大生命损失. 作为几乎所有死亡营、死亡军队、贫民窟和大多数大屠杀的场所, 东线是大屠杀的中心. 第二次世界大战造成的死亡人数大约有 7000 万人中有超过 3000 万人死于东线, 其中许多是平民. 东部前线在决定第二次世界大战的结果方面起决定性作用, 最终成为德国战败的主要原因. 它导致了第三帝国的灭亡, 近半个世纪的德国分裂以及作为军事和工业超级大国的苏联崛起……

根据奥康纳 (O'Connor) 和罗伯特森的传记 [105], 泰希米勒于 1939 年 7 月 18 日应征入伍, 作为德国军为第二次世界大战做准备. 他原本应该进行八周的训练, 但在八周之前第二次世界大战于 1939 年 9 月 1 日爆发. 他留在军队中, 并于 1940 年 4 月参加了德国入侵挪威的战役. 此后他被转移到柏林进行密码学工作. 比伯巴赫要求泰希米勒从军事任务中解脱出来, 到大学去演讲, 事实上泰希米勒在 1942 年到 1943 年间开始在大学任教同时继续他的密码工作. 他仍然找时间继续他的数学研究, 并在 1944 年发表了五篇论文: *Über die partielle Differentiation algebraischer Funktionen nach einem Parameter und die Invarianz einer gewissen Hauptteilsystemklasse; Beweis der analytischen Abhängigkeit des konformen Moduls einer analytischen Ringflächenschar von den Parametern; Ein Verschiebungssatz der quasikonformen Abbildung; Veränderliche Riemannsche Flächen* 和 *Einfache Beispiele zur Wertverteilungslehre.* 其中第一个出现在 Crelle's Journal, 另外四个在 Deutsche Mathematik 中.

斯大林格勒战役发生在 1942 年 7 月至 1943 年 2 月期间. 德国人试图占领这座城市, 但遭到了苏联人的顽强抵抗. 最后德国第六集团军中计, 并在被困后被大量摧毁. 这是德国军队的第一次重大军事失败, 德国全境召开了新的号召. 泰希米勒响应了这个号召, 并放弃了他在柏林的密码工作的职位, 加入了试图从斯大林格勒的战败中恢复的部队. 德国的目标是通过占领苏联部队担任阵地的库尔斯克周边地区来缩短东线. 泰希米勒所在的部队参加了开始于 1943 年 7 月 5 日的战斗. 苏联在 8 月初的反击使德军被迫倒退. 泰希米勒被允许告假回家. 在那个阶段, 他所在的部队在哈尔科夫附近, 经过 8 月 3 日至 8 月 23 日的战斗后哈尔科夫被苏联人重新占领. 泰希米勒所在的部队大部分被歼灭了, 但在 9 月初他试图重新加入他们, 他似乎已经到达了哈尔科夫西南部的波尔塔瓦, 但是在德国军队在苏联前进之前的混乱中被杀. 他于 1943 年 9 月 11 日去世.

1.8.2 泰希米勒做了什么?

为了看清楚泰希米勒打算做什么, 最好的方法也是引用他的文章. 在 [134, p.788] 中, 他继续写道:

接下来一段时间我没有办法发表我考虑的这些细节. 因此我只对方法和结果给出一个简短的概括.

到现在我意识到, 解决这个问题主要基于下面三个新引入的概念, 即

拓扑决定的闭曲面、黎曼曲面的解析族、环绕的坐标片.

这篇文章 [134] 包含了很多想法. 在解释它们之前我们需要定义泰希米勒空间.

现在我们转换到现代的记号上, 并给出一些推论. 选定一个亏格 g 的紧的可定向曲面 S_g, 一个标记的紧黎曼曲面是一个亏格 g 的黎曼曲面和一个保持定向的微分同胚 $\varphi : \Sigma_g \to S_g$ 组成的对. 两个标记的黎曼曲面 (Σ_g, φ) 和 (Σ'_g, φ') 称为等价的当且仅当存在双全纯映射 $h : \Sigma_g \to \Sigma'_g$ 在同伦等价的意义下和 φ, φ' 构成一个交换图表.

亏格 g 的黎曼曲面的泰希米勒空间就是亏格 g 的标记紧黎曼曲面构成的集合, 通常记为 $\mathcal{T}_g$:

$$\mathcal{T}_g = \{(\Sigma_g, \varphi)\}/ \sim$$

注记 1.8.1 由于 S_g 的高维同伦群都是空的, 所以 S_g 是一个 $K(\pi, 1)$- 空间, 黎曼曲面 Σ_g 上的一个标记相当于对基本群 $\pi_1(\Sigma_g)$ 的生成元的选取. 如我们所知, 一阶同调群 $H_1(\Sigma_g, \mathbb{Z})$ 是 $\pi_1(\Sigma_g)$ 的交换化:

$$H_1(\Sigma_g, \mathbb{Z}) = \pi_1(\Sigma_g)/[\pi_1(\Sigma_g), \pi_1(\Sigma_g)]$$

从而, 泰希米勒空间中的标记比定义托勒利空间 $\mathcal{T}O_g$ 时的托勒利标记要强. 因此正如前面所讲, 存在一个满映射 $\mathcal{T}_g \to \mathcal{T}O_g$.

令 $\mathrm{Diff}^+(S_g)$ 为 S_g 上的保定向的微分同胚组成的群, $\mathrm{Diff}^0(S_g)$ 为 $\mathrm{Diff}^+(S_g)$ 中包含恒等映射的正规子群. 那么商群 $\mathrm{Diff}^+(S_g)/\mathrm{Diff}^0(S_g)$ 就是映射类群, 记为

$$\mathrm{Mod}_g = \mathrm{Diff}^+(S_g)/\mathrm{Diff}^0(S_g)$$

群 $\mathrm{Diff}^+(S_g)$ 作用在空间 $\mathcal{T}_g$ 上只是修改黎曼曲面上的标记. 由于同伦等价的微分同胚定义同一个标记, 因此这个作用可以下降为 Mod_g 在 $\mathcal{T}_g$ 上的作用. 由于标记被移去了, 所以我们可以说 $\mathcal{T}_g$ 中的每一个 Mod_g 轨道表示紧黎曼曲面 Σ_g 的一个双全纯等价类, 因此我们得到如下等式:

$$\mathcal{M}_g = \mathrm{Mod}_g \backslash \mathcal{T}_g$$

按照上面的记号, 我们可以总结一下文章 [134] 的主要贡献:

(1) 如我们之前讨论过的黎曼曲面的单值化定理的证明, 有些人, 尤其是布劳威尔和庞加莱 (参看他们之间的信件 [140]), 知道黎曼曲面的模空间 $\mathcal{M}_g$ 不是一个流形. 但是他们没有解释清楚它为什么会有奇点, 以及如何用其他空间来克服这个问题 (或者从这些相关的空间还原出 $\mathcal{M}_g$). 另一方面, 泰希米勒清晰地指出在构造 $\mathcal{M}_g$ 及其奇点时由于黎曼曲面间的非平凡的自同构带来的困难, 他产生了为了使黎曼曲面具有刚性而引入标记的想法, 从而去掉了黎曼曲面之间非平凡的自同构. 这也是拓扑决定曲面的意思. 下面我们会看到这个想法是后面构造各种代数簇的模空间的基础.

(2) 为了去掉黎曼曲面上的标记, 他研究了映射类群 Mod_g 在带标记的黎曼曲面的模空间也就是泰希米勒空间 $\mathcal{T}_g$ 上的作用.

(3) 为了严格定义模空间, 他引入了黎曼曲面上的解析族的概念, 类似于 (或者说启发了) 从空间上的空间范畴的角度给出的现代的提法, 函子和自然变换. 对于严格提出黎曼曲面上的模问题以及理解模空间 (比等价类的集合大) 的真正含义, 这都是最初也是最关键的一步. 这接近于现代的栈的概念.

(4) 他在带有复流形结构的泰希米勒空间 $\mathcal{T}_g$ 上创建了万有曲线, 使得泰希米勒空间 $\mathcal{T}_g$ 是标记的黎曼曲面的好模空间, 并且有一个自然的复流形结构. 这在模空间 $\mathcal{M}_g$ 上放了一个自然的复结构, 从而解决了黎曼模问题: 解释了将模数值 $3g-3$ 作为 $\mathcal{M}_g$ 的复维数的原因. 事实上, 他的结果也明晰了 $\mathcal{M}_g$ 上的奇点的自然性: M_g 是一个轨形.

对于 (1), 他对黎曼曲面上的标记 ([134, p.789]) 的定义是现在泰希米勒理论的研究者使用的定义.

> 亏格 g 的黎曼曲面的**拓扑决定**用如下方式描述: 令 $\mathfrak{H}_0$ 表示一个选定的亏格 g 的闭黎曼曲面, $\mathfrak{H}$ 表示任一个亏格 g 的闭黎曼曲面. 令 H 表示从 $\mathfrak{H}_0$ 到 $\mathfrak{H}$ 的满的拓扑映射……我们将不得不处理一个曲面 $\mathfrak{H}$ 和固定的 $\mathfrak{H}_0$ 到 $\mathfrak{H}$ 的映射组成的对$(\mathfrak{H}, H)$. 两个这样的对称为等价 $(\mathfrak{H}, H) = (\mathfrak{H}', H')$, 如果第一 $\mathfrak{H} = \mathfrak{H}'$, 第二从 $\mathfrak{H}_0$ 到自身的满映射 $H'^{-1}H$ 可以形变为恒等映射……

> 我们记一类共形等价的拓扑决定的亏格 g 的曲面 $\mathfrak{H}$ 为 $\mathfrak{h}$. 这些等价类是 "空间"$\mathfrak{R}$ 中的点. 为了和这个区分, 亏格 g 的曲面 $\mathfrak{H}$ 的共形等价的曲面组成的类为 $\mathfrak{h}$, 形成 "空间"$\underline{\mathfrak{R}}$.

> **模问题** 指的是空间 $\mathfrak{R}$ 的性质问题, 但是结果发现首先研究空间 $\underline{\mathfrak{R}}$ 可能更有好处.

对于 (2), 我们需要时刻记得在 1930 年左右高维的复流形并不为大家所熟知. 因此, 泰希米勒在 [134, p. 789-790] 中写道:

> 现在我们不得不引入最重要的一个概念, 称为**黎曼曲面的解析族**. 首先, 我们回顾一下解析流形的概念……

> 令 $\mathfrak{P}$ 是这样一个 r-维的复解析流形……假设对 $\mathfrak{P}$ 中的每一个点 $\mathfrak{p}$, 我们对应一个固定的亏格 g 的闭黎曼曲面 $\mathfrak{H} = \mathfrak{H}(\mathfrak{p})$……这样得到 的一族 $\mathfrak{H}(\mathfrak{p})$ 是一个 $(r+1)$- 维的流形 M, 称为黎曼曲面上的解析族, $\mathfrak{P}$ 称为它的参数流形.

换句话说, 他仔细地定义了复流形 $\mathfrak{P}$ 上的紧黎曼曲面上的全纯族.

对于 (3), 我们引用 [134, p.793-794] 中的主要结果:

> 对每一个 g, 在亏格 g 的拓扑决定的黎曼曲面上存在一个整体的 解析族: $\mathfrak{H}[\mathfrak{c}]$, 其中 $\mathfrak{c}$ 跑遍 τ-维复解析流形 $\mathfrak{C}$, 并且有如下性质:

> ● 对每一个亏格为 g 的拓扑决定的黎曼曲面 $\mathfrak{H}$, 存在一个且只存 在一个共形等价类 $\underline{\mathfrak{H}}[\mathfrak{c}]$.

> ● 如果 $\mathfrak{H}(\mathfrak{p})$ 是由参数 $p_1, \cdots, p_r$ 决定的亏格 g 的拓扑决定的黎曼 曲面上的整体解析族, 且局部参数都用 t 表示, $\mathfrak{H}[\mathfrak{c}]$ 是以 $c_1, \cdots, c_\tau$ 为 参数, 并且局部参数用 T 表示的映射族, 那么存在映射从映射族 $\underline{\mathfrak{H}}[\mathfrak{p}]$ 到映射族 $\underline{\mathfrak{H}}[\mathfrak{c}]$, 使得参数 $c_1, \cdots, c_\tau$ 是参数 $p_1, \cdots, p_r$ 的解析映射, T 是 $p_1, \cdots, p_r, t$ 的解析映射, 且 $\dfrac{\partial T}{\partial t} \neq 0$ 并且使得拓扑决定的曲面 $\mathfrak{H}(\mathfrak{p})$ 共形地映满 $\underline{\mathfrak{H}}[\mathfrak{c}]$.

> 映射族 $\mathfrak{H}[\mathfrak{c}]$ 本质上被这些性质唯一决定 ($\mathfrak{C}$ 的复维数 τ 等于……).

> 很容易看到映射族 $\underline{\mathfrak{H}}[\mathfrak{c}]$ 被如下性质唯一决定. 令 $\underline{\mathfrak{H}}'[\mathfrak{c}']$ 表示有着相同 性质的另一族映射……

> 根据这个定理, **模问题**得到了解决. 也就是说我们通过让 $\mathfrak{R}$ 中的 每一个类 $\mathfrak{h}$ 对应到空间 $\mathfrak{C}$ 中的一个元素 $\mathfrak{c}$ 得到了由亏格 g 的拓扑决 定的曲面的共形等价类组成的空间 $\mathfrak{R}$ 和 τ-维复解析流形 $\mathfrak{C}$ 之间的一 一对应, 从而使得 $\mathfrak{H}[\mathfrak{c}]$ 与 $\mathfrak{h}$ 对应. 根据这里的内容, 我们也在 $\mathfrak{R}$ 唯一 地定义了一个结构, 使之成为 τ-维复解析流形.

细模空间 $\mathfrak{R}$ 是带有万有曲线 $\mathfrak{H}[\mathfrak{c}]$ 的泰希米勒空间 $\mathfrak{C}$, 其中 $\mathfrak{c} \in \mathfrak{C}$, 代数几何 研究者对这种现代语言的表达应该很熟悉.

对于 (4), 他移除黎曼曲面上的拓扑标记来还原出原来的模空间 $\mathfrak{R}$ (也就是 $\mathcal{M}_g$), 即 $\mathcal{M}_g$ 是由亏格 g 的紧可定向曲面的映射类群作用在其泰希米勒空间上得到的商空间. 泰希米勒在 [134, p.800-802] 中写道:

最后, 我想简短地提一下, 如果去掉拓扑决定性会发生什么.

令 $\mathfrak{H}$ 表示亏格 g 的拓扑决定的黎曼曲面. $\mathfrak{G}$ 表示底层曲面 $\mathfrak{H}$ 到自己的所有拓扑映射组成的群, 令 $\mathfrak{A}$ 是群 $\mathfrak{G}$ 中所有可以形变到恒等映射的元素组成的子群的正规化, 得到的商群

$$\mathfrak{F} = \mathfrak{G}/\mathfrak{A}$$

即为 $\mathfrak{H}$ 的映射类群……

已经证明群 $\mathfrak{F}$ 中元素作为从 $\mathfrak{R}$ 到自身的作用 $\underline{\mathfrak{h}} \to F\underline{\mathfrak{h}}$ 是恰当不连续的……

$\mathfrak{R}$ 是一个解析流形. 对 $\mathfrak{R}$ 中所有只在 $\mathfrak{F}$ 中固定 $\mathfrak{R}$ 中的所有点的元素作用下不变的点, 我们可以直接从 $\mathfrak{R}$ 上得到 $\mathfrak{R}$ 上的坐标系, 从而在 $\mathfrak{R}$ 上也有一个解析坐标系. 这是因为群是恰当不连续的. 这里 $\mathfrak{R}$ 上的一般点已经被处理过了, 因为例外点落在 $\mathfrak{R}$ 中的特定解析流形上, 所以也可以得到相同的结果.

正如前面提到的, 泰希米勒证明了 $\mathcal{T}_g$ 是标记的黎曼曲面的一个细模空间并且有典型的复结构. 映射类群 Mod_g 全纯并且恰当地作用在 $\mathcal{T}_g$ 上. 因此商空间 $\mathcal{M}_g = \text{Mod}_g \backslash \mathcal{T}_g$ 也有典型的复结构, 或者说复轨形结构.

泰希米勒没有定义粗模空间. 为了处理不带标记的黎曼曲面的等价类空间, 他在 [134, p.788] 中写道: "但是由于可以通过不同的方式将集合 $\mathfrak{R}$ 看成是解析流形, 所以我们必须保证我们的选择由特定的性质唯一确定." 在 [134, p.880] 中他又写道: "最后我想简短地提一下如果不管拓扑决定性会发生什么." 在 [134, p.802] 中又写道: "亏格 g 的黎曼曲面的共形等价类 $\mathfrak{h}$ 组成的空间 $\mathfrak{R}$ 通过把空间 $\mathfrak{R}$ 中某些点等同起来的方式得到, 等同的规则是 $\mathfrak{F}$ ($\underline{\mathfrak{h}}_1$ 和 $\underline{\mathfrak{h}}_2$ 等同当且仅当存在 $\mathfrak{F}$ 中一个元素 F 使得 $F\underline{\mathfrak{h}}_1 = \underline{\mathfrak{h}}_2$). "

由于我们的重点在模空间, 因此得到如下结果.

性质 1.8.2 空间 $\mathcal{M}_g$ 加上从 $\mathcal{T}_g$ 上继承的复结构是亏格 g 的紧黎曼曲面的粗模空间

证 根据粗模空间的定义 (参看 1.10.5 节和 [61, p.3-4]), 我们只需要验证下面两件事情:

(1) 对亏格 g 的紧黎曼曲面 X 上的每一个全纯族 $\pi: X \to B$, 其中复空间 B 是底空间, 存在唯一的全纯映射 $f: B \to \mathcal{M}_g$ 使得对每一个 $b \in B$, $f(b)$ 是包含纤维 $\pi^{-1}(b)$ 的黎曼曲面的等价类.

(2) 对任一个复空间 $\mathcal{M}'$, 其中每个点与亏格 g 的紧黎曼曲面的等价类一一对应, 并且满足前面的条件 (1), 那么存在一个全纯映射 $\varphi: \mathcal{M}_g \to \mathcal{M}'$ 使得对上面的黎曼曲面上的任意全纯映射族和对任意的 $\pi: X \to B$, 复合映射 $\varphi \circ f: B \to \mathcal{M}_g \to \mathcal{M}'$ 是满足条件 (1) 的 $B \to \mathcal{M}'$ 的唯一的映射.

为了证明条件 (1), 我们注意到映射族 $\pi: X \to B$ 可以提升为全纯映射族 $\tilde{\pi}: X' \to \tilde{B}$, 其中 $\tilde{B}$ 是 B 的万有覆盖. 由于 $\mathcal{T}_g$ 是一个细模空间, 所以我们得到全纯映射 $\tilde{f}: \tilde{B} \to \mathcal{T}_g$ 在差一个同态 $\pi_1(B) \to \mathrm{Mod}_g$ 的意义下是唯一的. 因此我们得到了想要的全纯映射 $f: B \to \mathcal{M}_g$.

假设 $\mathcal{M}'$ 是满足条件 (1) 的复空间. 由于 $\mathcal{T}_g$ 作为黎曼曲面有万有映射族, 我们得到全纯映射 $\Phi: \mathcal{T}_g \to \mathcal{M}'$. 由于 $\mathcal{M}'$ 和黎曼曲面的等价类是一一对应的, 从而得到全纯映射 $\varphi: \mathcal{M}_g \to \mathcal{M}'$. 我们需要证明对上述任意族 $X \to B$, $\varphi \circ f$ 是 $B \to \mathcal{M}'$ 的唯一映射. 由于复合映射 $\tilde{B} \to \mathcal{T}_g \to \mathcal{M}'$ 是 $\tilde{B} \to \mathcal{M}'$ 的对全纯族 $\tilde{\pi}: X' \to \tilde{B}$ 的唯一映射, 因此很清楚地得到复合映射 $\varphi \circ f: B \to \mathcal{M}_g \to \mathcal{M}'$ 也是族 $X \to B$ 上想要的唯一映射.

性质 1.8.2 的证明的一个推论是下面这个想要的结果.

性质 1.8.3 如果模问题有一个细模空间 $\mathcal{M}$, 那么 $\mathcal{M}$ 也是一个粗模空间.

证 我们以 $\mathcal{T}_g$ 为例. 假设 $\mathcal{T}'$ 是带标记的黎曼曲面的一个粗模空间, 即它是一个复空间, 黎曼的点和带标记的黎曼曲面的等价类一一对应并且满足类似性质 1.8.2 的证明中 (1) 的条件. 那么 $\mathcal{T}_g$ 上的万有族给出了想要的唯一的全纯映射 $\mathcal{T}_g \to \mathcal{T}'$, 并且满足类似于上面证明 (2) 的条件.

由于泰希米勒在 1943 年去世, 他没办法为他的最后一篇主要文章 [134] 提供任何细节. 另一方面, 我们可以认为他对文章 [134] 中的所有结果已经理解得足够充分, 从而觉得写下完整的证明是非常轻松的. 为了这个目的我们需要指出文章 [133] 补充了之前的文章 [132], 并且给出了他在 [132] 中提出的猜想的证明. 在 [133] 的开头他写道:

在 1939 年发表一篇全由猜想构成的长文是非常冒险的. 我已经完整地研究了这个问题, 从而确信我提出的猜想的正确性, 而且也想让大家知道我发现的这些漂亮的联系和观点. 另外, 我想要鼓励写下证明的尝试. 我知道从各个方向对我的责难, 虽然直到今天我都认为我的做法是合理的, 但是有一条却是例外. 对我这种做法的模仿无疑会带来数学文献的泛滥. 但是我从未怀疑文章的正确性, 我也很高兴现在可以写下主要部分的证明.

如下一节将会讲到的, 这篇文章 [134] 本应该对代数几何的中心课题、模空间的现代理论的发展有巨大的影响. 但是, 却并不是那么出名. 据我所知, 代数几何中关于模空间的已经发表的书中从没有引用过这篇文章, 除了科拉尔 (Kollár) 的关于模空间的一个预印本 [75]. 文章 [134] 在关于 $\mathcal{M}_g$ 的历史的研究, [106] 中没有被提及, 尽管 [132], [133] 有被提及了.

在复分析方向对泰希米勒空间理论的研究圈里面又是如何呢? 它或者说它丰富的内容可能被理解和知道得更少. 例如, 在泰希米勒文集 [135] 的前言中, 大概在 1982 年阿尔福斯和格林 (Gehring) 写道:

他的文章 *Veränderliche Riemannsche Flächen* 包含了一些模糊但是非常有前景的想法, 应该得到更进一步的理解.

一个可能的原因是这个领域的领袖阿尔福斯在 1944 年 AMS 的数学评论上写的对 [134] 的评论, 其中第一段基本上是不正确的, 第二段也没有 (清楚地) 表达出这篇文章中包含的关于黎曼曲面的模空间的基本而本质的想法.

阿尔福斯的评论很短, 为方便读者对我们全文引用, 读者可以比较一下和上一节中来自泰希米勒自己的说法.

亏格 g 的闭黎曼曲面的共形类型依赖于 $\tau = 0, 1$ 或者 $3(g-1)$ 个复参数, 前面两种情形分别为亏格是 0 和 1 的时候. 如果直接说明而不提特定的拓扑空间, 是没有意义的. 作者想要通过证明共形类的空间可以表示成一个 τ-维解析流形的方式来证明这个陈述可以给出确切的含义. 如果等价是限制在具有给定拓扑的类之间的共形映射上问题会变得更容易处理. 更精确地说, 令 H_0 表示一个固定的曲面, H 表示一个曲面变量, T 表示 H_0 到 H 的一个满的拓扑映射. 那么对 (H, T) 是空间 $\mathfrak{R}$ 中的一个元素当且仅当 H 可以被一个共形变换 S 映满 H_0 使得 TS^{-1} 可以形变得到恒等映射.

令 P 表示一个 r-维的复解析流形. 每一个局部坐标为 $p_1, \cdots, p_r$ 的点 $\mathbf{p} \in P$, 表示一个有固定亏格 g 的黎曼曲面 $H(\mathbf{p})$; 这个曲面上的一个点 t 由一个局部参数 t 表示. 对 $(\mathbf{p}, t)$ 构成一个有着不同的坐标系统 $(p_1, \cdots, p_r, t)$ 的 $(r+1)$-维的复解析流形. 其中任意两个坐标系统之间由关系 $p_i' = f_i(p_1, \cdots, p_r)$, $t' = g(p_1, \cdots, p_r, t)$ 联系, 要求满足 $|\partial p_i'/\partial p_j| \neq 0, \partial t'/\partial t \neq 0$. 因此在曲面 $H(\mathbf{p})$ 是可能有一个连续依赖于 p 的拓扑变换 $T(\mathbf{p})$; 从大的方面说, 建立 P 的覆盖曲面可能是必要的. 作为它的主要结果, 作者证明了维数为 $\tau + 1$ 的流形 M 的存在性, 使

得有且仅有一个流形 $H(\mathfrak{p})$ 等价于给定拓扑的亏格 g 的曲面, 即 $\mathfrak{R}$ 中的一个元素. 他的证明依赖于黎曼曲面的精确实现以及分支点的变化.

因此, 鉴于文章发表在德国的纳粹杂志 *Deutsche Mathematik* 上, 德国以外很难得到, 我们猜测这篇评论基本上毁掉了文章 [134], 似乎是有道理的 (现在文章 [134] 可以相对容易地从他的文集 [135] 中找到).

注记 1.8.4 泰希米勒提到过三个新引入的概念. 前两个前面解释过了, 最后一个是关于环绕坐标片, 这意味着某些决定黎曼曲面的环绕片是如何通过复解析转移函数粘在一起的 ([134, p.797]). 它们是在泰希米勒空间上引入复结构以及其上的万有黎曼曲面的基本要素. 在 [134, p.796] 中他定义了环绕片:

令 $\mathfrak{C}$ 表示把 z-平面分成内部 $\mathfrak{I}$ 和外部 $\mathfrak{A}$ 两个部分的简单闭曲线. 如果人们用 $\mathfrak{C}$ 把 z-平面上的 $\mathfrak{Z}$ 切开, 那么 $\mathfrak{Z}$ 落在 $\mathfrak{I}$ 上的部分会被分成很多个片. 这些片中有多层但是单连通的那些就称为环绕片.

似乎环绕坐标片的概念与后面 [74] 中的小平邦彦-斯潘塞形变理论有关联. 在他的关于黎曼曲面的模 ([143, p.383]) 的文章中, 韦伊曾经尝试在泰希米勒空间上引入一个自然的复结构, 他写道:

为了使目前做出的陈述合理化, 我们需要使用关于复结构的变化的小平邦彦-斯潘塞技术. 在复一维时这个技术可以通过很初等的方式引入, 我们也只关心这一种情形. 事实上, 这个已经被泰希米勒做过了; 但是他将之与关于拟共形映射的想法混在了一起, 使得他的很多简单的直觉丢失了.

1.8.3 泰希米勒为什么要研究模空间?

在前面 1.8.2 小节中我们已经讨论了一些有泰希米勒提出或者证明的关于黎曼曲面的模空间 $\mathcal{M}_g$ 的基本但是非常深刻的问题和结果. 一个问题是: 他为什么要研究模空间 $\mathcal{M}_g$?

在他的博士学位论文中, 泰希米勒研究了四元希尔伯特空间的谱理论. 后来他研究域的赋值理论和代数的结构. 从 1937 年开始, 他的主要兴趣转到了函数理论.

在 [132] 中泰希米勒最想要证明的重要结果或者说猜想是关于两个有相同拓扑型的黎曼曲面之间的极值共形映射的存在性问题 (注意到他的论文名字是 *Untersuchungen über konforme und quasikonforme Abbildungen* [136], 研究的是共形映射和拟共形映射). 在做这个问题的过程中他发展了泰希米勒空间作为一个合适的框架和重要的工具, 来通过连续性方法证明 [133] 中的主要结果. 在这个过程中他精确地定义了黎曼曲面的模问题, 并且在 [134] 中解决了它.

关于拟共形映射和泰希米勒的贡献, 阿尔福斯在 [6, p.72-73] 中写道:

拟共形映射理论发展的时间正好是 55 年. 它在 1928 年被格罗采 (Grötzsch) 为了制定并解决皮卡定理的推广而引入……

格罗采的文章很长一段时间都没有被得到关注. 在 1935 年, 几乎同样的一类映射被苏联的拉夫连季耶夫引入……两种情形中, 拟共形映射理论那时已经有了自己的名字, 慢慢地被认识, 开始作为一个有用且灵活的工具, 但是它自己也在数学中成为一个有价值的方向.

如果不是被奥斯瓦尔德·泰希米勒这么一个突然有了出乎意料的迷人的发现的极具天分的年轻数学家和激进狂热分子使用, 拟共形映射可能还会是数学研究中一个模糊且不处于中心地位的一个对象. 那个时候拟共形映射里一些特殊的极值问题已经被解决, 但是这些都是独立的结果, 没有一个相互联系的一般的想法. 在 1939 年他送给普鲁士学院一个现在非常出名的文章, 给了拟共形映射新的生命, 使之成为一个新的学科, 完全覆盖了这个理论原来模糊的开始. 凭着惊人的直觉, 他将已知的东西和将要发展的东西综合在一起, 并且给出了新体系的一个大的框架, 而这只是某天晚上他突然得到的启发. 他的主要发现是拟共形映射的极值问题如果应用到黎曼曲面会自动得到和曲面上的全纯二次微分之间的紧密联系. 有了这个联系, 整个理论会有完全不同的复杂性: 一个完全不涉及共形映射的问题结果有一个可以用全纯微分表示的解, 从而使得这个问题真正地属于了经典函数理论. 尽管有些证明只是启发性的, 但是从一开始就很清楚的是这篇文章将会有巨大的影响, 尽管它的影响由于战争时期糟糕的交流方式延迟了很长时间. 在同一篇文章中泰希米勒也建立了后面使之成名的泰希米勒空间理论的基础.

阿尔福斯在 [6, p.75] 中继续写道:

泰希米勒考虑从一个紧黎曼曲面到另一个紧黎曼曲面的拓扑映射 $f : S_0 \to S$. 另外他还要求 f 属于已经给定的同伦类, 他希望对每一类分别来解决极值问题. 泰希米勒断言总有这样的极值映射存在, 并且它还是唯一的. 更进一步, 或者在给定的同伦类中存在唯一的共形映射, 或者存在常数 k, $0 < k < 1$ 和一个 S_0 上的全纯二次微分 $\varphi(z)dz^2$ 使得极值映射的贝尔特拉米 (Beltrami) 系数是 $\mu_f = k\bar{\varphi}/|\varphi|$. 因此它是一个有着常值伸缩商为 $K = \dfrac{1+k}{1-k}$ 的映射. 它的逆映射 f^{-1} 在所有的

映射 $S \to S_0$ 中也取到极值, 而且它决定了一个与之对应的 S 上的二次微分 $\psi(w)dw^2$. 在局部坐标下, 这个映射可以通过

$$\sqrt{\psi(w)}dw = \sqrt{\varphi(z)}dz + k\sqrt{\overline{\varphi(z)}}d\bar{z}$$

来表示. 自然地, 在 φ 的零点处有奇性, 它们同时也是 ψ 的同阶零点, 但是奇性是一个简单明晰的性质. 沿着 $\sqrt{\varphi}dz$ 分别为实数或者纯虚数得到的可积曲线称为水平或者竖直轨道, 极值映射把 S_0 上的水平或者竖直轨道对应到 S 上的相应轨道. 在每个点上伸缩都在水平方向达到最大, 竖直轨道方向达到最小.

这个结果既漂亮又非常基础, 我已经尝试强调这一点, 并且给拟共形映射理论一个全新的视角. 泰希米勒在他 1939 年的文章中给出了定理的唯一性部分的证明, 这也是目前为止知道的证明. 他后面给出的存在性的证明就不是那么明晰了.

极值拟共形映射的存在性的证明在 [133] 中给出. 在文章 [132], [133] 中带标记的黎曼曲面和带标记的黎曼曲面的等价类构成的泰希米勒空间都得到了定义. 在 [132] 中泰希米勒也断言泰希米勒空间 $\mathcal{T}_g$ 同胚于 $\mathbb{R}^{6g-6}$ 并且在 [133] 中给出了证明. 在这两篇文章中他只把它们看成拓扑空间. 在这两篇文章出现的时期, 为了证明前面阿尔福斯提到的黎曼曲面间的极值拟共形映射的存在性结果, 他解决了黎曼曲面的模问题. 在 [133, p.637] 中泰希米勒写道:

那时候我忽略了模的重要理论, 闭黎曼曲面的共形不变量和类似的 "首要的区域". 同时, 我已经发展了这样的理论, 尤其是关于拟共形映射的直接应用. 我将不得不在别处简短地报告这个理论. 现在的证明不依赖于这个新理论, 也不依赖于单值化的概念中的替换工作. 但是, 我认为大家将不得不联合考虑这两个问题来得到我整篇文章中 $\mathbb{Q}$ 在数学中的准确形式.

我们简短地解释一下为什么他需要带标记的黎曼曲面及其组成的空间. 为了研究两个黎曼曲面之间的极值拟共形映射, 我们需要固定它们两者之间的同伦类. 如果我们考虑带标记的黎曼曲面, 那么对每一对这样带标记的黎曼曲面, 在它们之间存在一个与标记相容或者说由标记唯一确定的典范的同伦类. 如泰希米勒在 [132] 的 §15 中 "主区域的拓扑决定" 的第 49 条所写:

当然, 数学问题不能通过猜出一个解答的方式来说明已经得到了解决. 我们现在寻找一种启发式方法, 可以帮助我们系统地找到极值拟共形映射.

注记 1.8.5 如泰希米勒上面解释的, 他用拟共形映射并引入的泰希米勒空间 $\mathcal{T}_g$ 最初并不是为了去研究黎曼模空间 $\mathcal{M}_g$. 相反地, 他想要研究的是区域和曲面的共形不变量以及它们在拟共形映射下的变化. [132] 中的第一条, 他写道:

> 在现在的研究中, 拟共形映射下共形不变量的行为应该被检验. 这会引出在特定附加条件下, 找出从共形性出发改变尽可能少的映射的问题. 我们将会给出这个问题的解答, 但是没办法给出严格的证明. 这个解答依赖于代数函数理论中的二次微分 (一个函数和一个微分的平方的乘积). 由于我之前已经做过这件事, 这里我检验拟共形映射不只是因为拟共形映射本身, 也是因为它们相关的概念和问题可能会吸引函数理论家.

在检验了简单区域的共形不变量的几个例子后, 他想要把共形不变量作为区域或者黎曼曲面组成的空间上的函数来研究. 因此, 他需要黎曼曲面的模空间. 在 [132] 的第 13 条中, 他写道:

> 在上面研究过的简单例子中, 主区域总是能够共形地映满只依赖于有限个参数的同一类型的某个正规化之后的主区域; 那么它们提供了共形不变量.

> 我们将不加证明地承认下述结果: 当共形等价的主区域看成是同一个, 那么有着相同的拓扑型的主区域形成一个拓扑流形, 局部上同胚于 $(\sigma \geqslant 0)$-维欧氏空间, 由于这个原因, 被记为 $\mathbb{R}^\sigma$. 那么主区域的共形不变量就是 $\mathbb{R}^\sigma$ 上的函数. 因此, 从局部地看正好有 σ 个互相独立的共形不变量.

> 主区域的共形类根据邻域的概念而成为一个空间, 我们不特别说明. 我们自然地只研究到正规化之后的区域上的满映射.

由于他想要研究拟共形映射下共形不变量的改变, 所以, 正如上面解释过的, 对他来说引入泰希米勒空间的概念就很自然了[①]. 尽管泰希米勒空间不是 [132] 的出发点, 但是他却在其中罗列了与之相关的很多问题和结果. 例如, 他用拟共形映射定义了泰希米勒度量, 并且解释了他在极值拟共形映射上的结果 (下面将会提到) 表明泰希米勒空间同胚于欧氏空间..

[①] 顺便说一下, 很多人都会同意泰希米勒空间被引入是为了获得黎曼曲面的模空间 (包含由于黎曼曲面非平凡的自同构造成的奇点) 的光滑覆盖. 正如前面解释的, 泰希米勒在 [133] 中清楚地给出了解释. 由于泰希米勒空间第一次被引入是在四年前的论文 [132] 中, 因此在 [132] 的第 13 条中发现泰希米勒最初认为黎曼曲面的模空间是一个拓扑流形是令人惊讶的. 一个自然的问题是当时是否有其他人通过其他模糊的方式考虑过黎曼曲面的模空间.

对作为定义域的黎曼曲面上的每一个非零的全纯二次形式, 泰希米勒可以通过伸缩其水平竖直轨线 (或者坐标) 的方法来构造一个到目标黎曼曲面的极值拟共形映射. 问题在于是否所有带标记的黎曼曲面都可以从一个固定的黎曼曲面 Σ_g 出发通过这种方法构造得到. 为了解决这个问题, 他考虑亏格 g 的紧的可定向的带标记的双曲曲面组成的空间 $\mathfrak{E}$, 现在一般称为弗里克空间. 通过 Σ_g 上全纯二次形式的伸缩给出从 $\mathbb{R}^{6g-6}$ 到 $\mathfrak{E}$ 的映射. 然后他对区域的不变量应用连续性方法和布劳威尔定理来证明这个单射其实是个双射, 从而在每一对带标记的黎曼曲面之间存在唯一的一个极值拟共形映射. 这种对连续性方法的应用类似于庞加莱和克莱因为了证明黎曼曲面的单值化定理时对其的应用. 单值化定理被泰希米勒用来证明有负的欧拉示性数的紧黎曼曲面与双曲曲面之间的等同关系.

贝尔斯 ([17, p.1093]) 解释了泰希米勒的关于极值拟共形映射的结果的一个应用:

> 他的这个定理的其中一个应用是由泰希米勒自己给出的弗里克分类定理的最困难部分的一个新证明. 为了解释这个定理, 我们必须定义泰希米勒空间 $\mathcal{T}_{p,n}$ (也可以被称为弗里克空间)……
>
> 弗里克的定理如下: 泰希米勒空间 $\mathcal{T}_{p,n}$ 同胚于 $\mathbb{R}^{6p-6+2n}$; 模群 $\mathrm{Mod}_{p,n}$ 的作用是恰当不连续的.
>
> 困难的描述在于第一个 (参看弗里克-克莱因 ([30, p.284-394]; [31, p.285-310])……)

贝尔斯引用的参考文献是我们这个文章中引用过的书 [41] 的两卷.

为了结束这一小节, 我们引用泰希米勒在 [133, p.764] 中提到的关于他将在 [134] 中完成的关于黎曼曲面的模问题的工作:

> 至此证明已经完成. 现在我想要简短地说明一个我们的结果与我已经在其他地方概述过的我对模问题的解答之间的联系.①
>
> 在我看来, 模问题包含通过引入局部坐标系的方式将集合 $\mathfrak{R}$ 看成是解析流形, 其中 $\mathfrak{R}$ 表示亏格 g 的闭的可定向的黎曼曲面的具有特定拓扑的共形等价类的集合. 这样我们就可以应用连续性来解决它. 特别地, 在我的研究中, 我总是记得要给出类似于五角形情形的解析形式 $E(K; a_1, \cdots, a_\sigma)$ 的极值拟共形映射的连续性证明.
>
> 在其他地方, 我已经简短地解释了我如何在集合 $\mathfrak{R}$ 上成功地引入了邻域和坐标的概念, 这使得 $\mathfrak{R}$ 成为一个完全的实 $(6g-6)$-维或者完

---

① 泰希米勒. Veränderliche Riemannsche Flächen. Erscheint in der Deutsche Mathematik.

全的复 $(3g-3)$-维的流形, 而且这个方法使得 $\mathfrak{R}$ 是唯一一个满足这些性质的流形, 从而与 "解析族" 的概念联系起来.

尽管上面给出的证明对这些新结果没有直接的作用, 而且替换也仅仅是基于标准化, 但是在共形模理论和极值拟共形映射之间存在紧密的联系.

1.9 泰希米勒理论

在泰希米勒关于模空间和泰希米勒空间的高度原创与令人激动的工作后, 许多人试着理解、改进和推广他的理论和结果. 在这一部分, 我们将会讨论四个人关于泰希米勒空间的一些工作: 韦伊、阿尔福斯、贝尔斯和格罗滕迪克.

1.9.1 韦伊在泰希米勒空间上的工作与猜想

对于多数数学家来说, 韦伊在数论方面的工作最为知名, 尤其是关于定义在整数上的代数簇的 ζ 函数的韦伊猜想, 这个猜想之后被德利涅证明. 对大多数中国数学家, 尤其是几何学家, 韦伊也因示性类上的陈省身-韦伊理论而知名. 韦伊工作涉及面广, 特别是代数几何、复几何、微分几何及半单李群的离散子群, 这些将是这篇文章后半部分的专题. 韦伊仅仅略微涉及泰希米勒空间, 写了三篇相关文章或注记. 仅有一篇出版并出现在布尔巴基讨论班上. 但他影响巨大, 例如与他名字相关的 $\mathcal{T}_g$ 和 $\mathcal{M}_g$ 上的韦伊-皮特森度量. 很少有人知道的是韦伊也提出过关于泰希米勒空间的基本问题.

除去韦伊的广泛的兴趣, 人们不清楚韦伊研究模空间的动机是什么, 特别是引入韦伊-皮特森度量的动机. 根据德利涅给作者的邮件 [34]:

> 韦伊对曲线感兴趣. 他刚写关于凯勒几何的文章. 因此, 我并不惊讶他为发现一个凯勒度量的例子而高兴.

韦伊写了 3 篇关于泰希米勒空间短评后就离开了这个领域. 在布尔巴基讨论班, 他引入了韦伊-皮特森度量并通过 "一个愚蠢的计算" 宣称它是凯勒的. 在这个注记中, 他把这个列为公开问题; "这提出了整个理论的最引人入胜的问题: 它是凯勒度量吗." 在这个注记里, 他在此宣称: "这将是凯勒度量." 这可能是他快速离开这个领域的一个原因.

文章 [143] 和 [144] 第一次出版在韦伊集, 但文章 [142] 没放进去. 这三篇文章都写于 1958 年. 确切的写作顺序不清楚. 文章 [142] 是 1958 年 5 月布尔巴基讨论班的出版讲义, 文章 [143] 作为埃米尔·阿廷 (Emil Artin) 的六十大寿的礼物, 文章 [144] 是一个从属于 AFOSR 的项目的最终报告, 韦伊在韦伊集把它放在 [143] 后面.

在这些文章中韦伊也提出关于 $\mathcal{T}_g$ 是不是一个齐性空间, 或者一个齐性有界区域的问题, 这是从考虑通过贝尔斯嵌入可以把它嵌入到 $\mathbb{C}^{3g-3}$ 中的有界区域的角度. 这被罗伊登 (Royden) 在他有名的关于等同 $\mathcal{T}_g$ 的自同构群和映射类群 Mod_g 的结果所否定.

韦伊在韦伊集的补充中解释不把文章 [142] 放进韦伊集的原因是避免重复. 他也解释了为何离开这个关于模空间的课题 ([146, p.546]):

> 不久后, 我注意到在各方面我在与阿尔福斯和贝尔斯竞争, 他们继续推进他们的研究, 不久后超越了我.

[1] 中有更多关于韦伊在模空间和相关复分析工作的讨论.

1.9.2 阿尔福斯和贝尔斯在泰希米勒空间上的工作

如果我们打开任何一本关于泰希米勒空间或理论的书, 或者问任何一个关于这方面的专家, 一定很自然地出现阿尔福斯和贝尔斯的名字.

可能恰当地说阿尔福斯和贝尔斯的工作相当关键地促使泰希米勒理论变成数学中一个主要课题, 阿尔福斯和贝尔斯也相当程度拓展了泰希米勒空间和模空间的复解析理论, 他们及其流派构建了泰希米勒理论, 使得它在低维拓扑、克莱因群论、复动力系统、几何群论等有广泛应用.

在 [15], 贝尔斯写道:

> 这篇演讲是关于最近工作中关于模的经典问题的报告, 部分未出版. 许多工作是阐明和解释泰希米勒的想法, 即使他的原创想法有时叙述不当, 没有完整证明, 并不妨碍它影响了所有研究者, 也包括小平邦彦和斯潘塞在高维情形的工作.

一个简短的阿尔福斯关于泰希米勒空间的主要贡献如下:

(1) 构造 $\mathcal{T}_g$ [7] 上的复结构.

(2) 证明了韦伊-皮特森度量是凯勒的 [5], 正如韦伊所料 [142].

(3) 证明了韦伊-皮特森是负曲率的, 回答了韦伊在 [143] 的问题.

(4) 与贝尔斯合作证明了可变度量的黎曼映射定理, 确切地说, 他们给出了全纯依赖贝尔特拉米系数的贝尔特拉米方程的规范解, 这也就给出了 $\mathcal{T}_g$ 和 $\mathcal{M}_g$ 上的复结构存在性的另一个证明.

除了和阿尔福斯关于黎曼映射定理, 贝尔斯自己在泰希米勒空间的工作部分如下:

(1) 用贝尔特拉米方程构造了 $\mathcal{T}_g$ 上的复结构, 并实现为 $\mathbb{C}^{3g-3}$ 的有界区域 [16], 这现在成了标准的定义复结构的方式.

(2) 证明了实现 $\mathcal{T}_g$ 的有界区域是全纯域 [20].

正如我们之前解释的, 拟共形映射是泰希米勒工作很关键的部分, 一个主要定理是关于两个标记的紧黎曼曲面的极值拟共形映射的存在唯一性. 让我们引用阿尔福斯和贝尔斯的评论. 在文章 [8, p.3-4] 中, 阿尔福斯写道:

> 对极值拟共形映射问题的系统研究, 最先是泰希米勒在他那篇绝妙新颖的文章 [7]. 他明确地提出了一般的问题, 即使不能给出一个相关证明, 相关的启发式讨论促使了一个十分美妙的猜测的解法. 这篇文章包含许多基本的应用, 这些应用反映了这个问题的重要性. 在接下来的出版物 [8] 中泰希米勒提供了一个他的主要猜想的证明. 在多方面这个证明对比原始文章是令人扫兴的. 它是基于连续性的方法, 这是所用经典方法中最不让人满意的, 因为它的后验性质. 它也是过度复杂的.
>
> 本文章主要目的是给出泰希米勒定理的一个变分证明. 新证明比泰希米勒原始的证明简单, 特别是它会使后者被大大简化, 但是这并不是我的主题. 我们提及它仅仅是因为它极其简洁. 它非常依赖实变分技术, 因而很难被简单分类.

最后, 泰希米勒关于拟共形映射的主要结果被理解和确认了. 例如, 阿尔福斯上述文章过了 30 年后, 贝尔斯写道 ([19, p.58]):

> 这个注记是我多年前出版的文章 [3] 的附言, 像那篇文章, 本质上是说明性的. 文章 [3] 有两个目标: 展示拟共形映射研究如何基于带可测系数的贝尔特拉米方程理论 (属于莫里 (Morrey)[5]), 证明泰希米勒定理的存在性部分 ([6] 中用可理解的形式的结论). 这两目标互相牵涉. 我用拟共形映射的性质 (第一次在 [2] 叙述, 也在 [3] 的 §4F 叙述, 属于有界可测贝尔特拉米系数的拟共形映射理论 (泰希米勒可能不知道这些)) 证明了一个基本的连续性断言 (在 [3] 的 §14 的引理 1). 一些读者认为这些理论对于泰希米勒定理的证明不可或缺. 这不对, 泰希米勒自己的论证是对的. 这个论证能被进一步简化, 简化后将被写在下面. 然后我们将扼要描述泰希米勒的实际论证.

> 在他的文集 [9, p.1] 关于拟共形映射文章中, 阿尔福斯写道:

> 泰希米勒做出关于极值拟共形映射和二次微分的非凡工作后十几年, 人们越来越明显地发现泰希米勒的想法对分析有深远的影响, 特别

是对单复变函数论, 即使当时没人能预见这将在多大程度成立. 这个理论的基础并不与泰希米勒视角的高远相协调, 我认为是时候重新检查这些基本概念. 我的文章有些严重的缺陷, 然而它很有影响力, 重新引起了对拟共形映射和泰希米勒理论的兴趣……

基于这个定义, 前四章是关于拟共形映射基本性质的详尽的讨论, 这些人人皆知. 特别地, 它包含了泰希米勒定理的唯一性的完整证明. 像所有其他的关于唯一性的证明一样它是以泰希米勒的证明为蓝本的, 用到了正规化和长度-面积方法, 这也是泰希米勒跳过而我试着尽量详尽.

在最开始文章中泰希米勒并没证明他定理的存在性部分, 但在接下来的文章中他给出了连续性方法. 我发现他的证明有相当难度, 尽管我不怀疑它的有效性, 我认为一个直接变分证明更好. 我沿着这些路线所作的尝试性证明有瑕疵, 甚至随后的更正也不能使我满意. 不管怎么说, 我试图给出的证明太复杂了所以不可能获得成功. 随后贝尔斯出版了一个非常清晰的泰希米勒的证明. 最终的成功属于哈密顿 (Hamilton), 他给出了一个超短和直接的存在性定理的证明. 今天的共识是存在性比唯一性更好证.

有趣的是, 阿尔福斯在 [10, p.155] 是这样描述与贝尔斯的合作:

在差不多 1958—1961 年, 贝尔斯和我忙于发展泰希米勒空间的基础. 我们保持联系, 有时很难分辨记住谁做了什么. 如果我是公正的法官, 我会把引入标准方法把泰希米勒空间看作是二次微分的复线性空间的开子集的殊荣给予贝尔斯, 而我主要是发展了分析上的技术.

若想进一步了解他们及其他人的关于泰希米勒工作, 请看 [2]—[4], [6], [15]—[18].

1.9.3 格罗滕迪克在泰希米勒空间上的工作

即使格罗滕迪克的很多工作人尽皆知, 但可能他在 1960—1961 嘉当 (Cartan) 讨论班上所作的关于泰希米勒空间的十次演讲而写的十篇相关文章就没那么多人知道. 他的主要结果是: 在满足万有性质 (等同 $\mathcal{T}_g$ 和标记黎曼曲面的细模空间) 的泰希米勒空间 $\mathcal{T}_g$ 上构造了万有曲线 $\mathcal{C}_g$, 这也同时给出了 $\mathcal{T}_g$ 上的自然复结构.

即使这些文章 [59] 很重要, 但是没列在 AMS 的数学评论上, 人们也很少引用. 在这里我想要提及这些文章 [59] 中与我们的故事最相关的观点:

(1) 格罗滕迪克通过范畴和函子准确地提出了模空间的问题, 特别地他引入了空间上的空间 (或空间族) 和它们间的态射. 从而一个细模空间的存在性相当于一个模函子的可表性.

(2) 沿着泰希米勒的想法, 他通过增加额外的数据来刚化对象, 从而刚化模问题和模函子, 解决了模问题中的非平凡自同构问题. 黎曼曲面的拓扑标记只是其中刚化方法之一, 他也考虑其他方法, 比如带有高度结构的黎曼曲面.

(3) 他用这些方法刚化黎曼曲面来构造泰希米勒空间 $\mathcal{T}_g$ 和它上面的万有曲线, 从而证明: 对于任意标记黎曼曲面的 $\mathcal{T}_g$ 是一精细模空间, 有自然的复结构. 所以 $\mathcal{M}_g$ 也有自然的复结构.

我们给出在 (3) 中这些结果如何构造的简要解释. 格罗滕迪克用的方法是代数几何或复解析空间的情形. 沿着这, 他引入代数几何的工具和解析几何的工具, 后者变成标准的. 他一气呵成地证明了泰希米勒空间上的复解析结构存在性及其上的万有曲线 $\mathcal{C}_g$ 的万有性质. 它们包含在一个简单的结果里: 亏格为 g 的标记黎曼曲面的模函子能被一个复解析空间表示, 它就是泰希米勒空间 $\mathcal{T}_g$. 万有曲线 $\mathcal{C}_g$ 的存在性和万有性质是函子可表性的一部分. 换句话说, 标记黎曼曲面的模函子的可表性等价于泰希米勒空间 $\mathcal{T}_g$ 是标记黎曼曲面的细模空间.

证明标记黎曼曲面的模的可表性的关键想法是证明刚化紧黎曼曲面的新模函子的可表性, 这里刚化是由 n-高度结构, $n \geqslant 3$, Σ_g 上的 n-高度结构是同调群 $H^1(\Sigma_g, \mathbb{Z}/n\mathbb{Z})$ 上的辛基的一个选法.

让 $\mathcal{M}_g^n$ 是亏格为 g 的带水平 n-结构的紧黎曼曲面 Σ_g 的模空间. 因为 Σ_g 上的标记比 n-高度结构更加刚性, 故存在从 $\mathcal{T}_g$ 到 $\mathcal{M}_g^n$ 的满射. $\mathcal{T}_g$ 上的万有曲线映射到 $\mathcal{M}_g^n$ 上的万有族, $\mathcal{M}_g^n$ 上的万有族的万有性质意味着 $\mathcal{T}_g$ 上的万有曲线的万有性质. 类似地, 带水平 n-结构的紧黎曼曲面的新的模函子的可表性意味着标记黎曼曲面的模函子的可表性.

为了证明带水平 n-结构的紧黎曼曲面的新的模函子的可表性, 关键用到希尔伯特概型和它的万有性质. 这些步骤在 [59] 中的 I, §8 和 X, §4, §5. 在 [108, 演讲 10] 有模空间 $\mathcal{M}_g^n$ 上的万有族的系统讨论.

格罗滕迪克在这些文章建立的一般理论、方法和概念像希尔伯特对代数几何中的模空间理论产生巨大的影响, 例如, 芝福德在书 [99] 中关于几何不变量的工作. 文章 [59] 中列出的上述一些观点似乎与泰希米勒文章 [134] 中的结果不谋而合. 因为格罗滕迪克没引用 [134], 一个自然的问题是泰希米勒的工作是否影响了格罗滕迪克. 答案似乎是是的. 最幼稚和直接的理由是, [59] 中的第一篇和最后一篇文章包含 "泰希米勒空间", 更令人信服的一个理由是, 增加额外数据消除对象的非平凡自同构在格罗滕迪克方法中至关重要, 例如, 刚化模函子, 但正如前面部分指出的, 它是泰希米勒 [134] 很关键深刻的见解. 更特殊地, 格罗滕迪克在第一篇文章 [59, I, p.7-05, 7-08] 定义了刚化函子 $\mathcal{P}$, 这不需要在曲面上标记, 但需要加数据来去掉非平凡自同构, 在 [59, I, p.7-05, 7-08] 中叙述了存在性基本定理: 泰希米勒空间及其簇:

Theorem 3.1 存在解析空间 $\mathcal{T}$ 和及其上的 $\mathcal{P}$-代数曲线 V 在下述意义下有万有性质: 对于每个 $\mathcal{T}$ 上的 $\mathcal{P}$-代数曲线 V, 存在唯一的解析映射 g, 从 S 到 $\mathcal{T}$ 使得 X (和它的 $\mathcal{P}$-结构) 同构于通过 g 到 $V/\mathcal{T}$ 的拉回.

在 1959 年 11 月 5 日, 格罗滕迪克给赛尔 (Serre) 的信中 [60, p.94] 写道:

> 存在性基本定理逐渐有了一点点进展, 许多技术上难题没解决, 但我越来越确信最后会存在绝对非凡的技术. 我已有这样的经验, 每次我的准则证明, 对于某些结构 (完备正则簇或向量丛等) 的簇 (整体或无限小) 分类, 没有模簇 (或模概形), 即使有平坦性、正规性、非奇异性, 唯一的原因是存在使得下降法失效的自同构⋯⋯在模理论中, 补救措施对我来说, 是引入已经被研究的新的结构 (点、微分形式等) 来消除讨厌的自同构, 在变化簇 (已经被用在曲线上的一种过程), 选择想要变的向量丛, 在上面充分多的点做平凡化等.

当他写道 "已经用于曲线上的过程", 他可能指泰希米勒的工作. 根据赛尔给笔者的电子邮件 [123]:

> 你问格罗滕迪克是否知道泰希米勒. 我非常确信他并不知道泰希米勒的工作, 但是他的工作依赖于韦伊一年前或更久前在布尔巴基讲的讨论班, 他当然参加了.

泰希米勒的工作, 那时已经成立的数学会相当清楚, 这个想法可能被对模问题感兴趣的专家所知晓. 即使泰希米勒的文章没被格罗滕迪克所引用, 但他仍向几个人询问信息, 特别是赛尔. 像之前提到的, 在黎曼曲面上加标记构造泰希米勒空间, 研究黎曼模空间的想法把在文章 [133, p.637, p. 764-676] 宣称的泰希米勒空间联系在一起.

他也特别声明 ([133, p.674]), 他对模问题的解法大纲出版在 *Deutsche Mathematik*, 可能比较重要的是, [133] 出版在著名的普鲁士科学院学报 (*Proceedings of the Prussian Academy of Sciences*) 上. 一个活跃在布尔巴基学派的模和泰希米勒空间的专家是韦伊. 我们之前已经讨论过, 他在模空间方面钻研, 写了三篇文章. 即使文章 [134] 出版在纳粹杂志 *Deutsche Mathematik* 上, 在德国以外无人知道, 韦伊还是花了一些时间在斯特拉斯堡 (Strasbourg) 大学数学图书馆学习, 那里有所有的纳粹期刊. 之前提过, 韦伊在布尔巴基讨论班上讲过泰希米勒空间和泰希米勒的工作.

这意味着韦伊熟悉泰希米勒的工作, 特别是 [132]—[134] 这三篇文章.

格罗滕迪克一个主要目标是把 $\mathcal{M}_g$ 构造成代数簇, 但是他没有成功, 因为遇到对簇取商的困难. 在一系列文章的最后他写道 ([59, X, p.17-01]):

在概形情形下, 试验碰撞方法遇到取商的困难, 这在超越情形不存在. 通过类似的方法, 一个更加系统的方法用在皮卡 (Picard) 概形和它们有限阶点上, 一个讲师水平足够高都能构造雅可比模概型 $\mathbf{M}_n$, 但我们不知道 $\mathbf{M}_n$ 是不是拟射影的, 不能通过有限群取商来得到随意高度的模空间, 尤其是经典模空间 $\mathbf{M}_1$. 这些困难被芒福德克服了, 他用了一个通往商的新定理使之可以应用于极化阿贝尔概型, 从那里再到曲线.

1.10　泰希米勒上的合适的复结构

正如泰希米勒在 [134] 中强调的, 我们需要寻找一个 $\mathcal{T}_g$ 和 $\mathcal{M}_g$ 上的内蕴的复结构. 在这部分我们会回忆阿尔福斯、贝尔斯、劳赫和韦伊定义在 $\mathcal{T}_g$ 上的复结构, 精确地定义什么是 $\mathcal{T}_g$ 上的内蕴的复结构, 最终发现阿尔福斯和贝尔斯定义的是正确的. 在这之前我们已经指出在光滑流形上有几种定义复结构的方法. M 是一光滑流形, 下面每个方法定义了 M 上的一个复结构:

(1) 遵循复流形的标准定义, 在 M 上定义局部全纯坐标卡.

(2) 在 M 的每点的切空间 (或余切空间) 上规定一个复结构, 即在 M 上给出近复结构, 证明它可积.

(3) 在 M 上选足够多函数, 断言它们是全纯函数.

更一般地, 对一个奇异复解析空间 V, 它的复结构 (复解析结构) 能被它的结构层或它上面的全纯函数层刻画. 这个方法对应于上面的 (3). 在有些情形, 当 V 有 $\mathbb{C}$ 上的代数簇结构时, V 自然继承来自代数结构的复结构.

某种意义下, 描述紧黎曼复流形的模空间 $\mathcal{M}$ 上的自然的复结构, 最难的是方法 (1), 最简单的是 (3).

原因之一是人们能经常找到全纯依赖于紧复流形的函数, 例如黎曼曲面的周期函数就是这样的函数. 即使我们已经由方法 (1) 和 (3) 刻画了复结构, 通过紧复流形内蕴描述 $\mathcal{M}$ 的切空间, 这在模问题上依然有意义. 对于一般的紧复流形, 小平邦彦-斯潘塞形变理论 (看 [72]) 是本质的. 对于黎曼曲面, 泰希米勒在 [133] 实现这一目标. 韦伊在 [146] 中指出这些结果是相关的.

1.10.1　阿尔福斯、劳赫和贝尔斯定义的 $\mathcal{T}_g$ 上的复结构

对大多研究或正在研究泰希米勒理论的人, 泰希米勒空间 $\mathcal{T}_g$ 上的复结构是由贝尔斯通过贝尔特拉米系数和贝尔斯嵌入给出的. 这个复结构与阿尔福斯和劳赫

通过黎曼曲面上的周期函数给出的复结构密切相关. 另一方面, 阿尔福斯给出的最容易解释. 这对应于方法 (3). 因为这也是第一个由复分析方法证明的, 我们在这个问题上就从阿尔福斯的文章展开. 之后我们将回忆贝尔斯给出的复结构, 这对应于方法 (1).

在 [7, p.45-46] 中阿尔福斯写道:

> 对应于超越情形的问题是研究闭黎曼曲面的空间, 如果可能, 引入它上面的复解析结构……

> 经典问题要求一个复解析结构, 而不是一个度量. 泰希米勒 1944 年在 [5] 中指出他的度量化无助于复解析结构的构造. 当今的学者不同意, 准备证明度量化和对应的参数化对于建立需要的结构至少是非常方便的工具.

> 我自己的目标是更加谦虚, 满足于将导致存在唯一性的任何内蕴描述. 具体来说, 我的出发点是要求归一化的第一型阿贝尔积分应该是解析函数. 出于温和的拓扑限制, 我们意图证明有且仅有一个满足这样要求的复解析结构.

为了更好地理解阿尔福斯的结果, 我们先引用他的主定理 ([7, p.47]):

> **定理** 亏格为 $g > 1$ 的典型黎曼曲面的空间 M_g 有且仅有一个对应黎曼矩阵的所有元 τ_{ij} 是解析函数的泰希米勒拓扑的复解析结构. 它的复维数是 $3g - 3$.

> 我并未成功证明泰希米勒拓扑是有所要求类型复结构的唯一拓扑. 但是, 种种迹象表明泰希米勒拓扑是唯一值得考虑的拓扑.

阿尔福斯称一个 "典型的黎曼曲面" 为一个标记黎曼曲面或一个选择一组典型基本群生成元的黎曼曲面. 因此, 上面引言中的 M_g 就是我们记号中的泰希米勒空间 $\mathcal{T}_g$. 阿尔福斯指的 "泰希米勒拓扑" 就是泰希米勒空间由泰希米勒距离生成的拓扑. 有意思的是, 阿尔福斯似乎犹豫 $\mathcal{T}_g$ 上的哪一个拓扑是自然的. 如上所述, 这可以由标记的黎曼曲面的连续族定义.

阿尔福斯唯一性定理的一个关键点是周期映射 $\Pi : \mathcal{T}_g \to \mathfrak{h}_g$(下节定义) 是一个 $\mathcal{T}_g$ 的远离对应阿尔福斯构造的复解析结构的超椭圆轨迹的嵌入. 若在 $\mathcal{T}_g$ 上有另一个复结构, 使得它是复流形、周期映射 Π 全纯, 则通过一个奇点消去定理和复流形的一个全纯映射是双射推出它是双全纯的事实, 就可以完成证明. 阿尔福斯的结果证明了 $\mathcal{T}_g$ 上满足标记黎曼曲面的周期是全纯函数的唯一复结构的存在性. 因为唯一, 它能被这样一个精确条件刻画, 也就满足条件.

在得到这个美妙的结果很长时间之后, 笔者最近想出一个问题, 一个光滑流形能有许多不同的复结构.

问题 1.10.1 为什么关于黎曼曲面上的周期函数的全纯条件是施加在 $\mathcal{T}_g$ 上的复结构的合理限制?

阿尔福斯没有精确地提出他给的复结构是否正确的问题. 如介绍所说, 理解问题和它的历史, 说明限制合理是本部分的主要动机.

阿尔福斯的工作与劳赫寻找各种黎曼曲面模的工作密切相关. 在 [112, p.7] 中劳赫写道:

> 泰希米勒的工作留下两个关于空间 M^g 的未回答的问题: ① 在上述例外点的拓扑性质 (流形或非流形)? ② 它有复结构吗? 若有, 它有一个与它结构有自然联系的复结构吗? ②中前部分对发端于黎曼工作的纲领实现至关重要, 后部分对泰希米勒在实现中建议的角色很重要.

> 撇开在手头课题的当前研究阶段的应用不谈, 特别是我自己的贡献, 对这些问题的回答是主要关切. 这个阶段开始于 1955 年的文章 [41] 和 [42], 在这些文章中我给出了寻找下述集合的方法. 第一型归一化阿贝尔积分的周期函数集 (每个含 $3g - 3$ 个元), 它们充当给定非超椭圆曲面附近的局部模 (事实上, T^g 上某些适当点附近局部坐标包含了曲面类); 对应地含 $2g - 1$ 个元的集合, 每个充当在 T^g 中一点附近的局部坐标超椭圆轨迹点.

> 引进周期的动机是尝试改良托勒利的一个重要定理 (大约 1912 年: 最近的版本参见 [8], [32] 和 [55]) 使得两个有相同周期矩阵的曲面共形等价. 托勒利定理提供了一个整体模的漂亮集合, 提升为 (见 §2) 第二个自然定义的 M^g 的覆盖空间, 托勒利空间给出了对它们的自然处理, 唯一的困扰是本质周期在数 $g(g + 1)/2$ 中多余, 不同于数 $3g - 3$. 我的工作是局部地选取适当的数. 阿尔福斯 [2] 用我的方法和他自己关于超椭圆曲面的重要技术, 得到了 T^g 上自然复流形结构存在性的第一个证明.

现在回忆贝尔斯在 T^g 上构造的复结构. 如前所述, 一个产生 T^g 上复结构的方法是按照复流形定义给局部全纯坐标卡. 事实上, 贝尔斯证明, 可以通过著名的贝尔斯嵌入 [16] 把 $\mathcal{T}_g$ 实现为 $\mathbb{C}^{3g-3}$ 中的有界域, 从而只需由一个坐标卡去覆盖 $\mathcal{T}_g$.

与之相关的, 贝尔斯由黎曼曲面间的拟共形映射和黎曼曲面上的贝尔特拉米微分产生的坐标, 构造了 $\mathcal{T}_g$ 上的复结构. 他的主要想法是黎曼曲面的复结构的形变由拟共形映射 w_μ 刻画, 并全纯依赖贝尔特拉米系数 μ.

在 [15, p.272], 贝尔斯写道:

我们通过要求只要 μ 全纯依赖复参数来给定 $T(G)$，当一个复巴拿赫空间 $L_\infty(U)$ 中的元素这样，$[w_\mu] \in T(G)$ 也会这样.

为了解释他的复结构与阿尔福斯和劳赫给的复结构的联系，我们有必要引用 [15]. 在 [15, p.356]，贝尔斯继续写道:

> $\mathcal{T}_g$ 上的一个自然复结构被泰希米勒断言了; 在劳赫展示如何在 $\mathcal{T}_g$ 不是超椭圆曲面的任一点附近引入复解析坐标后，阿尔福斯给出了第一个证明. 其他证明属于小平邦彦-斯潘塞和韦伊. 下面简化的证明精确地给出了 $\mathcal{T}_g$ 中每一点附近的坐标.

在 [15, p.357]，贝尔斯写道:

> 这些结果和下面的部分验证和拓展了泰希米勒在 [28] 的一些断言. 它们也说明了上面定义的复结构是自然的，并和劳赫-阿尔福斯给的相吻合.

注意，上面的引言说明贝尔斯相信他给的复结构是自然的.

注记 1.10.2 大多数泰希米勒理论的参考书遵循贝尔斯的方法定义复结构. 可以看看他们如何说明复结构是自然的. 在贝尔斯方法中，需要在 $\mathcal{T}_g$ 中固定一个黎曼曲面作为基点. 例如，贝尔斯用基点上的贝尔特拉米微分给出 $\mathcal{T}_g$ 上的复结构，$\mathcal{T}_g$ 被嵌入到基点共轭的全纯二次形式空间中. 有几本书揭示了 $\mathcal{T}_g$ 上的复结构不依赖基点选取，Mod_g 全纯作用在 $\mathcal{T}_g$ 上，从而复结构是自然的.

为了描述的完整性，我们也列出韦伊在 $\mathcal{T}_g$ 上定义的复结构. 这对他很关键，因为他要用它定义韦伊-皮特森度量. 另一个引入流形上复结构的方法是先引入近复结构，然后再证明它可积. 韦伊在 [146] 就是这么做的. 具体说来韦伊做了以下事情:

1. 他通过小平邦彦-斯潘塞极小形变，用贝尔特拉米微分重新解释了黎曼曲面复结构的极小形变. 因而在每个标记黎曼曲面 Σ_g 上把 $\mathcal{T}_g$ 的余切空间和 Σ_g 上的全纯二次微分空间等同起来. 特别地，可以推出 $\mathcal{T}_g$ 有一个近复结构.

2. 他再用周期映射 $\pi : \mathcal{T}_g \to \mathfrak{h}_g$ 的全纯性证明在非超椭圆黎曼曲面，$\mathcal{T}_g$ 上的近复结构是可积的，又因为超椭圆黎曼曲面的轨迹在 $\mathcal{T}_g$ 中有正的余维数，通过延拓我们可以知道此近复结构处处可积，从而 $\mathcal{T}_g$ 近复结构可积.

3. 通过适当处理 $\mathcal{T}_g$ 的余切丛，他在 $\mathcal{T}_g$ 上定义了韦伊-皮特森度量.

韦伊也提到了贝尔斯在 $\mathcal{T}_g$ 上定义的复结构. 就像他关心的，他给的复结构的自然性也来自周期映射的全纯性.

1.10.2 为什么阿尔福斯-贝尔斯-劳赫的复结构合理?

前面总结了劳赫、阿尔福斯、贝尔斯和韦伊在 $\mathcal{T}_g$ 上给的复结构. 对劳赫、阿尔福斯和韦伊, 周期映射的全纯性是唯一的要求并觉得这使复结构自然. 对贝尔斯, 复结构的自然性来源于与阿尔福斯和劳赫给的复结构相容. 在这节中我们想知道为何这是个合理的要求, 需要什么来确认.

当我们讨论托勒利定理和西格尔上半空间 $\mathbb{H}_g$ 时, 我们已经定义了周期映射

$$\mathcal{T}O_g \to \mathfrak{h}_g$$

因为在定义 $\mathcal{T}_g$ 时用到的标记强于托勒利标记, 我们有一个满射

$$\mathcal{T}_g \to \mathcal{T}O_g$$

复合两个映射我们得到

$$\Pi : \mathcal{T}_g \to \mathfrak{h}_g$$

本节目标是更好地理解下面的问题:

1. 为何要求从 $\mathcal{T}_g$ 到 $\mathfrak{h}_g$ 的周期映射 Π 是全纯的、自然的? (注意 $\mathfrak{h}_g$ 是一个埃尔米特对称空间, 从而有一个典型的不变复结构).

2. 为何这个条件意味着 $\mathcal{T}_g$ 上的复结构是合适的; 从而 $\mathcal{M}_g$ 上诱导的复结构是一个合适的复结构?

上述问题是 1.10.1 节的细化. 也许第一个的验证是当 $g = 1$ 时, 每个标记的黎曼曲面 Σ_1 能写成

$$\mathbb{Z} + \tau\mathbb{Z}\backslash\mathbb{C}$$

这里 $\tau \in \mathfrak{h}_1 = \mathbb{H}^2$ 是 Σ_1 的周期, 它给出了一个 $\mathcal{T}_1$ 和 $\mathbb{H}^2$ 自然等同. 结果, $\mathbb{H}^2$ 的复结构拉回 $\mathcal{T}_1$ 给出 $\mathcal{T}_1$ 上的复结构. 确切地说, $\mathbb{C} \times \mathbb{H}^2$ 在 $\mathbb{Z}^2$ 的作用下

$$(m, n) \cdot (z, \tau) = (z + m + n\tau, \tau)$$

的商就给出了 $\mathcal{T}_1 = \mathbb{H}^2$ 上的亏格为 1 的万有曲线 $\mathcal{C}_1$, 进而给出 $\mathcal{T}_1$ 上的复结构, 从而万有曲线 $\mathcal{C}_1$ 是亏格为 1 的标记紧黎曼曲面的细模空间.

对于 $\mathcal{T}_1$ 我们给出这个结果, 自然要求任意 $g \geqslant 2$, $\mathcal{T}_g$ 应满足明显的一般化条件: 周期映射 $\Pi : \mathcal{T}_g \to \mathfrak{h}_g$ 是全纯的.

如果我们更加仔细想想, 阿尔福斯和劳赫相信他们给出的 $\mathcal{T}_g$ 上的复结构是自然的背后原因是周期映射 Ω 应该是关于标记黎曼曲面 (Σ_g, φ) 的全纯不变的, 正如劳赫前面提的, 托勒利定理说的 Σ_g 的周期映射 Ω 决定了 Σ_g 的复结构. 因此, 它是 Σ_g 的一个不变量. 问题是它是否是全纯不变量, 即它是否是全纯依赖于标记黎曼曲面?

因此, 似乎合理的假设是, 阿尔福斯和劳赫给出的 $\mathcal{T}_g$ 上的复结构背后的隐含假设应该是下述结果.

性质 1.10.3 对于复流形 $t \in B$ 上的标记紧黎曼曲面 $\Sigma_{g,t}$ 的任何复解析族, $\Sigma_{g,t}$ 的周期映射对于 $\Sigma_{g,t}$ 上固定的辛基 $a_1, b_1, \cdots, a_g, b_g$ 全纯依赖于 B, 即诱导映射

$$B \to \mathfrak{h}_g, \quad t \mapsto \Omega(\Sigma_{g,t})$$

是全纯的.

在上述性质中, 通过一族标记紧黎曼曲面, 我们的意思是当我们把一族 $\Sigma_{g,t}$ 平凡化为 B 中每点 t 的小邻域上的光滑曲面时, 等同 $\Sigma_{g,t}$ 为光滑曲面, 标记 $\varphi_t : \Sigma_{g,t} \to S_g$ 被等同. 给定任意一族任意可缩基点 B 上复解析紧黎曼曲面, 通过埃里斯曼 (Ehresmann) 纤维化定理[39] 我们总能标记这一族. 例如, 当 B 是一 $\mathbb{C}$ 中圆盘或 $\mathbb{C}^n$, $n \geqslant 1$ 中的多圆柱, 这样的标记总存在. (我们注意到如果关心周期函数, 我们仅仅需要在同调群 $H_1(\Sigma_{g,t}, \mathbb{Z})$ 的一组辛基添加一个弱标记.)

性质 1.10.3 中的这个结论似乎没被阿尔福斯、劳赫、韦伊和贝尔斯所讨论或证明. (我们会提到贝尔斯给出 $\mathcal{T}_g$ 上的复结构, 特别是在下节中贝尔斯嵌入 $\mathcal{T}_g \hookrightarrow \mathbb{C}^{3g-3}$.)

最早的这样一个关于紧凯勒流形复解析族的结果出现在 [53], 这是霍奇结构族的结构理论和周期映射的基本结果, 参见 [54].

性质 1.10.3 当然合理并某种意义显而易见, 但它的证明一点也不平凡. 在黎曼曲面的情形, 这个结论在 [13, p.217-223] 被证明. 读者可以看到证明不是很短.

相信性质 1.10.3 是因为 $\Sigma_{g,t}$ 是复流形 B 上的一个复解析族. 我们选择 g 使得它与 $\Sigma_{g,t}$ 上的全纯 1-形式复解析族 $\omega_{1,t}, \cdots, \omega_{g,t}$ 线性无关, 它全纯依赖于 t. 这可由全纯族 $\{\Sigma_{g,t}\}/B$ 的相对典型丛有局部全纯截面的事实推出, 对于每个 $t \in B$, 它限制为 $H^{1,0}(\Sigma_{g,t}, \mathbb{C})$ 上的一组基. (它们在 [13, p.205] 中被称为标架.)

通过在 $H_1(\Sigma_{g,t}, \mathbb{Z})$ 的固定辛基 $a_1, b_1 \cdots, a_g, b_g$ 上积分, 我们得到积分

$$\int_{a_1} \omega_{j,t}, \cdots, \int_{b_g} \omega_{j,t}, \quad j = 1, \cdots, g \tag{1.10.1}$$

这应该是 t 的全纯函数. 现在归一化它们使得 a-周期矩阵是恒等元, 使得 b-周期矩阵变为 $\Sigma_{g,t}$ 的周期 Ω. 显然归一化不影响全纯性, 因而 $\Sigma_{g,t}$ 的周期 Ω 全纯依赖于 t.

上述讨论的问题是, 即使对不同的 t, $H_1(\Sigma_{g,t}, \mathbb{Z})$ 的基 $a_1, \cdots, b_g$ 是等同的, 但是它们对 t 的依赖对应于 $\Sigma_{g,t}$ 的复结构是全纯的, 注意这并不明显.

确切地说, 给定标记紧黎曼曲面复解析族 $\Sigma_{g,t}, t \in B$, 对 $t \in B$, 标记给出了群 $H_1(\Sigma_{g,t}, \mathbb{Z})$ 间的一个典型等同, 从而给出了向量空间 $H_1(\Sigma_{g,t}, \mathbb{C})$ 间的等同. 这自

然给出了 B 上的复向量丛 $\bigcup_{t \in B} H^1(\Sigma_{g,t}, \mathbb{C})$ 上的一个所谓的高斯-曼宁 (Gauss-Manin) 联络, 这转而决定了这个向量丛上的一个全纯结构. 某种意义下全纯结构是拓扑的.

另一方面, 纤维 $\Sigma_{g,t}$ 上的全纯 1-形式、向量空间 $H^{1,0}(\Sigma_{g,t}, \mathbb{C})$, 形成一个全纯向量丛 $\bigcup_{t \in B} H^{1,0}(\Sigma_{g,t}, \mathbb{C})$, 因为 $H^{1,0}(\Sigma_{g,t}, \mathbb{C})$ 的全纯标架对于族 $\Sigma_{g,t}$ 是存在的, 这在上面的等式 (1.10.1) 中已经提到了. 因为 $H^{1,0}(\Sigma_{g,t}, \mathbb{C})$ 依赖于 $\Sigma_{g,t}$ 的复结构, 从 $\bigcup_{t \in B} H^{1,0}(\Sigma_{g,t}, \mathbb{C})$ 的复结构来源于族 $\Sigma_{g,t}$ 的复结构.

即使对于每个 $t \in B$, $H^{1,0}(\Sigma_{g,t}, \mathbb{C})$ 是 $H^1(\Sigma_{g,t}, \mathbb{C})$ 的复子空间, 对应于这两个分开定义的全纯结构, $\bigcup_{t \in B} H^{1,0}(\Sigma_{g,t}, \mathbb{C})$ 在 $\bigcup_{t \in B} H^1(\Sigma_{g,t}, \mathbb{C})$ 上的包含映射是全纯的, 这不是平凡的.

关键是证明 $\bigcup_{t \in B} H^{1,0}(\Sigma_{g,t}, \mathbb{C})$ 确实是 $\bigcup_{t \in B} H^1(\Sigma_{g,t}, \mathbb{C})$ 上的一个全纯子丛. 这可由霍奇结构的簇理论的一般结果推出来. 参见 [21, p.49, Theorem 10.9].

[13] 给出了紧黎曼曲面情形周期映射全纯性的一个直接证明, 即性质 1.10.3. 在这两种情形下, 霍奇结构的簇理论的重要想法是需要的.

注记 1.10.4 另外一种解释性质 1.10.3 期待是对的, 如下. 正如我们将由性质 1.10.9 知道或期待, 对于标记紧黎曼曲面, $\mathcal{T}_g$ 是细模空间, 对于任意标记黎曼曲面复解析族 $\Sigma_{g,t}$, 存在一个相关的全纯映射

$$f : B \to \mathcal{T}_g$$

对于族 $\Sigma_{g,t}$, 周期映射

$$\Pi_1 : B \to \mathfrak{h}_g$$

是两个映射的复合, 即 $\Pi_1 = \Pi \circ f$:

$$f : B \to \mathcal{T}_g, \quad \Pi : \mathcal{T}_g \to \mathfrak{h}_g$$

因此, Π_1 的全纯性与 Π 的全纯性密切相关是合理的.

作为推论, 一旦构造了 $\mathcal{T}_g$ 上的万有曲线 $\mathcal{C}_g$, 由性质 1.10.3 很容易推出 $\Pi : \mathcal{T}_g \to \mathfrak{h}_g$ 的全纯性.

我们注意到, 若能证明当 $\mathcal{T}_g$ 给定阿尔福斯-劳赫定义的复结构时, 它是一个细模空间, 则性质 1.10.3 也可由 $\Pi_1 = \Pi \circ f$ 推出.

注记 1.10.5 也许值得强调的是: 在 [7, p.45] 中阿尔福斯写道: "如果可能, 在黎曼曲面的模空间 $\mathcal{M}_g$ 中引入一个复解析结构." 他在 $\mathcal{M}_g$ 上寻找了一个, 但不是这个复结构. 他也增加了一个似乎自然的条件, 即周期映射是全纯的.

另一方面, 劳赫主要在寻找各种模, 但不是复结构, 并更加强调自然性, 或 $\mathcal{M}_g$ 上各个结构的相容性. 具体来说, 他写道 [115, p.43]: "人们会喜欢各种模——每个曲面相关的数的集合, 相应方程将保证任意两个曲面的共形等价."

之后, 劳赫写道 [112, p.2]:

> M^g 能被实现为一个拓扑空间, 上面赋予复维数 $3g - 3$ 的某个复解析结构, 模或更准确说局部模的集合能被定义一点附近的局部坐标的容许集合; 在不同的参数集合的意义下, 即经过多年被命名为模, 模空间M^g 是自然的, 这确实可被清晰准确 (非平凡) 地证明出来.

1.10.3 为何周期映射是全纯的很重要?

前面解释了为何很自然地要求周期映射 $\Pi: \mathcal{T}_g \to \mathfrak{h}_g$ 是全纯的. 我们现在解释为什么全纯性在其他应用上很重要.

回忆映射类群 $\mathrm{Mod}_g = \mathrm{Diff}^+(S_g)/\mathrm{Diff}^0(S_g)$ 恰当不连续和全纯作用在 $\mathcal{T}_g$ 上, 故商空间

$$\mathcal{M}_g = \mathrm{Mod}_g \backslash \mathcal{T}_g$$

有一个诱导的复结构.

因为存在满射 $\mathrm{Mod}_g \to \mathrm{Sp}(2g, \mathbb{Z})$, 而且周期映射 $\Pi: \mathcal{T}_g \to \mathfrak{h}_g$ 对应于这两个群是等价的, 所以我们有一个诱导的周期映射

$$\Pi: \mathcal{M}_g \to \mathcal{A}_g$$

当 $\mathcal{A}_g$ 和维数为 g 的主极化阿贝尔簇等同时, 周期映射 Π 也就是雅可比映射, 它给每一个紧黎曼曲面 Σ_g 它的雅可比簇, 它由

$$H_1(\Sigma_g, \mathbb{Z}) \backslash H^{1,0}(\Sigma_g, \mathbb{C})^*$$

来定义, 这里 $H^{1,0}(\Sigma_g, \mathbb{C})$ 是 Σ_g 上的全纯 1-形式空间, $H_1(\Sigma_g, \mathbb{Z})$ 通过 $H_1(\Sigma_g, \mathbb{Z})$ 上的全纯 1-形式积分, 嵌入到对偶空间 $H^{1,0}(\Sigma_g, \mathbb{C})^*$.

映射 $\Pi: \mathcal{M}_g \to \mathcal{A}_g$ 在代数几何和数论有着基本的重要性. 因为 $\mathcal{M}_g$ 和 $\mathcal{A}_g$ 是定义在数域上的代数簇, 并不令人吃惊的是, 映射 Π 能被提升为定义在数域上的态射, 并拥有不同的性质.

态射 Π 对于理解 $\mathcal{M}_g$ 和 $\mathcal{A}_g$ 上的代数几何和算术很重要. 如, $\mathcal{A}_g$ 被用在 [99] 来证明 $\mathcal{M}_g$ 是拟射影代数簇.

模空间 $\mathcal{M}_g$ 和局部对称空间如 $\mathcal{A}_g$ 的许多相似性都是利用这个映射.

关于 $\mathcal{M}_g$ 和 $\mathcal{A}_g$ 的互相联系, 著名经典的肖特基 (Schottky) 问题, 需要对 $\Pi(\mathcal{M}_g)$ 在 $\mathcal{A}_g$ 的像的精确的变化来刻画.

注记 1.10.6 一旦等同 Π 为雅可比映射, 我们就能在另一角度看到它是全纯的. 理由是紧黎曼曲面的雅可比簇能与度为零的黎曼曲面的全纯线丛的模空间等同, 或等价地, 黎曼曲面的 0 度除子的等价类空间. 这个一般的构造是全纯的并应该全纯依赖于黎曼曲面. 另一方面, 可能并不容易严格证明它.

1.10.4 模空间上的性质和评论

在前面, 我们已经讨论了泰希米勒理论中的几种方法来构造泰希米勒空间 $\mathcal{T}_g$ 上的复结构. 如我们在 1.2 节强调的, 我们需要检查它们是不是正确复结构. 为了达到这个目的, 我们需要解释和理解 $\mathcal{T}_g$ 作为标记黎曼曲面的细模空间.

在确切地给出模空间的相关概念之前, 我们首先描述模空间的一些一般的性质. 我们也想回答为什么把复空间或代数簇的等价类集合叫做模空间.

令 $\{V\}$ 是一族空间, 它们之间有等价关系 $\sim$, $\mathcal{M}$ 是相关模空间, 即空间 V 的等价类的集合,

$$\mathcal{M} = \{V\}/\sim$$

通过前面的定义, 模空间 $\mathcal{M}$ 是唯一的一个集合. 虽然我们常希望在模空间上赋予更多结构, 但把它们等同为集合就已经很有趣而且十分困难了. 例如, 令 V_0 为一个微分流形. 考虑 V_0 上的所有相容于 V_0 上的微分结构的复结构集合. 关于对应的模空间是空的或平凡的问题 (例如, 著名的问题关于 S^6 是否有一个复结构至今是公开问题) 和计算它的势都是非平凡的. 类似地, 给定一个拓扑流形, 理解它上面的微分结构的等价类集合也是特别有趣和非平凡的.

若 V 是带有内蕴自带拓扑的空间, 自然期待模空间 $\mathcal{M}$ 应该有一个对应的拓扑.

如果 V 是复空间, 期待 $\mathcal{M}$ 有一个对应的复解析结构. 类似地, 如果 V 是代数簇, 也期待 $\mathcal{M}$ 有一个对应的代数结构. 一旦我们用范畴和模函子的语言定义 $\mathcal{M}$, 将看到为什么这个期待是自然的或甚至必要的.

接下来, 我们主要考虑 V 是紧黎曼流形情形和对它们的模空间 $\mathcal{M}$ 的上述问题做一些评论.

很明显, 当 V_1, V_2 是 $\{V\}$ 中的两个不同构的复流形, 它们对应的点在 $\mathcal{M}$ 是彼此很近的 (如在一个公共的小邻域内) 当且仅当 V_1 和 V_2 是 "很相似, 或几乎同构".

一个重要或幼稚的问题是理解 "很相似, 或几乎同构" 并使它精确化.

由定义, 对于每个紧复流形 V, 它对应的在 $\mathcal{M}$ 中的点 (或等价类) $[V]$ 是 V 上的一个不变量, 它仅仅依赖于 V 上的复结构, 当 V 全纯变化, 这个不变量应该对应于 $\mathcal{M}$ 上的 "自然" 复结构全纯变化, 如果有一个的话.

不变量 $[V]$ 是 V 的万有但抽象的 (不是数值的) 不变量. 如果 $\mathcal{M}$ 上存在一个自然的复结构, 则可以期待 V 的其他全纯不变量是 $[V]$ 的函数, 它仅仅依赖 V 的复结构, 并也全纯依赖 $[V] \in \mathcal{M}$.

当黎曼计算 $\mathcal{M}_g$ 的点需要的复参数时, 他算出了其中的有效数并称它们为模. 上述讨论揭示黎曼曲面 $[\Sigma_g]$ 的等价类就是 $[\Sigma_g]$ 类的最终参数. 因此, $[\Sigma_g]$ 应该被

称为类的模, 空间 $\mathcal{M}_g$ 被称为模空间.

1.10.5 细的和粗的模空间的定义

本节我们将给出模空间的确切定义, 尤其是 $\mathcal{M}_g$, 并解释为什么复解析流形族唯一决定 $\mathcal{M}$ 上的自然复结构, 如果存在的话. [40] 是关于代数曲线族的参考书, [13] 和 [61] 是关于曲线的模空间的两本很有影响的书.

令 $\{V\}$ 为一族紧复流形, $\mathcal{M}$ 为紧复流形 V 的等价类集合,

$$\mathcal{M} = \{V\}/\sim$$

那么, 在复解析空间范畴的模问题, 对于集族 $\{V\}$ 的模问题, $\mathcal{M}$ 是一个粗模空间 , 如果它满足以下条件:

(1) $\mathcal{M}$ 上存在复结构使得它是一个复解析空间, 它并不需要是光滑或紧的.

(2) 对于复解析空间 B 上的任意紧复解析簇 $\mathcal{V} \to B$, 诱导映射 $B \to \mathcal{M}$ 是全纯的.

(3) 如果存在另一个复解析空间 $\mathcal{M}'$, 它的点也对应于 $\{V\}$ 和 $\mathcal{M}'$ 中的紧复簇的等价类并满足上面两个条件, 则存在全纯映射 $\mathcal{M} \to \mathcal{M}'$ 使得 $B \to \mathcal{M}'$ 是

$$B \to \mathcal{M} \to \mathcal{M}'$$

条件 (3) 很重要, 因为前两个条件并不唯一决定 $\mathcal{M}$ 上的复结构. 如任意复空间 $\mathcal{M}'$ 有一个双射 $\mathcal{M} \to \mathcal{M}'$ 并全纯, 满足前两个条件, 但 $\mathcal{M}'$ 并不一定双全纯等价于 $\mathcal{M}$. 具体来说, 对于复流形, 人尽皆知, 双射且全纯推出双全纯等价, 但对于奇异复流形这并不成立.

有了第三个条件, 由定义立即推出如果粗模 $\mathcal{M}$ 存在, 则必定唯一.

注记 1.10.7 注意到从上面定义, 谈论一个粗模空间 $\mathcal{M}$, 我们得先从 $\mathcal{M}$ 上的一个复结构开始. 否则, 我们利用 $\mathcal{M}$ 的条件并不能得到从 B 到 $\mathcal{M}$ 的正确的映射. 这就是我们期待 $\mathcal{M}$ 应该继承 V 的分类结构的原因.

一个关于模空间的更好的行为或想法是细模空间. 对 $\{V\}$ 的模问题, 在复解析空间范畴里, 空间 $\mathcal{M}$ 是一个细模空间, 如果它满足以下条件:

(1) $\mathcal{M}$ 上存在一复结构使得它是一个复空间, 但是并不需要光滑或紧.

(2) 存在一族复解析紧复流形 $\pi : \mathcal{U} \to \mathcal{M}$ 使得对每点 $m \in \mathcal{M}$, 纤维 $\pi^{-1}(m)$ 是一个紧复流形, 它属于 m 代表的等价类.

(3) 进一步, 对于复解析空间 B 上的任意复解析紧复簇 $\mathcal{V} \to B$, 诱导映射 $f : B \to \mathcal{M}$ 是全纯的, 族 $\mathcal{V} \to B$ 同构于拉回族 $f^*\mathcal{U} \to B$.

满足上面条件的族 $\pi : \mathcal{U} \to \mathcal{M}$ 被称为细模空间 $\mathcal{M}$ 上的紧复流形的万有族, 条件 (3) 被称为万有性质.

因为模空间 $\mathcal{M}$ 通常不光滑, 这个定义给出了不必光滑的复解析空间上定义复解析族的另一原因.

由上述定义易知细模空间 $\mathcal{M}$ 若存在就唯一. 事实上, 给定另外带有万有族 $\mathcal{U}'$ 细模空间 $\mathcal{M}'$, 由前述定义中的前两个条件知道每个万有族是另一个的拉回, 从而存在唯一的双射 $F : \mathcal{M} \to \mathcal{M}'$ 和 $F' : \mathcal{M}' \to \mathcal{M}$ 且全纯使得

$$F^*\mathcal{U}' \cong \mathcal{U}, \quad (F')^*\mathcal{U} \cong \mathcal{U}'$$

因为每一个万有族由恒等影射拉回, $F \circ F'$ 和 $F' \circ F$ 的复合是恒等的, 所以 $\mathcal{M}'$ 和 $\mathcal{M}$ 是双全纯等价. 因此, 它们上面的万有族 $\mathcal{U}'$ 和 $\mathcal{U}$ 也是同构的. 注意万有性质对于细模空间的唯一性非常关键.

为了证明细模空间也是粗模空间, 对于任意粗模空间, 我们注意满足条件 (1) 和 (2) 的任意复解析空间 $\mathcal{M}'$, 万有族 $\mathcal{U} \to \mathcal{M}$ 的存在性就可以推出我们所要的全纯映射 $\mathcal{M} \to \mathcal{M}'$, 即条件 (3) 也满足.

1.10.6　阿尔福斯和贝尔斯的复结构是合适的

某种意义下, 在没有构造 $\mathcal{T}_g$ 上的万有曲线 $\mathcal{C}_g$ 时泰希米勒空间 $\mathcal{T}_g$ 不是完备的. 一旦构造了 $\mathcal{C}_g$, $\mathcal{T}_g$ 的意义和复结构很清楚: $\mathcal{T}_g$ 是带合适复结构的标记黎曼曲面细模空间. 进一步可以证明 $\mathcal{T}_g$ 上的所有上述的复结构都是同构的.

性质 1.10.8　若 $\mathcal{T}_g$ 上存在一个复结构使得它是亏格为 g 的标记紧黎曼曲面的细模空间, 则 $\mathcal{T}_g$ 上由阿尔福斯-劳赫、贝尔斯和韦伊引入的复结构与 $\mathcal{T}_g$ 上来自细模空间结构的复结构一样, 从而就是由泰希米勒和格罗滕迪克所定义的合适的复结构.

证　因为 $\mathcal{T}_g$ 是一个细模空间, 所以存在 $\mathcal{T}_g$ 上的万有曲线 $\mathcal{C}_g$, 即亏格为 g 的标记紧黎曼曲面万有复解析族, 由性质 1.10.3 知道诱导周期映射

$$\Pi : \mathcal{T}_g \to \mathfrak{h}_g$$

是全纯的. 通过阿尔福斯 [7] 引言中的结果, $\mathcal{T}_g$ 上存在唯一相容于泰希米勒度量定义的拓扑, 这使得周期映射 Π 全纯. 因此, $\mathcal{T}_g$ 上的复结构作为细模空间是同构于阿尔福斯定义的复结构, 从而同构于贝尔斯和韦伊定义的复结构.

上述性质补充了两件事情: ① $\mathcal{T}_g$ 上的合适的复结构来自作为标记黎曼曲面的细模空间. ② 我们需要性质 1.10.3 中来自霍奇结构簇理论的基本结果 (及相关周期映射和周期域) 来验证 $\mathcal{T}_g$ 上由阿尔福斯-劳赫-贝尔斯-韦伊定义的合适的复结构.

为了证明阿尔福斯和贝尔斯给出的复结构是合适的, 我们需要以下基本结论.

性质 1.10.9 模空间 $\mathcal{M}_g$ 是亏格为 g 的紧黎曼曲面的一个粗模空间, 泰希米勒空间 $\mathcal{T}_g$ 是亏格为 g 的标记紧黎曼曲面的细模空间.

证 如前所述, 关于 $\mathcal{T}_g$ 的第二个叙述已在 [134] 被断言, 并最先在 [59, I, Theorem 3.1] 得到证明. 关于 $\mathcal{M}_g$ 的第一个叙述被隐含在 [134]. 具体说来, 对于任意复流形 B 上的亏格为 g 的紧黎曼曲面复解析族 $\mathcal{V}$, B 的万有覆盖空间 $\tilde{B}$ 上的诱导族 $\tilde{\mathcal{V}}$ 是一个标记紧黎曼曲面复解析族. 因此, 存在一个全纯映射 $\tilde{f}: \tilde{B} \to \mathcal{T}_g$, 它从万有曲线 $\mathcal{C}_g$ 拉回到 $\tilde{\mathcal{V}}$. 当黎曼曲面上的标记被忽略时, $\tilde{f}$ 下降成所需全纯映射 $f: B \to \mathcal{M}_g$. 类似地可以证明 $\mathcal{M}_g$ 满足粗糙的模空间的条件. 对于任意其他复解析空间, 它有映射 $f: B \to M'$ 并且它的点一一对应于 $\mathcal{M}_g$, $\mathcal{T}_g$ 上的万有族推出存在一个全纯映射 $u: \mathcal{T}_g \to M'$. 因 M' 并不依赖黎曼曲面上的标记, u 下降成全纯映射 $\mathcal{M}_g \to M'$, 并且对于任意族 $\mathcal{V} \to B$, $f: B \to M'$ 穿过 $\mathcal{M}_g \to M'$.

因为紧黎曼曲面是 $\mathbb{C}$ 上的光滑射影曲线, 并不惊讶的是, $\mathcal{M}_g$ 是一个拟射影代数簇 并是 $\mathbb{C}$ 上的亏格为 g 的光滑射影曲线的猜测的模空间. 这在 [98] 被证明, 并会在下一节被讨论.

注记 1.10.10 在性质 1.10.8 中, 我们给出 $\mathcal{T}_g$ 上的万有曲线 $\mathcal{C}_g$ 的存在性及万有性质的一个重要应用. 我们也提到了一个有趣的但相对不重要的应用. 在 1.2.5 节中我们讨论了复流形的平凡族的概念. 曲线族对理解高维的复流形很重要. 如黎曼曲面上的黎曼曲面族就是复曲面, 即复维数为 2 的复流形. (或者换句话说, 代数曲线上的代数曲线族是代数曲面). 一个特别重要的类是椭圆曲线上的椭圆曲线族, 所谓的椭圆曲面. 详见 [45]. $\mathcal{T}_g$ 是亏格为 g 的标记紧黎曼曲面的细模空间的事实可以推出每个亏格为 $g \geqslant 1$ 的标记紧黎曼曲面的拟平凡族 $X \to B$ 一定是平凡族. 原因是基点空间上诱导的映射 $f: B \to \mathcal{T}_g$ 是常值映射, 故拉回族 $f^*\mathcal{C}_g$ 是平凡族. 从而, $X \cong f^*\mathcal{C}_g$ 是平凡族. 注意甚至当 $g \geqslant 2$ 时, 存在非平凡但亏格为 2 的紧黎曼曲面的拟平凡族, 则黎曼曲面在族中有非平凡自同构.

1.11 代数曲线的模空间

如前所述, 存在一个从紧黎曼曲面范畴到光滑射影曲线范畴的等价. 故 $\mathcal{M}_g$ 也是 $\mathbb{C}$ 上亏格为 g 的光滑射影曲线的模空间.

由模空间的一般讨论我们期待 $\mathcal{M}_g$ 是代数簇. 芒福德 [98] 证明这确实是对的.

1.11.1 $\mathcal{M}_g$ 作为一个代数簇

在对芒福德关于几何不变量理论和曲线的模空间 ([100, p.1]) 的评价中, 吉塞克 (Gieseker) 写道:

芒福德大量的工作致力于曲线的模空间的研究. 令 g 是大于 1 的

整数. 黎曼已经知道亏格为 g 的黎曼曲面依赖于 $3g-3$ 个复参数, 认为所有亏格为 g 的曲线的集合应该形成一个 $3g-3$ 维的空间 $\mathcal{M}_g$. 事后来看, 主要问题是证明 $\mathcal{M}_g$ 的存在性、紧化 $\mathcal{M}_g$ 并给出 $\mathcal{M}_g$ 的性质. 芒福德先研究 $\mathcal{M}_g$ 的存在性. 相较于芒福德关于 $\mathcal{M}_g$ 的工作, 阿尔福斯和贝尔斯已经证明 $\mathcal{M}_g$ 作为解析空间的存在性, 贝利 (Bailey) 已经证明 $\mathcal{M}_g$ 是 $\mathbb{C}$ 上的拟射影簇. 芒福德是首先用代数方法成功证明了 $\mathcal{M}_g$ 在所有特征作为一个拟射影簇的存在性. 芒福德实际上用了两种不同的方法解决了存在性问题, 两者都用了几何不变量理论 (GIT).

根据芒福德 [103] 的邮件, 他证明了对于任意域 k, 如果我们考虑 k 上亏格为 g 的光滑射影曲线的模空间 $\mathcal{M}_{g/k}$, k 上维数为 g 的 k 上的主极化阿贝尔簇的模空间 $\mathcal{A}_{g/k}$ 及托勒利 (或雅可比) 映射 $j: \mathcal{M}_{g/k} \to \mathcal{A}_{g/k}$, 则像 $j(\mathcal{M}_{g/k})$ 的正则化是 k 上亏格为 g 的光滑射影曲线的一个粗模空间. 特别地, 若 $k = \mathbb{C}$, 则 $\mathcal{M}_{g/k} = \mathcal{M}_g$, $j = \Pi$, 并且 $\Pi(\mathcal{M}_g) \subset \mathcal{A}_g$ 的正则化是 $\mathbb{C}$ 上亏格为 g 的光滑射影曲线的一个粗模空间.

在他的书 [99] 第 143 页定理 7.13 中, 芒福德证明了更加精细的结果. 具体来说, [99] 中的推论 7.14 叙述如下:

> $\mathbb{Z}$ 上的粗模概型, 对于亏格为 g, $(g \geqslant 2)$ 的曲线, 存在且在 $\mathrm{Spec}(\mathbb{Z})$ 中的每个开子集 $\mathrm{Spec}(\mathbb{Z}) - (p)$ 上是拟射影.

从 [99] 和芒福德的第一篇文章 [97] 可以很清楚看出, 由格罗滕迪克发展的在代数几何如概形和希尔伯特概形的基础和技术, 对芒福德在模空间上的工作发挥了重要作用. 在 [99, p.VII], 芒福德写道:

> 格罗滕迪克对代数几何的主旨和技术的贡献, 与这些文字的出版情况并不匹配. 特别地, 对于他的许多结果, 我们仅仅有证明大纲, 如在布尔巴基讨论班上出现的 (在 [13] 重印). 然而, 因为我想用的结果详尽地出现在哈佛的讨论班上, 它们将在格罗滕迪克之后太久才出版, 这并不妨碍充分利用它们.

注意到格罗滕迪克的基础工作 EGA (*Éléments de géométrie algébrique*), SGA (*Séminaire de géométrie algébrique*) 和 FGA (*Fondements de la géométrie algébrique*) 被 [99] 引用, 但 [59] 没在嘉当的讨论班上引用.

另一方面, 我们能从格罗滕迪克给芒福德在 1961 年的信中知道, 芒福德独立于格罗滕迪克, 推进他在模空间的工作, 它们出现在嘉当的讨论班. 我们引用信中的一些句子. 在写于 1961 年 4 月 25 的信中, 格罗滕迪克写道 [101, p.636]:

我关于高的水平集的模的概形的构造 (我在嘉当讨论班中公理性
定义或在给泰特 (Tate) 之前的信中) 与你的非常类似, 除了我没观察
到的, 适当嵌入的极化阿贝尔簇完全由它的阶为 n 的点集决定 (当 n
足够大时), 这使得你在相当具体的情形过渡到商. 似乎是由于你在概
形的一些技术背景的缺乏, 使得一些证明相当尴尬和不自然, 你给的叙
述也不是它们该有的简洁和强大.

在 1961 年 5 月 10 日 [101, p.639], 格罗滕迪克写道:

"我似乎只给你一份在布尔巴基上的关于商的报告的复印件, 没有
在嘉当讨论班的报告."

在作者电邮 [102] 中, 芒福德解释了他研究模空间的动机并不直接来源于黎
曼的模空间, 但相当程度来源于代数几何中其他模空间, 如周簇、皮卡簇, 这些发
端于 20 世纪早期意大利几何学家的工作 (见 [68]). 当格罗滕迪克把事情放入范
畴和函子的框架内, 他使得一切清晰起来. 芒福德也在希尔伯特不变量理论工作
上有大量的先驱工作, 如著名的希尔伯特-芒福德稳定性准则.

1.11.2 几何不变量理论和 M_g 进一步性质

几何不变量理论, 在 [99] 发展的理论, 被用在以一种令人满意的方式构造黎
曼模空间 M_g. 如吉塞克写道 [100, p.2]:

如果一个模的问题能与几何不变量理论联系起来, 那么不仅模空
间的存在性能被证明, 而且可以得到模空间及其上的大量线丛的紧化.

当新版 [99] 显示的新的内容出来后, 几何不变量理论也提供了一种优雅的方
式来构造和理解代数几何、辛几何和微分几何中其他模空间.

[99] 的基本问题, 被芒福德在第一版 [99] 的扉页所解释: [98]

本书目的是研究两个相关问题: 有代数群作用的代数概形的轨道
空间何时存在? 并对不同类型的代数对象构造模概形. 第二个问题本
质上是第一个问题的一个特殊和非常不平凡的情形. 从意大利人的观
点来看, 两问题的关键是从双有理观点到双正则. 构造两个轨道空间和
模一般来说很简单. 问题为是否在得到的双有理类的所有模型里存在
一个模型使得它的几何点分类某些作用的轨道集合, 或者在某些模问
题的代数对象的集合. 两种情形下, 很可能一些轨道和对象是例外的,
或者应该说是不稳定的, 因此它们不在模型里. 困难是在给定的一种情
形下, 确定稳定的含义.

稳定性这个在 [99] 的关键概念使得我们能得到相对约化代数群作用的豪斯多夫商. 另一方面, 实际构造总是困难的, 正如卡塔内塞 (Catanese) 写道 [29, p.163]:

在我看来, 几何不变量理论, 除去它的优美与概念简洁, 就它的困难而言在分类理论中是基础的但不基本的工具. 确实, 最难的一个结果归功于吉塞克, 是一般型曲面的多典范像的渐近稳定性; 它有一个重要推论, 是一般型曲面的典型模型的模空间的存在性, 但证明的方法不能给这些曲面的分类思路 (给定不变量的曲面族的有界性被莫希松 (Moishezon), 小平邦彦和邦别里 (Bombieri) 的结果推出).

在芒福德的选集的评论中, 科拉尔 (Kollár) 写道 [76, p.112–113]:

我相信几何不变量理论没有满足之前的所有期待. 在曲线、阿贝尔簇、向量丛和层的模空间的构造的成功并没使它一路凯歌. 如, 几何不变量理论从未产生一个好的紧化一般型曲面的模空间的方法. 它也不能处理高维簇的模问题.

[99] 的第一版出现在 1965, 即 [98], 宣告模空间 $\mathcal{M}_g$ 的正式诞生, 现在是时候结束我们的故事. 但这仅仅是一个关于 $\mathcal{M}_g$ 的有趣故事的开始, 它已经变成若干数学分支的一个主题. 例如, 沿着模这条路的一个里程碑是德利涅-芒福德关于 $\mathcal{M}_g$ 的紧化, 见 [36], 它是一个紧的轨形. 本文旨在证明 $\mathcal{M}_g$ 通过这个紧化, 对任何特征是不可约的. 引用格罗滕迪克在 1961 年 4 月 25 日给芒福德的信 [101, p.638] 中说道:

在你的附录, 你参考了我之前不知道的松阪 (Matsusaka) 的一个结果, 即在任何特征下亏格为 g 的曲线的模的簇的连通性或不可约性. 我并不知道关于它的代数证明 (不管你怎么叙述). 我希望用特征为零的超越结果证明 $\mathcal{M}_{g,n}$(随意高度) 的连通性和连通性定理, 但首先应该得到 $\mathcal{M}_{g,n}$ 的一个自然的紧化, 它应该在 $\mathbb{Z}$ 上是简单的.

[36] 基本遵循上面的方法, $\mathcal{M}_g$ 的不可约的第一个代数证明由富尔顿 (Fulton)[48] 给出. 参见 [106, p.295-296]. 注意富尔顿有一个 $\mathcal{M}_g$ 的不可约的不同的证明, 见 [47], [106] 在 [48] 前面写的.

一些最近的结果关于 $\mathcal{M}_g$ 参考 [61] 和 [13]. 黎曼模空间 $\mathcal{M}_g$ 或黎曼模问题的工作, 催生了许多关于高维簇、变量上的丛、从黎曼曲面到流形的映射和簇的模空间的结果和理论. 各种模空间的有影响的调查, 最近在 3 卷模的手册 [42] 给出.

注记 1.11.1 [106] 这个文章话题与我们类似. 在 Math. Sci. Net., 在对这篇文章的评论中, 小田 (T. Oda) 写道:

在 F. 塞维里 100 诞辰周年专题会上, 我们从他的想法中获益匪浅, 作者给出了从 1857 年 (黎曼) 到 1965 年 (芒福德) 模问题的很好的调查及其后续发展. 作者也解释了为什么要花超过一个世纪的时间来定义一个许多性质已经知道的数学对象 (粗模空间).

我们的文章和 [106] 互相补充. 例如, 模空间的塞维里簇和算术几何在 [106] 被强调了, 泰希米勒 [134] 没有被引用, 即使 [132], [133] 在那被引用. 另一方面, [59], [134] 和 $\mathcal{M}_g$ 的复解析几何的相关工作是我们文章的重点. 这说明仁者见仁, 智者见智.

1.12 紧复流形的形变

泰希米勒的文章引入了许多高度原创的想法并解决了黎曼模问题, 这需要时间消化和品味. 因为黎曼曲面是一维复流形, 一个自然的问题是把结果推广到高维复流形. 可能在 20 世纪 50 年代晚期到 60 年代早期, 是数学家黄金岁月, 许多人试着在上述问题或相关问题上工作. 很难说谁是领袖, 谁是跟随者, 他们在令人振奋的环境下工作并互相影响. 在 20 世纪 50 年代晚期, 阿尔福斯和贝尔斯开始试着重做泰希米勒的主要结果, 并使之精确化. 例如, 阿尔福斯关于拟共形映射的主要文章 [8] 出现在 1954 年, 他和贝尔斯 [11] 关于贝尔特拉米方程的解答的文章出现在 1960 年, 阿尔福斯关于 $\mathcal{T}_g$ 上的复结构的文章 [7] 出现在 1960 年; 贝尔斯在 ICM-1960 年 [20] 的报告总结了他关于 $\mathcal{T}_g$ 的嵌入及其复结构的结果, 这大概在 1960 年. 差不多同时, 劳赫开始他理解数值模问题的工作, 见 [112]—[115]. 黎曼的文章正好 100 年后, 在 1957 年, Frölicher 和 Nijenhuis 在 [46] 开始高维固定紧光滑流形的复结构的形变理论, 这给了小平邦彦和斯潘塞他们所需的关键想法来发展紧复流形的形变的一般理论. 所有这些工作完全改变了人们关于模空间和复流形形变的看法. 如果我们把这些与格罗滕迪克、赛尔、芒福德等在代数上的工作结合起来, 一方面, 有米尔诺和斯梅尔在拓扑上的工作, 希策布鲁赫在希策布鲁赫-黎曼-罗赫定理上的工作, 博特 (Bott) 在周期律上的工作, 阿蒂亚 (Atiyah) 和辛格 (Singer) 在指标论上的工作和塞尔贝格和莫斯托在离散李子群上的工作, 另一方面, 这是一个英雄辈出的年代. 数学面貌焕然一新, 数学进入了新的阶段.

下一节, 我们会解释小平邦彦-斯潘塞的形变理论.

1.12.1 小平邦彦-斯潘塞的形变理论

某种意义下, 模空间 $\mathcal{M}_g$ 和泰希米勒空间 $\mathcal{T}_g$ 的理论完美无缺. 我们列举一些关键结果.

(1) 紧黎曼曲面的模空间 $\mathcal{M}_g$ 存在且是一个复轨形和拟射影簇.

(2) 泰希米勒空间 $\mathcal{T}_g$ 上存在万有曲线族 $\mathcal{C}_g$, 它描述了所有紧黎曼曲面的全纯族, 即万有族的拉回.

(3) 泰希米勒空间 $\mathcal{T}_g$ 的切空间与余切空间能被全纯二次微分刻画, 从而一个紧黎曼曲面的万有形变能被黎曼曲面的复结构刻画, 它给出了模的个数令人满意的解释.

(4) 拟共形映射联系了非双全纯等价的黎曼曲面, 并定义了 $\mathcal{T}_g$ 上的丰富的泰希米勒度量和几何.

现在考虑把这些结果推广到高维紧复流形.

断言 1.12.1 一般来说, 维数不小于 2 的紧复流形没有模空间, 即使它们的微分同胚型固定.

每个亏格为 1 的黎曼紧曲面是一个维数为 1 的复环面, $\Lambda\backslash\mathbb{C}$, 这里 Λ 是 $\mathbb{C}$ 中的一个格, 故维数为 1 的这些环面的模空间等于 $\mathcal{M}_1$, 这同构于商空间 $\mathrm{SL}(2,\mathbb{Z})\backslash\mathbb{H}^2$.

另一方面, 维数不小于 2 的复环面的模空间没有豪斯多夫拓扑. 当在泰希米勒空间 $\mathcal{T}_g$ 的定义中标记黎曼曲面的情形, 我们也能固定一个实环 $\mathbb{Z}^{2n}\backslash\mathbb{R}^{2n}$, 并定义标记复环 $\Lambda\backslash\mathbb{C}^n$. 然后我们有以下结论.

性质 1.12.2 对每个 $n\geqslant 2$, 维数为 n 的标记复环 $\Lambda\backslash\mathbb{C}^n$ 的模空间能与齐性空间 $\mathrm{GL}(2n,\mathbb{R})/\mathrm{GL}(n,\mathbb{C})$ 等同, 而维数为 n 的复环的模空间能与

$$\mathrm{GL}(2n,\mathbb{Z})\backslash\mathrm{GL}(2n,\mathbb{R})/\mathrm{GL}(n,\mathbb{C})$$

等同, 上面由齐性空间 $\mathrm{GL}(2n,\mathbb{R})/\mathrm{GL}(n,\mathbb{C})$ 诱导的商拓扑是非豪斯多夫的.

商拓扑非豪斯多夫性质来自 $\mathrm{GL}(2n,\mathbb{Z})$ 是大的离散子群的事实, 即 $\mathrm{GL}(2n,\mathbb{R})$ 中的格模掉标量矩阵, 但 $\mathrm{GL}(n,\mathbb{C})$ 是一个非紧子群. 故在两边被这两个群除导致非豪斯多夫性质.

另一方面, 我们考虑复环的全纯族和空间 $\mathrm{GL}(2n,\mathbb{R})/\mathrm{GL}(n,\mathbb{C})$, 这提供万有族

$$\mathbb{Z}^{2n}\backslash\mathbb{C}^n \times \mathrm{GL}(2n,\mathbb{R})/\mathrm{GL}(n,\mathbb{C})$$

见 [24, p.30-33 和第 7 节].

上述讨论的要点是, 如果比较好讨论紧复流形族, 即使模空间不存在也试着得到万有族. 因此, 我们能试着证明或希望, 对于泰希米勒空间, 一个满足上述条件 (2)—条件 (4) 的紧复流形的形变理论. 这就是小平邦彦-斯潘塞形变论试着做的.

先引用小平邦彦和斯潘塞关于这个问题的动机和历史的文章. 他们写道 ([74, p.331]):

黎曼曲面的复结构的形变理论追溯到黎曼, 他在出版于 1857 年的关于阿贝尔函数的著名回忆录中, 计算形变依赖的无关参数的个数, 并称它们为 "模"······黎曼回忆录出版 100 年左右, 围绕黎曼曲面的复结构形变的问题让人兴趣不减, 在最后 20 年, 终于得到两个方向的滋润, 即发端于泰希米勒的极值拟共形映射理论 (见 [38]) 并被 L. 阿尔福斯 [1] 等进一步发展; 对黎曼曲面的簇的计算, 这开始于希弗 (Schiffer) 在 1938 年的文章, 并被其他人进一步发展和应用 (如见 [34]). 这两个方向的发展离不开曲面上的二次微分.

高维复流形的形变, 或至少代数曲面, 似乎最先被诺特 (Max Noether) 在 1888 年考虑 ([33]). 然而, 与复一维情形截然不同, 高维形变竟被忽视. 去年 Frölicher 和 Nijenhuis, 作为他们早期关于向量值微分形式的成果, 得到了一个重要的定理 (见 [16]), 这是这个研究的开端. 本文旨在发展高维复流形的系统形变理论.

小平邦彦和斯潘塞提到的, Frölicher 和 Nijenhuis 证明对于一个紧复流形 X, 若第一上同调 $H^1(X, \Theta) = 0$, 这里 Θ 是 X 上的全纯向量场的芽的层 (即 X 的全纯切丛 TX 的全纯截面的层, 且 $H^1(X, \Theta) = H^1(X, TX)$), 则每个包含作为纤维 $X = X_0$ 紧复流形的光滑族 $X_t, t \in (-1, 1)$, 是在 $t = 0$ 时局部平凡, 即当 t 很小时, X_t 双全纯等价于 X_0.

问题 1.12.3 为什么 Frölicher 和 Nijenhuis 的这个结果对小平邦彦和斯潘塞重要?

如前所述, 泰希米勒很关键的一个贡献是证明了黎曼曲面的复结构的形变与黎曼曲面的全纯二次微分形式密切相关. 事实上, 泰希米勒空间 $\mathcal{T}_g$ 作为一个标记的黎曼曲面 Σ_g 能与 Σ 上的全纯二次微分空间等同. 更进一步, 在黎曼曲面 Σ_g 上的一个局部坐标 z 上复结构 dz 能形变到 $dz + \mu d\bar{z}$, 这里 μ 是一个贝尔特拉米微分, 特殊的贝尔特拉米微分对偶于全纯二次微分. 但在高维复流形里, 没有类似结论. 这个问题阻碍了小平邦彦和斯潘塞.

Frölicher 和 Nijenhuis 的结果指出, 曲面上的全纯二次微分在高维推广是上同调群 $H^1(X, \Theta)$. 为了看这一点, 注意当 $X = \Sigma_g$ 是一个亏格为 $g \geqslant 2$ 的紧黎曼曲面时, 赛尔对偶意味着 $H^1(X, \Theta)$ 能与 X 上的全纯二次形式的复向量空间的对偶等同.

所以 $H^1(X, \Theta)$ 在小平邦彦-斯潘塞的形变理论中至关重要. 确实, 根据格里菲斯 (55, p.21):

在和小平邦彦合作前, 形变理论就在斯潘塞脑海萦绕良久 (见 [17], [18], [20]). 当他向我解释, 问题是他们并不知道, 在曲面情形的全纯二次微分, 推广到高维情形是何方神圣. 突破来自 (2) (等同 $H^1(X, \Theta)$ 和 X 上的全纯二次微分空间的对偶空间). 有了这个关键提示, 一切水到渠成, 于是有了文章 [5], [10]—[12] (相关 [13], [14], [23]), 这把形变理论带入复代数几何的核心.

在 [72] 的扉页, 小平邦彦写道:

斯潘塞和我构思紧复流形的形变理论, 基于一个朴素的想法, 因为一个紧复流形 M 由有限个互相交织的坐标邻域组成, 它的形变应该是交织的滑动. 于是, 很自然的是, M 的极小形变应被 $H^1(M, \Theta)$ 中的一个元素表示. 然而, 似乎没有理由的是, $H^1(M, \Theta)$ 中任意给定的元素表示 M 的一个极小形变. 对熟悉的紧复流形 M 的检查, 缓解了我的迷惑, 即 $\dim H^1(M, \Theta)$ 与 M 定义中涉及的有效参数的个数一样. 为了澄清这个困惑, 斯潘塞和我发展了紧复流形的形变理论.

对一般的紧复流形 X, 小平邦彦和斯潘塞把 $H^1(X, \Theta)$ 解释为 X 上极小形变空间. 这相关到通过形变局部坐标卡的转移函数来描述紧复流形的形变理论, 小平邦彦在 [72, p.183] 中写道: "这是斯潘塞和复结构形变的作者的基本想法." 关于小平邦彦和斯潘塞的结果的理解, 让我们听听他们怎么说的. 他们在 [74] 写道:

我们的首要目标是定义一个度量 V_t 的复结构关于参数 t 的依赖性的对象. 我们引入了层 Θ 在 $\mathcal{V}$ 上它对应的上同调群 $\mathcal{H}^1(\Theta)$ 的层, 并构造了一个同态, M 上的微分向量场的芽的层 T_M 到 $\mathcal{H}^1(\Theta)$, $\rho : T_M \to \mathcal{H}^1(\Theta)$. 同态 ρ 可被认为是度量 V_t 的复结构关于参数 t 的依赖性的对象. 事实上, 在 $\mathcal{V}$ 有一个局部乘积结构的意义下, $\mathcal{V}$ 是局部平凡的 (故 V_t 的复结构与 t 无关) 当且仅当 ρ 消失. 限制 Θ 的 Θ_t 到 $\mathcal{V}$ 的纤维 V_t 与 V_t 上的全纯向量场的芽的层一样, 故 $\mathcal{H}^1(\Theta)$ 仅依赖于 V_t. 通过限制 ρ 到 V_t, 我们得到同态 $\rho_t : (T_M)_t \to \mathcal{H}^1(V_t, \Theta_t)$, 这由 Fröicher 和 Nijenhuis 最先引入, 这里 $(T_M)_t$ 表示 M 在 t 的切空间. 对于任意的切向量 $v_t \in (T_M)_t$, 像 $\rho_t(V_t) \in \mathcal{H}^1(V_t, \Theta_t)$ 表示 V_t 沿着向量 v_t 的复结构的极小形变. 显然 $\rho = 0$ 推出 $\rho_t = 0$ 对所有 $t \in M$, 但有反例说明反过来不一定对. 这与复结构能通过随意小的形变从一个跳跃到另一个事实相关, 这种现象在黎曼曲面的情形不会发生. 因为这种现象, 不可能把曲面情形的泰希米勒 [32] 度量推广到高维流形. 通过调和形式理论, 我们证明, 若 $\dim \mathcal{H}^1(V_t, \Theta_t)$ 与 t 无关, 对于所有 $t \in M$, $\rho_t = 0$, 可推出 $\rho = 0$, 并推出 Fröicher 和 Nijenhuis 那个关心紧复流形刚性的定理.

当 $\mathcal{V}$ 是一个复解析族, 即一个复解析纤维空间时, 可以问 $\mathcal{V}$ 是不是一个复解析纤维丛, 如果 $\mathcal{V}$ 作为一个可微族是局部平凡的. 我们对此给出肯定回答.

紧复流形 V_o 的每个嵌入, 作为在可微族 $\mathcal{V} \to M$ 里, 在 $o \in M$ 上的纤维, 决定在 $\mathcal{H}^1(V_o, \Theta_o)$ 的极小形变空间, 即像 $\rho_o : (T_M)_o \to \mathcal{H}^1(V_o, \Theta_o)$. 在 $\mathcal{H}^1(V_o, \Theta_o)$ 的一个极小形变空间, 将被称为极大的, 如果它不是一个由 V_o 在可微族作为纤维的其他嵌入, 决定了极小形变空间的真子空间. 一个极小形变空间的极大空间称为一个形变空间. 有例子证明, 存在流形在 $\mathcal{H}^1(V_o, \Theta_o)$ 上有不止一个形变空间, 至少对于复维数超过 2.

我们把上述结果推广到有复纤维丛结构的复流形可微族.

接下来, 我们把黎曼关于模的个数的概念推广到高维复流形. 主要一点是避免用到复流形的模空间的概念, 因为它不能对一般的高维复流形有定义. 进一步, 复流形 V_o 的模 $m(V_o)$ 的存在性的一必要条件是, $\mathcal{H}^1(V_o, \Theta_o)$ 包含仅仅一个形变空间, 故 $m(V_o)$ 并不是对所有紧复流形定义的. 我们计算复流形 V_o 的一些简单型的模数 $m(V_o)$, 发现 $m(V_o) = \dim \mathcal{H}^1(V_o, \Theta_o)$. 注意到, 在黎曼曲面情形 V_o, 由对偶定理推出, $\mathcal{H}^1(V_o, \Theta_o)$ 同构于二次微分空间, 它在 V_o 上处处正则, 所以在黎曼意义下, $m(V_o) = \dim \mathcal{H}^1(V_o, \Theta_o)$ 和 V_o 模数一样. 另一方面, 诺特[123-127] 关于代数曲面的模数的经典公式可以看作对 $\dim \mathcal{H}^1(V_o, \Theta_o)$ 的假定公式. 从上述观点, 我们会提出一个紧复流形形变理论中的主要问题, 即理解为什么等式 $m(V_o) = \dim \mathcal{H}^1(V_o, \Theta_o)$ 对许多复流形成立.

考虑一个固定紧复流形的子流形 W, 得到相对 W 的复结构形变理论. 所以我们引入相对模数 $m_W(V_o)$ 和相对上同调 $\mathcal{H}^1_W(V_o, \Theta_o)$, 对于 W 的子流形 V_o. 特别地, W 是代数流形, V_o 是余 1 维的子流形, 我们可以由完备连续系统的示性线性系统的完备性定理推出, $m_W(V_o) = \dim \mathcal{H}^1_W(V_o, \Theta_o)$.

对黎曼曲面, 把模的自由度 $3g - 3$ 解释成全纯二次微分空间维数仅仅是模问题之一. 它也是万有族 $\mathcal{C}_g$ 的基 $\mathcal{T}_g$ 的维数. 由此启发, 出现一个问题是, 是否存在包含 V_o 的复流形 M 上的族 $\mathcal{V}$, 使得族 $\mathcal{V}$ 的基 M 的维数等于 $\dim \mathcal{H}^1_W(V_o, \Theta_o)$, 并且映射

$$\rho_o : (T_M)_o \to \mathcal{H}^1(V_o, \Theta_o)$$

是同构. 小平邦彦和斯潘塞证明了这样形变族的存在性困难在于上同调群 $\mathcal{H}^2(V_o, \Theta_o)$ 并证明了下面结果. 见 [72, 定理 6.3, 定理 6.4].

定理 1.12.4   给定紧复流形 V_o, 若 $\mathcal{H}^2(V_o, \Theta_o) = 0$ 且 $\mathcal{H}^0(V_o, \Theta_o) = 0$ (即没有非零全纯向量场), 则存在一全纯族 $\mathcal{V} \to M$, 它包含 V_o, 使得 $\dim M = \dim \mathcal{H}^1(V_o, \Theta_o)$, 这一族在包含 V_o 的紧复流形的每个全纯族局部是族 $\mathcal{V}$ 的拉回的意义下是完备的.

有几个关于形变的概念. 一个包含 V_0 的完备族 $\mathcal{V} \to M$ 称为 versal, 如果对每个包含 V_0 作为 $o' \in M'$ 的纤维的全纯族 $\mathcal{V}' \to M'$, 并对每个局部拉回 $\mathcal{V}$ 到 $\mathcal{V}'$ 的全纯映射 $f : M' \to M$, 微分 $df_{o'}$ 被 $\mathcal{V}'$ 唯一决定. 紧复流形的全纯族也能在不必光滑的复解析空间上定义. 此时, 包含 V_0 作为 o 上的纤维的复空间 B 上的全纯族 $\mathcal{V}$ 叫做 V_0 的形变的一个万有族, 如果对于每个包含 V_0 作为 $o' \in B'$ 上的纤维的紧复流形全纯族 $\mathcal{V}' \to B'$, 存在一个唯一全纯映射 f, 从 o' 的一个邻域到 o 的一个邻域, 使得 $\mathcal{V}'$ 局部是 $f * \mathcal{V}$ 的拉回.

由上述定义, 定理 1.12.4 能有一个更强的形式: 对任意紧复流形 V_o, 如果 $\mathcal{H}^2(V_o, \Theta_o) = 0$ 且 $\mathcal{H}^0(V_o, \Theta_o) = 0$, 则存在一个万有形变族 $\mathcal{V} \to M$, 它包含 V_o, 它的基空间 M 是维数为 $\dim \mathcal{H}^1(V_o, \Theta_o)$ 的复流形.

对于一般的紧复流形 V_o, 不必是复解析空间上的万有族的存在性被 Kuranishi [77,78] 证明. 这样的一个族称为流形 V_o 的一个 Kuranishi 族.

1.12.2 霍奇结构簇

从紧黎曼曲面 Σ_g 的周期映射 (π_{ij}) 出发得到的周期映射

$$\mathcal{T}O_g \to \mathfrak{h}_g$$

和

$$\mathcal{T}_g \to \mathfrak{h}_g$$

在本文中一些事情上扮演很重要的角色.

(1) 劳赫和阿尔福斯给的 $\mathcal{T}_g$ 的复结构.

(2) 韦伊给的 $\mathcal{T}_g$ 的复结构.

(3) 劳赫解决的数值模的问题.

周期映射诱导了周期 (或雅可比) 映射

$$\Pi : \mathcal{M}_g \to \mathcal{A}_g$$

这对理解 $\mathcal{M}_g$ 上的代数结构很重要, 也很有趣, 特别是肖特基问题, 它涉及像 $\Pi(\mathcal{M}_g)$ 在 $\mathcal{A}_g$ 的刻画. 受到黎曼曲面的周期映射的启发, 格里菲斯发展了紧凯勒流形的霍奇结构簇理论, 该理论潜在地解决了著名的霍奇关于代数簇上同调类的猜想. 基本想法是, 紧凯勒流形的许多信息包含在流形的霍奇分解中, 霍奇分解被拓扑基和全纯基的比较得到的周期映射所反映. 当一个紧复流形在一个全纯族中变化, 它的霍奇分解和周期映射也变化. 结果, 在黎曼曲面的情形, 也有周期域, 它取代了西格尔上半空间 $\mathfrak{h}_g$, 周期映射从托勒利空间到周期域. 也有类似托勒利定理, 但也许不对. 我们证明阿尔福斯-贝尔斯-劳赫-韦伊定义的 $\mathcal{T}_g$ 上的复结构是合适的, 用到了格里菲斯在 [53] 的一个基本结果. 霍奇结构簇理论得到很好的发展并依然活跃. 对这些话题讨论, 见 [28], [141].

我们扼要解释, 为何这和紧黎曼曲面的周期映射联系. 对于一个紧黎曼曲面 Σ_g, 它的霍奇分解相当于分解

$$H^1(\Sigma_g, \mathbb{C}) = H^{1,0}(\Sigma_g) \oplus H^{0,1}(\Sigma_g)$$

这里 $H^{1,0}(\Sigma_g)$ 是 Σ_g 的全纯 1-形式空间 $H^0(\Sigma_g, \Omega^1)$. 对任意标记黎曼曲面对 $(\Sigma_g, \varphi), (\Sigma'_g, \varphi') \in \mathcal{T}_g$, 存在典型等同

$$H^1(\Sigma_g, \mathbb{Z}) \cong H^1(\Sigma'_g, \mathbb{Z})$$

从而

$$H^1(\Sigma_g, \mathbb{C}) \cong H^1(\Sigma'_g, \mathbb{C})$$

另一方面分解

$$H^1(\Sigma_g, \mathbb{C}) = H^{1,0}(\Sigma_g) \oplus H^{0,1}(\Sigma_g)$$

$$H^1(\Sigma'_g, \mathbb{C}) = H^{1,0}(\Sigma'_g) \oplus H^{0,1}(\Sigma'_g)$$

相应地依赖于 Σ_g 和 Σ'_g 的复结构. 如果我们选择一个公共的辛基 $H_1(\Sigma_g, \mathbb{Z}) \cong H_1(\Sigma'_g, \mathbb{Z})$, 并归一化 $H^{1,0}(\Sigma_g)$ 和 $H^{1,0}(\Sigma'_g)$ 的基, 这些基的比较给出了 Σ_g, Σ'_g 的周期映射. 因此, 黎曼曲面的周期映射能被霍奇分解描述.

1.13 塞尔贝格在格上的工作与猜想

塞尔贝格是那种在职业生涯中低开高走的数学家.[1] 他因为关于素数定理的初等证明和黎曼 zeta 函数的正比例零点集合落在临界线的工作而声名鹊起. 之后, 他转向对称与局部对称空间的调和分析. 他发展了 $SL(2, \mathbb{R})$ 的格的塞尔贝格

---

[1] 在 2000 年暑假, 我在港大花了几个月参加由博雷尔组织的李群会议. 碰巧塞尔贝格在拜访一个教授, 是他之前的学生, 我们碰巧在学校贵宾室待在一块. 很多次早餐, 我们相遇并交谈. 他告诉我, 他通过阅读他父亲的书房里的书来学习数学, 例如拉马努金 (Srinivasa Ramanujan) 的选集. 他说他总把自己看作一个业余数学家, 因为从未系统学过数学. 当我把这告诉博雷尔, 他说: 如果塞尔贝格都只是业余数学家, 其他人是什么.

迹公式. 被这些工作和证明有限体积的高秩局部对称空间的塞尔贝格迹公式的激励, 他转向半单李群的格的形变、刚性和算术性. 他的工作和猜想深远地改变了这个领域.

1.13.1 塞尔贝格的工作和局部刚性

1959 年出版的文章 [119, p.1] 中塞尔贝格写道:

> 单值化定理容易证明, 只要给我们那些有紧基本域的群的等价类和足够多所需连续依赖的连续参数. 如果我们在高维对称空间中看类似问题, 没有对应的单值化定理, 至今仅能构造由一些算术定义的群 (如果我们排除包含双曲平面的可约对称空间的情形). 有人会问, 是不是并非所有这些情形下的群等价于有一个算术定义的群, 若我们假设基本域有限体积 (不变体积元度量) 或更强的假设基本域紧.

在 [119], 塞尔贝格证明了 $\mathrm{PSL}(n,\mathbb{R})$ 中的每个余紧格且 $n \geqslant 3$, 等价于一个代数群 Γ, 在 Γ 的每个元的每个矩阵元是某个实代数域上的一个代数数的意义下.

在 [119], 证明分两步:

(1) 存在一个单参数形变 Γ_t, $t \in (-1,1)$, 并 $\Gamma_0 = \Gamma$, 使得对于一些小的 t, Γ_t 在上述意义下, 是一个代数群.

(2) 在 $n \geqslant 3$ 时, 形变 Γ_t 一定平凡, 即存在一族元 $g_t \in \mathrm{PSL}(n,\mathbb{R})$ 使得 $\Gamma_t = g_t \Gamma_0 g_t^{-1}$.

值得强调形变和刚性被用来证明格的代数性 [119]. 详见 [120, §4].

似乎卡拉比 [26] 的工作很容易推出塞尔贝格的这些结果, 见 [27] 和韦伊的工作 [147], [148]. 具体来说, 在 [26] 证明了下面结果.

性质 1.13.1 每个维数至少为 3 的紧双曲流形 M 没有非平凡形变, 即局部刚性. 确切地说, M 作为 $\Gamma \backslash \mathbb{H}^n$, 这里 Γ 是 $\mathbb{H}^n$ 的等距群的余紧离散子群, $n \geqslant 3$, 则对于每族 $\mathbb{H}^n$ 等距群的余紧离散子群 Γ_t, $t \in (-1,1)$, 使得 $\Gamma_0 = \Gamma$, 且 Γ_t 同构于 Γ_0, 存在 $\mathbb{H}^n$ 的等距族 g_t 使得 $\Gamma_t = g_t \Gamma_0 g_t^{-1}$.

类似紧复流形的刚性性质, 我们在局部对称空间或离散李子群中, 引入对应的概念. 见 [120, p.150].

G 是非紧半单李群, $K \subset G$ 是一个极大紧子群. 它可被赋予一个 G-不变黎曼度量的齐性空间 $X = G/K$, 是非紧型对称空间: 它是单连通的, 带非负截面曲率, 但不含任何欧氏空间作为子空间. 让 $\Gamma \subset G$ 是一个离散子群, 则 Γ 等距恰当不连续作用在 X 上, 商空间 $\Gamma \backslash X$ 是个局部对称空间.

定义 1.13.2 借用上面记号, 一个局部对称空间 $\Gamma \backslash X$ 称为**局部刚性**, 若每个 $\Gamma \backslash X$ 的形变族是平凡的. 换句话说, 对局部对称空间的每个连续族 $\Gamma_t \backslash X$,

$t \in (-1, 1)$, 若 $\Gamma_0 \backslash X$ 等距于 $\Gamma \backslash X$, 则对所有的 $t \in (-1, 1)$, $\Gamma_t \backslash X$ 等距于 $\Gamma \backslash X$. 等价地, 若 Γ_t, $t \in (-1, 1)$ 是 G 的离散子群的一个连续族及 $\Gamma_0 = \Gamma$, 则存在元素 $g_t \in G$ 的一个连续族使得 $\Gamma_t = g_t \Gamma_0 g_t^{-1}$. 这种情况下, 离散子群 Γ 也被称为**局部刚性**.

定义 1.13.3 局部对称空间 $\Gamma \backslash X$ 被称为**强 (或整体) 刚性**, 如果 $\Gamma_1 \cong \Gamma_2$, 每个局部对称空间 $\Gamma_1 \backslash X_1$, 在伸缩 X_1 和 X_2 的不可约子空间的度量后, 等距于 $\Gamma \backslash X$. 此时, 离散子群 Γ 也被称为**强刚性**.

注记 1.13.4 在这个定义中, 对称空间 X_1 不必等距于 X. 在一些叙述中, 尤其是当 X_1 是实双曲空间 $\mathbb{H}^n$, X_2 假定等于 X_1 时, 问题是比较两个离散子群在同一个对称空间的作用.

有趣的是, 比较复流形和局部对称空间的局部刚性. 一是, 我们通过所有可能的复流形考虑形变; 二是, 只需在局部对称空间考虑形变. 强刚性在这两类型上是与上面评论一样的. 一个基本结果是, $\mathbb{C}^n$ 中的带伯格曼 (Bergman) 度量的有界对称域是非紧型埃尔米特对称空间, 即非紧型对称空间 $X = G/K$, 有 G 下不变复结构, 每个非紧型埃尔米特对称空间能被实现为一个有界对称域. 当一紧复流形是一个在 $\mathbb{C}^n$ 中有界对称域的商, 它的局部刚性可从上面两点随意一点考虑. 此时, 紧复流形范畴中的局部刚性比在局部对称空间范畴中强, 因为每个局部对称空间是一个有界对称域的商的形变, 也就是有界对称域的商, 从而是一个复流形. 这可以从李群或切空间、李代数, 或对称空间的曲率看出来. 因此, [27] 中的结果意味着

性质 1.13.5 令 M 是一个不可约有界对称域 $X \subset \mathbb{C}^n$ 的紧的商, $n \geqslant 2$, 且 $M = \Gamma \backslash X$, 这里 Γ 是 $\mathrm{Aut}(X)$ 的一个离散子群. 则 Γ 是局部刚性的.

受到 [27] 的启发, 韦伊 ([148, 定理 1, p.588]) 除去了 X 是一埃尔米特对称空间的假设并证明了

性质 1.13.6 令 G 是一非紧半单李群, 它相关的对称空间 $X = G/K$ 不含双曲平面 $\mathbb{H}^2$. 则每个余紧离散子群 $\Gamma \subset G$ 是局部刚性的.

李群 G 中的离散子群中, 最自然的类是由格 Γ 构成的, 即离散子群使得商 $\Gamma \backslash G$ 对应 G 上的哈尔 (Harr) 测度有有限体积. 韦伊的工作 [148] 被博雷尔未出版的关于 $\mathbb{Q}$-秩至少为 2 的非紧半单李群的算术子群的局部刚性的工作和加兰关于在 $\mathbb{Q}$ 上分裂的线性半单代数群的算术子群的局部刚性的工作所补充. 最后, 拉贡纳森 [111] 推广这个局部刚性的结果到所有半单李群的算术子群.

性质 1.13.7 令 G 是一非紧半单李群, 它相关的对称空间 $X = G/K$ 不等距于双曲平面 $\mathbb{H}^2$. 则每个不可约算术子群 $\Gamma \subset G$ 是局部刚性的.

故半单李群的非算术非余紧格的局部刚性未被证明.

1.13.2 塞尔贝格在算术性的猜想

格的刚性的主要应用与格的算术性相关. 也许值得一提的是, 格的形变排除了格的算术性. 黎曼曲面的单值化定理的一重要结果是, 在 $\mathrm{SL}(2,\mathbb{R})$ 存在正维数的非共轭格族. 例如, 当 $\Gamma \subset \mathrm{SL}(2,\mathbb{R})$ 是一个格, 使得 $\Gamma \backslash \mathbb{H}^2$ 是一个亏格为 $g \geqslant 2$ 的闭曲面时, 则 Γ 属于 $(6g-6)$-维的非共轭格族. 这种格的形变或非刚性, 立即推出 $\mathrm{SL}(2,\mathbb{R})$ 中的大多数格不是算术子群, 因为只有可数多个算术子群. 另一方面, 对其他线性半单李群, 很难构造非算术格. 一个原因是没有高维流形的单值化定理. 这使人们相信这样的格总是算术的. 事实上, 形变与刚性被用于证明算术性的结果. 在文章 [119], 塞尔贝格证明了两个结果:

(1) $\mathrm{SL}(n,\mathbb{R})$ 的任意紧格能形变到一个格, 它的元素有矩阵系数, 矩阵元在实代数域里.

(2) 当 $n \geqslant 3$, $\mathrm{SL}(n,\mathbb{R})$ 这样的格是局部刚性的, 从而共轭于元素有实代数系数的格.

塞尔贝格的结果还无法证明格是算术子群, 因为格的矩阵系数可能不是代数整数. 将会看到, 马尔古利斯用格的超刚性解决这个问题 (见 [83]). 粗略地说, 他用阿基米德 (Archimedes) 平面 $\mathbb{R}$ 上的格的超刚性证明, 在合适的坐标下, 秩至少为 2 的半单李群的不可约格的元的矩阵系数是有理数, 并用 p 元数 $\mathbb{Q}_p$ 的超刚性证明了矩阵系数在分母中有有界 p 的幂. 结果, 所有格的超刚性推出格的算术性.

继续讲塞尔贝格的故事, 在几个特殊情形上成功后, 塞尔贝格做了以下猜测 ([121, p.119], [120, §5])

(1) 令 G 是一个线性半单李群, $\Gamma \subset G$ 是一不可约格, 则 Γ 能被形变到一个群, 群的矩阵表示的元来自某数域, 这些元的分母是一致有界的.

(2) G 的实的秩至少为 2, Γ 是一个非一致格, 则 Γ 是 G 对应于它上的适当的 $\mathbb{Q}$-结构的一个算术子群.

第一个猜测是, 若一格 Γ 是 (局部) 刚性的, 即没有非平凡形变, 则 Γ 有一个由代数数给出的元的矩阵实现 ([120, p.159, p.164]). 早先的关于 Γ 的秩至少为 2 的假设, 并不是用于猜测 (2), 仅是排除群 $\mathrm{SL}(2,\mathbb{R})$ 和它的格. 发现一些非算术格作用在实双曲空间 $\mathbb{H}^n$ 后, $n=3,4$, 塞尔贝格的猜测被修正 (见 [109, PS1, p.3]). 这些猜测, 尤其是第二个, 重要在算术子群的约化理论能被用于理解局部对称空间 $\Gamma \backslash X$ 在无穷远处的邻域的结构, 这些在 Γ 的自守形式和局部对称空间 $\Gamma \backslash X$ 的几何与拓扑问题是基本的. 确实, 如塞尔贝格指出 ([122, p.180]):

> 实施上面的想法的最大阻碍是, 除去一个双曲平面 (当然双曲平面与欧氏空间或紧对称空间之积) 的情形, 不知道除了基本域 D 有限体积的条件, 还有什么非紧条件推出 Γ······更一般的方法是, 假设尖端和

描述它们的 Γ 的子群的性质, 即那些遇到的博雷尔和哈里希-钱德拉 (Harish-Chandra) 意义下的代数群的算术子群的相同的性质. 有理由相信, 可能所有有限体积 D 的群 Γ 将归结到这个策略.

事实上, 在 Langlands 的名书 [79](或见 [107]), 有几个关于半单李群 G 的非紧格 Γ 和对称空间 $X = G/K$ 的基本域 D 的假设. 这些假设基于算术群的约化理论. 随着时间的推移, 半单李群的格的算术性的猜想的历史变得复杂. 通常的历史是塞尔贝格猜测非紧格的算术性, 见 [121] 和夏皮罗猜测余紧格的算术性 (见 [137] 和 [109, p.3]).

在 [95, p.169], 莫斯托写道:

> 在 1960 前, 已经观察到格的一般构造在所有维数是算术性的. 我们归功于塞尔贝格, 他有不能构造的不存在的直观和如何驾驭直观的判断.

在更晚的文章 [96], 包含了对马尔古利斯工作的讨论, 莫斯托把格的算术性的猜测归功于西格尔, 当他评论马尔古利斯的文章时, 写道:

> 我读了标题: "非正曲率的空间上的离散群作用, "这并没太多信息, 当我往下读, 我意识到它是一篇指标性文章! 这篇文章解决了吉鲁 (G. Giroux) 构造引出的西格尔的一个问题: 所有这些可构造的格是算术的吗?

1.14 莫斯托关于局部对称空间的强刚性

塞尔贝格的工作启发了很多人, 包括莫斯托和马尔古利斯. 毫无疑问, 莫斯托最重要的贡献是他在紧局部对称空间的强刚性工作. 不为李群、离散子群和微分几何的专家所知的是, 莫斯托证明了可解流形的另一个刚性结果 [89], 这导致了博雷尔猜测, 这是几何群论最重要一个猜测.

[89] 中的刚性结果说, 若两个紧可解流形同伦, 则同胚. 看完这篇文章, 博雷尔在 1954 年的信中做了一个猜想: 如果两个闭的非球面的流形同伦等价, 则它们同胚. 流形称为非球面的, 如果高阶同伦群平凡. 特别地, 这样的流形的同伦型由基本群决定.

1.14.1 强刚性和它的历史

非紧半单李群的一些格的局部刚性, 如余紧格和算术子群, 被证明后 (见 1.13.1节), 人们试着证明强刚性. 莫斯托和弗斯滕伯格 (Furstenberg) 提出了关于格的整体或强刚性的问题, 他们都最先在 1966—1967 年出版争议课题的文章, 即 [49] 和 [90], [91]. 莫斯托写道 ([93, p.6]): "随意格的强刚性现象最先出现在 1965 年, 在我寻找形变刚性的几何解释的工作." 他想给出一个几何的证明. 另一方面, 弗斯滕伯格被他在群的泊松边界和随机游走的工作启发. 但他们之间有截然不同的偏好. 弗斯滕伯格对相反方向感兴趣, 即证明两个不同构半单李群的格是不同构的, 然而莫斯托对正方向感兴趣, 即一个半单李群的两个格同构, 则同构可延拓成李群的自同构. 具体来说, 弗斯滕伯格在 [49] 证明了作用在任意维数的实双曲空间格不同构于作用在对称空间 $SL(n, \mathbb{R})/SO(n)$ 的格, 这里 $n \geqslant 3$. 莫斯托在 [91], [92] 证明了任意两个同构的格 Γ_1, Γ_2, 作用在维数至少为 3 的双曲空间 $\mathbb{H}^n$, 并在相关的双曲流形 $\Gamma_1 \backslash \mathbb{H}^n$ 和 $\Gamma_2 \backslash \mathbb{H}^n$ 之间有一个拟共形映射, 则这两个格共轭.

弗斯滕伯格引入了一个离散群的包络的概念, 并问这个包络是否唯一, 从而提出了关于强刚性的问题. 具体来说, 李群 G 是一个离散群 Γ 的一个包络, 如果 Γ 同构于 G 的一个格, 他试着证明两个不同构的李群不应该包络同一离散群. 弗斯滕伯格的动机是群的泊松边界如何影响群的结构或性质. [①] 另一方面, 弗斯滕伯格和莫斯托有一个一样的主旨: 半单李群 G 的一个格 Γ 决定抽象的李群 G.

弗斯滕伯格用了测度论, 因此作为一个格的条件自然且重要, 但格是否余紧不是本质的. 另一方面, 莫斯托用了拟等距, 或大范围几何的框架. 在 [93], 两个双曲流形的拟共形映射的存在性的条件被去掉了, 如果格是余紧的. 这完成了作用在双曲空间 $\mathbb{H}^n$ 的余紧格, 这里 $n \geqslant 3$, 是强刚性的这一结果的证明. 紧双曲流形的强刚性被马尔古利斯用类似方法在稍早时证明, 见 [81]. 进一步讨论见 [64, p.16-17]. 弗斯滕伯格和莫斯托用了对称空间极大弗斯滕伯格边界的作用. 对紧局部对称空间, 最一般的强刚性称为莫斯托强刚性, 并在 [93, p.3-4] 用两种等价形式叙述.

定理 1.14.1 令 $X = G/K$ 是一非紧对称空间, $\Gamma \subset G$ 是一余紧无挠格, 则紧局部对称空间 $\Gamma \backslash X$ 被它的基本群 Γ 相差一个等距和 X 的等距因子的规范化常数选择下唯一决定, 只要 $\Gamma \backslash X$ 没有局部是乘积因子的 2 维测地子空间.

定理 1.14.2 假设 G 没有中心和非平凡的紧正规子群. 让 $\Gamma \subset G$ 是一个余紧格. 若 $PSL(2, \mathbb{R})$ 不是 G 的一个因子, 它在模 Γ 下是闭的, 则 (G, Γ) 被 Γ 唯一决定, 即给定 (G, Γ) 和 (G', Γ') 及同构 $\theta: \Gamma \to \Gamma'$, 存在解析同构 $\bar{\theta}: G \to G'$ 使得 θ 是把 $\bar{\theta}$ 限制到 Γ, 只要没有 G 的因子 G_i 同构于 $PSL(2, \mathbb{R})$ 使得 ΓG_i 是 G 的一个闭子群.

在上述定理中格的余紧性的假设是需要的, 用来保证对应对称空间的等变拟

---

① 弗斯滕伯格告诉作者, 他之后意识到他证明的刚性结果容易由卡扎丹性质 T 在 [67] 推出. 具体说. 对于在 $SL(3, \mathbb{R})$ 的格 Γ, $H^1(\Gamma, \mathbb{R}) = 0$, 但对于在 $SL(2, \mathbb{R})$ 的无挠格 Γ', $H^1(\Gamma', \mathbb{R}) \neq 0$.

等距. 对于作用在秩至少为 2 的对称空间的不可约非余紧格, 强刚性被马尔古利斯 [82] 证明; 对于 $\mathbb{Q}$-秩为 1 的不可约格, 当对称空间不等距于双曲平面时, 这被普拉萨德 (Prasad)[110] 证明, 包括作用在维数至少为 3 的秩为 1 的对称空间上的所有非余紧格; 对于作用在 3 维双曲空间 $\mathbb{H}^3$ 上的格, 强刚性被马登 (Marden)[80] 证明, 这是他关于 3 维双曲流形的形变的研究的一个推论.

1.14.2 莫斯托强刚性的证明

局部对称空间的莫斯托强刚性在 [93] 被证明, 用了两种不同的方法, 依赖于相关对称空间是秩为 1 或更高. 当对称空间秩为 1 时, 它有严格的负截面曲率. 在莫斯托用拟共形映射证明的原始文章 [93] 后, 又有几种不同的证明. 如, 格罗莫夫和瑟斯顿用格罗莫夫单纯体积关于双曲流形的证明 (见 [14], [104]), 和用熵的刚性, 对所有秩为 1 的局部对称空间的一个证明 [22,23]. 当对称空间秩大于 1 时, 莫斯托强刚性由球式蒂茨厦 (Tits buildings) 的刚性导出 [138]. 即使对双曲流形的莫斯托强刚性在很多地方有证明, 例如 [66], [84] 和 [57], 似乎对高秩局部对称空间的莫斯托强刚性的证明和讨论, 除了莫斯托原始书 [93], 再也没有了. 文献 [64], [65] 包含这种情形的证明总结. 因为马尔古利斯超刚性定理包含莫斯托强刚性作为一个特例, 马尔古利斯关于他的超刚性的证明给出了莫斯托强刚性的另一证明. 让我们浏览格的刚性的原始文献的评论. 如前所述, 局部对称空间的刚性问题, 由亏格为至少 2 的紧黎曼曲面的形变引出. 莫斯托强刚性在秩为 1 的情形的证明, 是受到黎曼曲面的启发. 下面来自莫斯托的引言使得与黎曼曲面的联系更进一步. 在 [94, p.201], 莫斯托写道:

> 我证明强刚性的方法来自试图从几何观点理解 PL(2, $\mathbb{R}$) 上的失败. 如果 X 表示 S 和 S' 的万有覆盖空间, 则可以认为 X 是复平面的单位圆盘. 作为 X 上的微分变化群, Γ 和 Γ' 是等价的. 为什么在复解析意义下不等价? 为什么它们在 PL(2, $\mathbb{R}$) 不共轭? 自然的猜想是: 因为它们在 X 的边界不是可微等价的.

我们会看到, 双曲空间的边界上的拟共形映射对双曲流形的莫斯托强刚性证明至关重要 [92,93], 并对后面的发展有影响. 我们引用塞尔贝格 ([121, p.114]):

> 最近莫斯托在注记中给出 n-维双曲空间的新证明, 这里 $n > 2$. 他的证明很简洁, 但他用 S 到它的拟共形映射有多好, 并非很清楚, 看看这个到 S 的边界的映射的存在性, 将会推广到一般情形.

即使拟共形映射并未用在关于高秩局部对称空间的莫斯托强刚性证明里, 但边界映射仍是非常重要.

1.15 复流形的刚性

如前所述, Frölicher 和 Nijenhuis [46] 的刚性结果受到小平邦彦和斯潘塞形变理论的启发. 它也受到紧复流形的刚性结果的启发.

1.15.1 刚性的概念

为了把 Frölicher 和 Nijenhuis 放入一般的框架, 我们引入以下概念.

定义 1.15.1 令 X 是一个复流形, 不必紧.

(1) X 称为**极小刚性**, 如果 $H^1(X, \Theta) = 0$.

(2) X 称为**局部刚性**, 如果 $X = X_0$ 的每个光滑形变 X_t, $t \in (-1, 1)$, 在 $t = 0$ 附近局部平凡, 即对 t 充分小, X_t 双全纯等价于 X_0.

(3) X 称为**整体 (或强) 刚性**, 如果每个同伦等价于 X 的紧复流形 Y 双全纯等价于 X.

就上述定义, [46] 说

性质 1.15.2 如果一个紧复流形 X 是极小刚性的, 则它是局部刚性.

作为一个应用, 证明下面结论.

性质 1.15.3 对每个 $n \geqslant 1$, 复射影空间 $\mathbb{C}P^n$ 是局部刚性的.

1.15.2 复射影空间的强刚性

$\mathbb{C}P^n$ 的强刚性更难证明, 在希策布鲁赫和小平邦彦 [62] 前面的工作后, 它依赖于被丘成桐解决的卡拉比猜测 ([151, 定理 5 和注]).

性质 1.15.4 每个同伦等价于 $\mathbb{C}P^2$ 的紧复曲面双全纯等价于 $\mathbb{C}P^2$. 对 $n > 2$, 每个同胚于 $\mathbb{C}P^n$ 的紧凯勒流形双全纯等价于 $\mathbb{C}P^n$.

注意到在高维情形, 同伦等价与同胚不同. 不清楚上述性质第二个叙述同伦等价是不是充分的.

$\mathbb{C}P^2$ 的强刚性的上述结果被塞维里猜测. 这可能是高维紧复流形的最早强刚性结果.

对紧黎曼曲面, $\mathbb{C}P^1$ 是强刚性的, 但对于绝大多数不是刚性的, 有正维数的形变空间.

1.15.3 埃尔米特局部对称空间的刚性

因为单位圆盘 D 是有界对称域, 一个问题是, 考察 $\mathbb{C}^n$ 中有界对称域的紧商的形变或刚性性质. 受 [46] 和 [74] 结果启发, 卡拉比和维森蒂尼 (Vesentini) 在 [27] 证明了不可约有界对称域的紧商的极小刚性, 从而由性质 1.15.3, 推出这些商的局部刚性. 某种意义下, 他们解决了埃尔米特局部对称空间的一般形变理论 [46,74].

性质 1.15.5 任意一维数至少为 2 的不可约有界对称域的商的紧复流形 X 是极小刚性和局部刚性的.

对应的强刚性被萧荫堂在 [127], [128] 证明.

性质 1.15.6 令 X 是一个维数至少为 2 的不可约有界对称域的紧商. 如果紧凯勒流形 Y 同伦等价于 X, 则 Y 双全纯等价于 X.

注意上述性质中, Y 需要是一个紧凯勒流形, 最一般的强刚性仅仅需要紧复流形. 上述结果是强烈地受到局部对称空间的莫斯托强刚性的启发. 事实上, 萧荫堂写下这个问题和结果的动机 ([127, p.73]):

> 1960 年, 卡拉比和维森蒂尼证明了有界对称域的紧商在它们没有非平凡极小全纯形变的意义下, 是刚性的. 在 1970 年, 莫斯托发现了强刚性现象. 他证明了非正曲率的紧局部对称空间的基本群在相差一个等距和规范化常数选择决定了流形, 如果它没有闭的 1 维或 2 维测地子流形. 特别地, 两个复维数 $\geqslant 2$ 的球的基本群同构的紧商是双全纯等价或共轭双全纯等价. 丘成桐猜测强刚性对负截面曲率的复维数是 $\geqslant 2$ 的紧凯勒流形也应该成立, 即两个这样的流形是双全纯等价的或共轭双全纯等价的, 若它们同伦型一样. 本文将证明丘成桐的猜测, 当其中之一或两个曲率张量是在第二节定义的意义下是强负的, 并且无须其他流形的曲率条件.

注记1.15.7 [127] 和 [128] 主要用了几何分析的基本技术、博赫纳 (Bochner) 技术、在证明上面提到的刚性结果及其相关. 对博赫纳技术在不同几何的系统有效讨论, 见 [150].

如前所述, 复射影空间 $\mathbb{C}P^n$ 的强刚性的问题和结果在 1957 年前, 在 [62] 得到讨论. 另一方面, 有界对称域和负曲率紧凯勒流形的商的强刚性, 被非正截面曲率的非紧局部对称空间的莫斯托强刚性结果所促动. 我们将就局部对称空间, 对黎曼曲面的形变和刚性的推广做解释, 特别是莫斯托强刚性.

1.15.4 刚性和算术性

因为分类空间和其他结构在数学中是基本问题, 模空间是基本的. 在定义和理解某些空间的模空间, 分类空间族或形变是基本对象. 故形变和刚性是这些空间的自然和重要的性质. 特别地, 如果分类空间是强刚性的, 则模空间平凡; 如果它们是局部刚性, 则模空间是零维的. 本部分, 我们考虑形变和刚性的其他应用, 来显示刚性性质如何推出代数簇的特殊性质, 特别地, 有限体积的局部对称埃尔米特空间和半单李群的格.

1.15.5 局部对称埃尔米特空间的局部刚性和定义的域

当对称空间 X 是一个非紧埃尔米特对称空间 (即 $\mathbb{C}^n$ 中的有界对称域), Γ 是 $\mathrm{Aut}(X)$ 的无挠余紧格, 商空间 $\Gamma\backslash X$ 是一个紧复流形. 在 [75], 小平邦彦证明了 $\Gamma\backslash X$ 能作为射影代数簇嵌入某个 $\mathbb{C}P^n$. 由 [27] (见性质 1.15.5), 当 Γ 是个不可约格, 且 $\dim \Gamma\backslash X > 1$, $\Gamma\backslash X$ 是局部刚性的. 下面的结果似乎专家们都知道, 但我们所知道的, 都没有一个能精确地写下来的形式.

性质 1.15.8 令 $\Gamma\backslash X$ 是一个维数大于 1 的紧不可约局部对称埃尔米特空间, 则它是定义在一个数域上的射影簇, 即 $\mathbb{Q}$ 的一个有限扩张.

注记 1.15.9 当 X 是 $\mathbb{C}^2$ 的单位圆盘, 或 X 是复双曲圆盘 $\mathbb{H}^2_{\mathbb{C}}$ 时, 则每个紧商 $\Gamma\backslash \mathbb{H}^2_{\mathbb{C}}$ 是一个定义在数域上的代数簇. 另一方面, 当 $X = \mathbb{H}^2$ 时, 紧黎曼曲面是 $\mathbb{C}$ 上的射影曲线, 但它们中的大多数不是定义在数域上的. 因为亏格 $g \geqslant 2$ 紧黎曼曲面的模空间是正维数的, 从而不可数, 但存在仅仅可数多个定义在数域上的代数曲线.

上述性质易从下面结果看出来. [①]

性质 1.15.10 令 V 是一局部刚性的射影或拟射影簇, 则 V 定义在数域上.

第一个解释可能最内蕴, 但很难验证. 考虑和 V 相同型的所有代数簇. 假设存在这些代数簇中定义在 $\mathbb{Q}$ 上的模空间 $\mathcal{M}$, 则绝对伽罗瓦 (Galois) 群 $\mathrm{Gal}(\bar{\mathbb{Q}}/\mathbb{Q})$ 作用在 $\mathcal{M}$ 上. 因为 V 是局部刚性的, $\mathcal{M}$ 是零维的簇, 从而只有有限多个点. 因此, $\mathrm{Gal}(\bar{\mathbb{Q}}/\mathbb{Q})$ 的一个有限指数的子群 H 固定 $\mathcal{M}$ 中表示等价类 $[V]$ 的点. 这意味着 V 定义在数域上, 它是被子群 H 固定代数闭包 $\bar{\mathbb{Q}}$ 的子域. 上述论证的一个困难在于很不平凡或可能不对的是, 存在像 V 这样定义在 $\mathbb{Q}$ 上的代数簇的模空间 $\mathcal{M}$. 上述性质的一个特殊情况和证明被德利涅给出 [35].

性质 1.15.11 令 X 是一个光滑射影簇. 如果 X 是极小刚性的, 即 $H^1(X, TX) = 0$, 这里 TX 是 X 的切丛, 则 X 定义在数域上.

注记 1.15.12 当 Γ 是一个同余子群, $\Gamma\backslash X$ 是一个定义在典型数域的志村簇. 这比仅仅定义在数域上强很多. 详见 [86].

注记 1.15.13 本文准备视角完成后, 发现性质 1.15.11 的叙述及其一个不同的证明, 在 [124], 它是自然的.

1.16 马尔古利斯超刚性和格的算术性

马尔古利斯在李群、遍历论、数论和图论上做了很多贡献. 毫无疑问, 他最出名的工作是高秩半单李群的不可约格的超刚性和算术性. 他的超刚性结果扩充和

---

① 一个在 [85, p.648] 中的相关结果: "标准事实是, 刚性意味着 (V, f) 是定义在数域上的, 否则定义域上的超越元会给出形变."

完善了对所有格的莫斯托强刚性.

1.16.1 超刚性

有许多莫斯托强刚性的推广. 其中最著名的是马尔古利斯的格的超刚性. 高秩半单李群的不可约格的超刚性的历史和动机, 可以从马尔古利斯的选集中看出:

> 在 60 年代末, 我学习了莫斯托关于强刚性的文章. 在思考的时候, 突然意识到, 如果能证明现在称为超刚性的东西, 就可能证明一致高秩格的算术性. 我认为 (这被莫斯托确认) 超刚性是一个没被发现的新现象. 关于它的第一个证明, 用到了遍历论和代数群论, 其中一个重要的工具是奥塞莱德 (Oseledec) 乘法遍历定理. [1] 超刚性的一重要推论是高秩格和 S-算术群的有限维表示的分类. 这种分类约化到超刚性基于对偶于外尔著名的 "酉技巧" 的论证. 粗略地说, 超刚性描述了格 Γ 的表示 ρ, 有非紧的像. 但一般来说, 这个像可以紧. 为了让它非紧, 需用 $\mathbb{Q}$ 上的 $\mathbb{C}$ 的伽罗瓦自同构到 $\rho(\Gamma)$ 中矩阵系数元, 若 $\rho(\Gamma)$ 不是有限的, 非紧性就得到了. 现在看来奇怪, 但当我研究超刚性时, 我并未受弗斯滕伯格的工作影响, 因为我并不熟悉它. 确实奇怪的是, 弗斯滕伯格引入的很多想法和方法与我用的很类似. 我仅在 1974 年左右, 学习了弗斯滕伯格的工作, 他的边界理论影响我很多, 特别是我关于正规子群定理的证明, 证明中另一个重要的工具是卡扎丹 (Kazhdan) 的性质 (T). 我可以说我认为关于正规子群定理的证明是我的巅峰之作.

简单起见, 仅叙述实李群的格的超刚性: 让 $\mathbf{G}$ 是定义在 $\mathbb{R}$ 的 $\mathbb{R}$-秩至少为 2 的连通半单线性代数李群. 假设实轨迹 $\mathbf{G}(\mathbb{R})$ 没有紧的因子. $\mathbf{G}(\mathbb{R})_0$ 表示 $\mathbf{G}(\mathbb{R})$ 的恒等元所在分支, 让 $\Gamma \subset \mathbf{G}(\mathbb{R})_0$ 是不可约格. 假设 k 是特征为 0 的局部紧域, $\mathbf{G}'$ 是定义在 k 上的连通代数群并几乎单, 则马尔古利斯超刚性定理叙述如下:

定理 1.16.1　对每个同态 $\pi : \Gamma \to \mathbf{G}'(k)$ 使得像 $\pi(\Gamma)$ 是扎里斯基稠密, 以下成立:

(1) 若 $k = \mathbb{R}$ 和 $\mathbf{G}'(\mathbb{R})$ 非紧, 则 π 延拓为一个定义在 $\mathbb{R}$ 的代数群的有理同态 $\pi : \mathbf{G} \to \mathbf{G}'$, 特别地, 延拓为一个李群同态 $\pi : \mathbf{G}(\mathbb{R}) \to \mathbf{G}'(\mathbb{R})$.

(2) 若 $k = \mathbb{C}$, 则要么在复簇 $\mathbf{G}' = \mathbf{G}'(\mathbb{C})$ 的正则拓扑中的闭包 $\pi(\Gamma)$ 是紧的, 要么同态 π 延拓为代数群的同态 $\pi : \mathbf{G} \to \mathbf{G}'$.

(3) 若 k 是一极其不连通的局部域如 $\mathbb{Q}_p$, 则 $\pi(\Gamma)$ 在局部紧空间 $\mathbf{G}'(k)$ 的闭包是紧的.

---

[1] 博雷尔在 [25, Bo3, p.10, §7] 上写道: "马尔古利斯 (关于高秩半单李群的不可约格的算术性) 的工作基于一个新的原理, 被莫斯托称为超刚性……."

当 k 是 $\mathbb{R}$ 或 $\mathbb{C}$ 时,莫斯托强刚性是马尔古利斯超刚性的特殊情况,像 $\pi(\Gamma)$ 是 $\mathbf{G}'(k)$ 中的格. (注意由博雷尔稠密性,格从而 $\pi(\Gamma)$ 是扎里斯基稠密的.) 更重要的,原始莫斯托强刚性仅在一致格成立. 因为普拉萨德 [110] 推广到 $\mathbb{Q}$-秩 1 的格,上述结果覆盖所有余下来的格.

注记 1.16.2 对称空间是可约的若它是两个非平凡的对称空间的乘积,故每个可约空间秩至少为 2, 从而讨论不被马尔古利斯超刚性覆盖的半单李群不可约格,仅需考虑秩为 1 的不可约对称空间. 因为存在作用在所有维数的实双曲空间和维数小于等于 3 的复双曲空间的非算术格,马尔古利斯超刚性对在 $\mathrm{PSO}(n,1)$ 和 $\mathrm{PSU}(n,1)$ 中的这些格不成立. 对其他 2 个秩为 1 的对称空间,四元数双曲空间和双曲凯莱平面,作用在它们上的格确实满足超刚性. 对阿基米德域 $\mathbb{R}$ 和 $\mathbb{C}$ 上的超刚性,被科莱特 [31] 证明,对 p 元域,被格罗莫夫和孙理察 [60] 证明. 两种情况都用到了调和映射和博赫纳型论证.

1.16.2 超刚性的推论

塞尔贝格关于格的算术性的猜测的一个动机是,为了更好地理解这些作用在对称空间的格的基本域,为了通过算术群的约化论,对非一致不可约格的基本域更好地描述,用它来发展自守形式的谱论和塞尔贝格迹公式. 对所有的格,这个结果显示了相关局部对称空间的对称的充分性. 另一个是为了得到这些格的群结构的信息. 如前所述,超刚性证明了对非余紧秩至少为 2 的不可约半单李群格的莫斯托强刚性,从而对所有格成立. 一个更加让人震惊的所有局部域的超刚性结果见下面. 其他应用见 [88, §16.2].

定理 1.16.3 令 Γ 是一相关对称空间是秩至少为 2 和非紧的半单李群 G 的不可约格,则 Γ 是 G 的一个算术子群.

上述结果中,算术子群的定义也有点复杂,因为 G 可能不是一代数群的实轨迹. 另一方面,它和实轨迹相差一个紧群.

证明马尔古利斯超刚性和格的算术性的方法在理解这些格的内蕴群结构上有许多震惊的应用,正规子群定理是一个,这纯粹是格的群性质,不是超刚性的结果.

定理 1.16.4 令 G 是一个连通半单李群,没有紧因子和有限中心,秩至少为 2, $\Gamma \subset G$ 是一个不可约格. 对每个正规子群 $N \subset \Gamma$, 商 $N\backslash\Gamma$ 有卡扎丹性质 (T). 若 $N\backslash\Gamma$ 是顺从的,则它是有限的,即 N 是有限指数的,若 $N\backslash\Gamma$ 不是顺从的,则 N 包含在 Γ 的中心,从而有限.

粗略地说,这个结果说的是这样的格模掉有限群是单的. 若不可约格能被实现为定义在 $\mathbb{Q}$ 上的一个线性半单代数群 $\mathbf{G}$ 的算术子群,则 $\mathbf{G}$ 是在 $\mathbb{Q}$ 上几乎单,即不包含任何正维数的正规线性代数子群. 这带来了代数群 $\mathbb{Q}$ 和它的格子群 Γ 的紧密联系. 这也提醒了人们来自谢瓦莱 (Chevalley) 群的一个李型有限单群的著名构造.

正规子群定理极其优美, 能单独作为一个指标性结果. 自然地, 有很多它的应用. 根据马尔古利斯:

> 正规子群定理的一个主要应用是, 叙述 S-算术群的每个非中心正规子群的指标的有限性. 当 S 有限时, 这是正规子群定理的直接推论 (结合博雷尔-哈里斯·钱德勒定理). 为了从有限 S 到无限 S, 必须用整体域上的半单群的强逼近. 这种约化最先被普拉萨德注意到.

注记 1.16.5 即使超刚性对于作用在四元数双曲空间和凯莱平面的格成立, 正规子群性质对它们也不成立. 事实上, 它对所有作用在秩-1 的对称空间并不成立. 见 [88, Theorem 17.2.1, §17.2]. 因此, 它并不是超刚性的一个推论.

1.17 永不结束的故事

已经看到故事从黎曼在黎曼曲面的工作及模空间上展开. 这个故事很长, 但某种意义下它才刚开始. 模空间 $\mathcal{M}_g$ 和泰希米勒空间 $\mathcal{T}_g$ 上还有很多事需要理解, 映射类群 Mod_g 的结构依然谜一般神秘. 这有一些我们希望讨论, 探索和更好地理解的事情:

(1) $\mathcal{T}_g$ 和 $\mathcal{M}_g$ 的几何. 如前所述, 泰希米勒用拟共形映射的伸缩商引入泰希米勒度量. 他通过全纯二次微分形式精确描述测地线, 这导致泰希米勒测地线和测地流的丰富的几何. 除了泰希米勒度量, 也有是凯勒度量的韦伊-皮特森度量, 然而泰希米勒度量仅是芬斯拉 (Finsler) 度量. 即使相对韦伊-皮特森度量, 在 $\mathcal{T}_g$ 和 $\mathcal{M}_g$ 的凯勒几何上做了大量工作, 仍有很多公开问题. 例如, 测地线的描述是任何几何的主要一个问题, 但在韦伊-皮特森度量下, 至今没有对测地线精确的信息.

(2) 映射类群 Mod_g, 它主要联系泰希米勒空间 $\mathcal{T}_g$ 到模空间 $\mathcal{M}_g$, 瑟斯顿用双曲几何来构造 $\mathcal{T}_g$ 的紧化并用它分类映射类群的元素, 这个分类也用来理解 3-流形. 瑟斯顿猜测地解决把 3-流形的几何和拓扑约化到 Mod_g 的元素的结构.

(3) 黎曼曲面的模空间 $\mathcal{M}_g$ 在很多意义下是唯一的空间. 比较了解它上面的拓扑, 特别是它的稳定的拓扑, 但进一步关于它的上同调群的问题依然公开. 它的内部的拓扑与几何的联系依然等待研究. 它是内部代数几何的, 例如, 特殊子簇和周环并没被完全决定.

(4) 当考虑模空间 $\mathcal{M}_g$, 我们的重点不是单个的黎曼曲面, 而是黎曼曲面族. 类似地, 我们不仅仅考虑单个模空间 $\mathcal{M}_g$, 应考虑紧黎曼曲面带洞的所有模空间 $\mathcal{M}_{g,n}$. 通过它们之间的自然映射形成一个塔. 这就是所谓的格罗滕迪克-泰希米勒塔. 这是格罗滕迪克最后的梦想, 通过它在这个塔上的作用, 来理解绝对伽罗瓦群, 即 $\mathbb{Q}$ 上的代数闭包 $\overline{\mathbb{Q}}$ 的伽罗瓦群.

(5) 代数曲线的模空间 $\mathcal{M}_g$ 激发和建立了代数簇的模空间的高标准. 亏格为 0 和 1 的紧黎曼曲面的模空间情形更好理解, 其他代数簇的模空间, 如一般型代数簇的模空间, 了解很少.

(6) 模空间 $\mathcal{M}_g$ 和出现在算术群作用在对称空间的局部对称空间之间有很强的联系. 局部对称空间的谱论, 即自守形式的谱论, 是内容特别丰富的领域, 最先由克莱因和庞加莱开创. 另一方面, 模空间 $\mathcal{M}_g$ 的分析和谱论是在发展初期的最好时期, 许多事情有待发现和理解.

一个好故事总有悲剧与喜剧的结局. 莎士比亚的悲剧比喜剧更有名. 也许在数学上也是这样的.

黎曼的一生在某种意义下是悲伤的. 他得到高斯的席位并在 1859 年升为正教授, 然后 7 年后逝世. 在这 7 年, 他大部分时间都是生病, 需要到暖和的意大利养病. 因为这, 一些著名的出现在微分几何的名字是意大利人的: 里奇曲率 (Gregorio Ricci-Curbastro), 列维-奇维塔联络 (Tullio Levi-Civita) 和拓扑上的贝蒂数 (Enrico Betti).

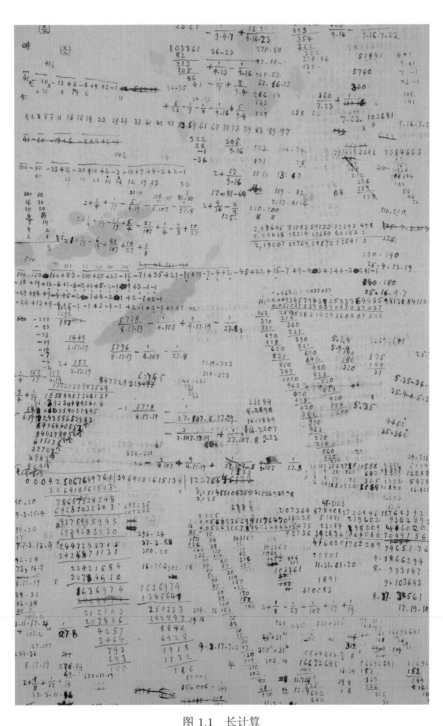

图 1.1 长计算

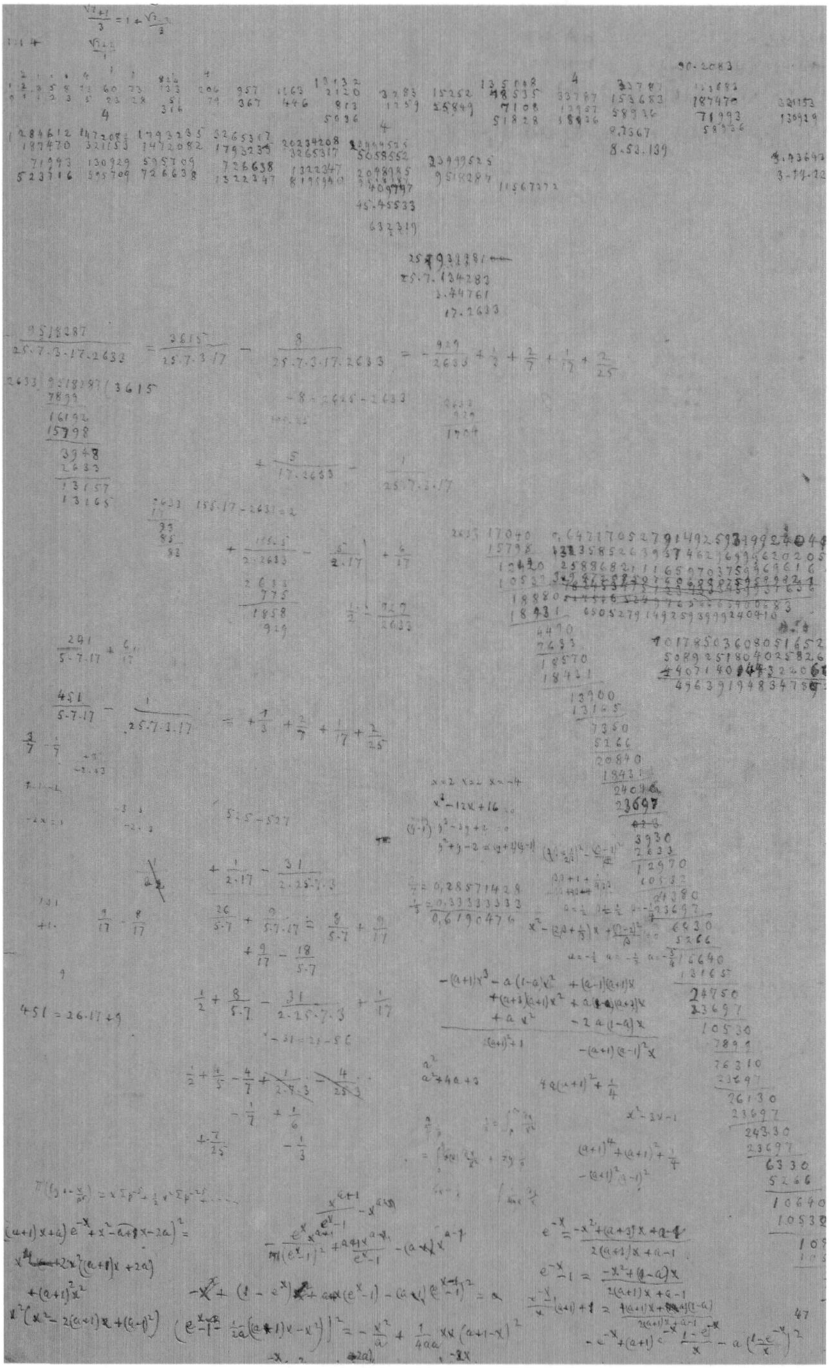

图 1.2   长计算. 也许是长除法

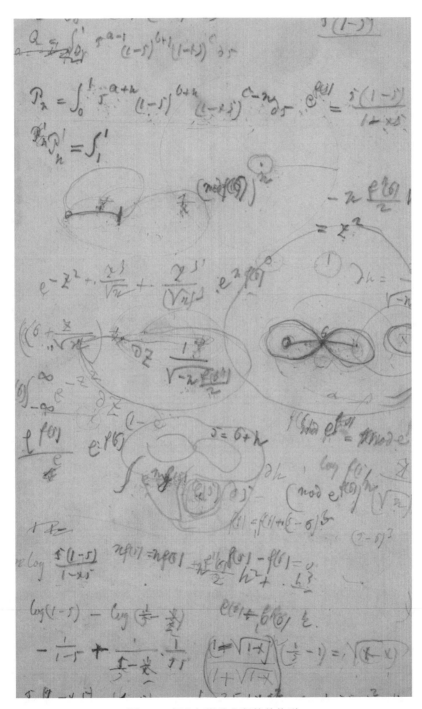

图 1.3　超几何微分方程的单值群

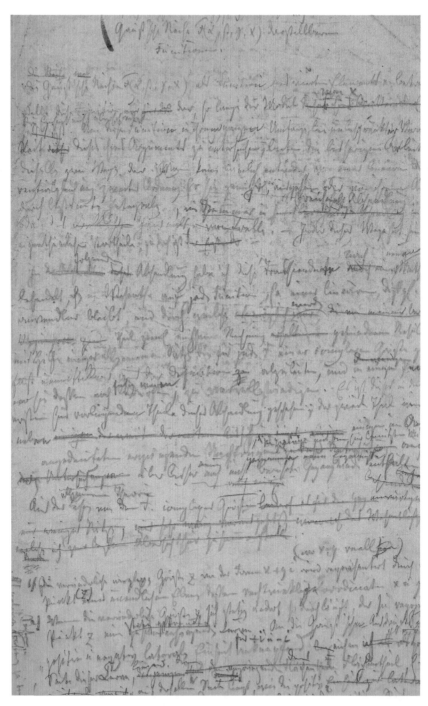

图 1.4 黎曼论文《关于微分几何基础》的一页手稿

图 1.5 这些红点是什么?

参 考 文 献

[1] A'Campo N, Ji L Z, Papadopoulos A. On the early history of moduli and Teichmüller spaces// Keen L, Kra I, Rodriguez R. Lipman Bers: A Life in Mathematics, 2016: 175-261.

[2] Ahlfors L V. Teichmüller spaces. Proceedings of the International Congress of Mathematics. Stockholm, 1962: 3-9. Collected Papers, vol. II, 1963: 207-213.

[3] Ahlfors L V. Quasiconformal mappings and their applications. Lectures on Modern Mathematics, 1964, 2: 151-164.

[4] Ahlfors L V. Curvature properties of Teichmüller's space. J. Analyse Math., 1961, 9: 161-176.

[5] Ahlfors L V. Some remarks on Teichmüller's space of Riemann surfaces. Ann. Math., 1961, 74: 171-191.

[6] Ahlfors L V. Quasiconformal mappings, Teichmüller spaces, and Kleinian groups. Proceedings of the International Congress of Mathematicians (Helsinki, 1978), Acad. Sci. Fennica, Helsinki, 1980: 71-84.

[7] Ahlfors L V. The complex analytic structure of the space of closed Riemann surfaces. Princeton: Princeton Univ, Analytic Functions, 1960: 45-66.

[8] Ahlfors L V. On quasiconformal mappings. J. Analyse Math., 1954, 3: 1-58, 207-208.

[9] Ahlfors L V. Collected papers. vol. 1. 1929-1955. Edited with the assistance of Rae Michael Shortt. Contemporary Mathematicians. Boston, Mass: Birkhäuser, 1982: xix+520.

[10] Ahlfors L V. Collected papers. vol. 2. 1954-1979. Edited with the assistance of Rae Michael Shortt. Contemporary Mathematicians. Boston, Mass: Birkhäuser, 1982: xix+515.

[11] Ahlfors L V, Bers L. Riemann's mapping theorem for variable metrics. Ann. Math., 1960: 385-404.

[12] Arbarello E, Cornalba M. Teichmüller space via Kuranishi families. Ann. Soc. Norm. Super. Pisa Cl. Sci., 2009, 8: 89-116.

[13] Arbarello E, Cornalba M, Griffiths P. Geometry of Algebraic Curves. Volume II. With a contribution by Joseph Daniel Harris. Grundlehren der Mathematischen Wissenschaften, 268. Heidelberg: Springer, 2011: xxx+963.

[14] Benedetti R, Petronio C. Lectures on Hyperbolic Geometry. Berlin: Springer-Verlag, 1992: xiv+330.

[15] Bers L. Spaces of Riemann surfaces. In Proceedings of the international congress of mathematics. New York: Cambridge Univ. Press. Selected Works, Part, 1958: 349-361.

[16] Bers L. Spaces of Riemann surfaces as bounded domains. Bull. Amer. Math. Soc., 1960, 66: 98-103.

[17] Bers L. Quasiconformal mappings, with applications to differential equations, function theory and topology. Bull. Amer. Math. Soc., 1977, 83(6): 1083-1100.

[18] Bers L. Finite-dimensional Teichmüller spaces and generalizations. Bull. Amer. Math. Soc., 1981, 5(2): 131-172.

[19] Bers L. On Teichmüller's proof of Teichmüller's theorem. J. Analyse Math., 1986, 46: 58-64.

[20] Bers L, Ehrenpreis L. Holomorphic convexity of Teichmüller spaces. Bull. Amer. Math. Soc., 1964, 70: 761-764.

[21] Bertin J, Demailly J P, Illusie L, et al. Introduction à la théorie de Hodge. Panoramas et Synthèses, 3. Soci'eté Mathématique de France, Paris, 1996: vi+273.

[22] Besson G, Courtois G, Gallot S. Entropies et rigidités des espaces localement symétriques de courbure strictement négative. Geom. Funct. Anal., 1995, 5(5): 731-799.

[23] Besson G, Courtois G, Gallot S. Minimal entropy and Mostow's rigidity theorems. Ergodic Theory Dynam. Systems, 1996, 16(4): 623-649.

[24] Birkenhake C, Lange H. Complex Tori. Progress in Mathematics, 177. Boston: Birkhäuser Boston, Inc., 1999: xvi+251.

[25] Borel A. On the work of M. S. Raghunathan. Algebraic groups and arithmetic. Tata Inst. Fund. Res., 2004: 1-24.

[26] Calabi E. On compact Riemannian manifolds with constant curvature. I. Proc. Sympos. Pure Math., vol. III. American Mathematical Society, Providence, R.I, 1961: 155-180.

[27] Calabi E, Vesentini E. On compact, locally symmetric Kḧler manifolds. Ann. Math., 1960, 71(2): 472-507.

[28] Carlson J A, Müller-Stach S, Peters C. Period mappings and period domains. Cambridge Studies in Advanced Mathematics, 85. Cambridge: Cambridge University Press, 2003: xvi+430.

[29] Catanese F. A superficial working guide to deformations and moduli. Handbook of moduli. vol. I. Adv. Lect. Math. (ALM), 24. Int. Press, Somerville, MA, 2013: 161-215.

[30] Clebsch A. Zur Theorie der Riemann's chen Fläche. Math. Ann., 1873, 6(2): 216-230.

[31] Corlette K. Archimedean superrigidity and hyperbolic geometry. Ann. Math., 1992, 45: 165-182.

[32] Deligne P. A Letter on November 12. 2014.

[33] Deligne P. A Letter on February 14. 2015.

[34] Deligne P. An Email on February 14. 2015.

[35] Deligne P. An Email on October 27. 2016.

[36] Deligne P, Mumford D. The irreducibility of the space of curves of given genus. Inst. Hautes Études Sci. Publ. Math., 1969, (36): 75-109.

[37] de Saint-Gervais H. Uniformization of Riemann surfaces. Revisiting a hundred-year-old theorem. Translated from the 2010 French original by Robert G. Burns. Heritage of European Mathematics. European Mathematical Society (EMS), Zürich, 2016: xxx+482.

[38] Donaldson S. Riemann Surfaces. Oxford Graduate Texts in Mathematics, 22. Oxford: Oxford University Press, 2011: xiv+286.

[39] Ehresmann C. Les connexions infinitésimales dans un espace fibré différentiable. Colloque de Topologie, Bruxelles, 1950: 29-55.

[40] Eisenbud D, Harris J. The Geometry of Schemes. Graduate Texts in Mathematics, 197. New York: Springer-Verlag, 2000: x+294.

[41] Farkas H, Kra I. Riemann surfaces. 2nd ed. Graduate Texts in Mathematics, 71. New York: Springer-Verlag, 1992.

[42] Farkas G, Morrison I. Handbook of moduli. Vol. I. II. III. xvi+579, xii+583, xii+594 Advanced Lectures in Mathematics (ALM), 24, 25, 26. International Press, Somerville, Beijing, MA: Higher Education Press, 2013.

[43] Forster O. Lectures on Riemann surfaces. Translated from the 1977 German original by Bruce Gilligan. Reprint of the 1981 English translation. Graduate Texts in Mathematics, 81. New York: Springer-Verlag, 1991: viii+254.

[44] Fricke R, Klein F. Vorlesungen über die Theorie der automorphen Funktionen. Band 1: Die gruppentheoretischen Grundlagen. Band II: Die funktionentheoretischen Ausführungen und die Andwendungen. B. G. Teubner Verlagsgesellschaft, Band I. 1897: xiv+634; Band II, 1912: xiv+668.

[45] Friedman R, Morgan J. Smooth four-manifolds and complex surfaces. Ergebnisse der Mathematik und ihrer Grenzgebiete (3), 27. Berlin: Springer-Verlag, 1994: x+520.

[46] Frölicher A, Nijenhuis A. A theorem on stability of complex structures. Proc. Nat. Acad. Sci. U.S.A., 1957, 43: 239-241.

[47] Fulton W. Hurwitz schemes and irreducibility of moduli of algebraic curves. Ann. of Math., 1969, 90(2): 542-575.

[48] Fulton W. On the irreducibility of the moduli space of curves. Appendix to the paper of Harris and Mumford. Invent. Math. 1982, 67(1): 87-88.

[49] Furstenberg H. Poisson boundaries and envelopes of discrete groups. Bull. Amer. Math. Soc, 1967: 350-356.

[50] Furstenberg H. Boundaries of Lie groups and discrete subgroups. Actes du Congres International des Mathematiciens (Nice, 1970), Tome 2. Paris: Gauthier-Villars, 1971: 301-306.

[51] Furstenberg H. Random walks and discrete subgroups of Lie groups. Advances in Probability and Related Topics. New York: Dekker, 1971, 1: 1-63.

[52] Furstenberg H. Rigidity and cocycles for ergodic actions of semisimple Lie groups (after G. A. Margulis and R. Zimmer). Seminar Bourbaki, vol. 1979/1980: 273-292, Lecture Notes in Math., 842, Berlin-New York: Springer, 1981.

[53] Griffiths P. Periods of integrals on algebraic manifolds. II. Local study of the period mapping. Amer. J. Math., 1968, 90: 805-865.

[54] Griffiths P. Periods of integrals on algebraic Manifolds: Summary of main results and discussion of open problems. Bull. Amer. Math. Soc., 1970, 76: 228-296.

[55] Griffiths P. An article in Donald C. Spencer (1912-2001)//Kohn Joseph J. Notices Amer. Math. Soc., 2004, 51(1): 17-29.

[56] Griffiths P, Harris J. Principles of Algebraic Geometry. Reprint of the 1978 original. New York: Classics Library, John Wiley & Sons, Inc., 1994: xiv+813.

[57] Gromov M, Pansu P. Rigidity of Lattices: An Introduction. Geometric topology: recent developments (Montecatini Terme, 1990). Lecture Notes in Math., 1504. Berlin: Springer, 1991: 39-137.

[58] Gromov M, Schoen R. Harmonic maps into singular spaces and p-adic superrigidity for lattices in groups of rank one. Inst. Hautes Études Sci. Publ. Math., 1992, 76: 165-246.

[59] Grothendieck A. (1) Techniques de construction en géométrie analytique. I. Description axiomatique de l'espace de Teichmüller et de ses variantes, Exp. No. 7 et 8, 33 p. (2) Techniques de construction en géométrie analytique. II. Généralités sur les espaces annelés et les espaces analytiques, Exp. No. 9, 14 p. (3) Techniques de construction en géométrie analytique. III. Produits fibrés d'espaces analytiques, Exp. No. 10, 11

p. (4) Techniques de construction en géométrie analytique. IV. Formalisme général des foncteurs représentables, Exp. No. 11, 28 p. (5) Techniques de construction en géométrie analytique. V. Fibrés vectoriels, fibrés projectifs, fibrés en drapeaux, Exp. No. 12, 15 p. (6) Techniques de construction en géométrie analytique. VI. Étude locale des morphismes : germes d'espaces analytiques, platitude, morphismes simples, Exp. No. 13, 13 p. (7) Techniques de construction en géométrie analytique. VII.Étude locale des morphismes : éléments de calcul infinitésimal, Exp. No. 14, 27 p. (8) Techniques de construction en géométrie analytique. VIII. Rapport sur les théorèmes de finitude de Grauert et Remmert, Exp. No. 15, 10 p. (9) Techniques de construction en géométrie analytique. IX. Quelques problèmes de modules, Exp. No. 16, 20 p. (10) Techniques de construction en géométrie analytique. X. Construction de l'espace de Teichmüller, Exp. No. 17, 20 p. **Séminaire Henri Cartan**, volumes 13, number 1 and number 2 (1960-1961).

[60] Grothendieck A. Serre J P. Grothendieck-Serre Correspondence. New York: American Mathematical Society, 2003.

[61] Harris J, Morrison I. Moduli of Curves. Graduate Texts in Mathematics, 187. New York: Springer-Verlag, 1998: xiv+366.

[62] Hirzebruch F, Kodaira K. On the complex projective spaces. J. Math. Pures Appl., 1957, 36(9): 201-216.

[63] Hurwitz A. Ueber Riemann's che Flächen mit gegebenen Verzweigungspunkten. Math. Ann., 1970, 39(1): 1-60.

[64] Ji L. A summary of the work of Gregory Margulis. Pure Appl. Math. Q. 2008, 4, (1), Special Issue: In honor of Grigory Margulis. Part 2: 1-69.

[65] Ji L. Buildings and their applications in geometry and topology. Differential geometry, 89-210, Adv. Lect. Math. (ALM), 22, Int. Press, Somerville, MA, 2012.

[66] Kapovich M. Hyperbolic manifolds and discrete groups. Progress in Mathematics, 183. Boston, MA: Birkhäuser Boston, Inc., 2001: xxvi+467.

[67] Kazhdan D. On the connection of the dual space of a group with the structure of its closed subgroups. Functional Analysis and Its Applications, 1967: 63-65.

[68] Kleiman S. The Picard scheme, in Alexandre Grothendieck: A Mathematical Portrait, edited by Leila Schneps. International Press of Boston, 2014: 35-74.

[69] Klein F. Über Riemanns Theorie der algebraischen Funktionen und ihrer Integrale. Leipzig, 1882; Ges. Abh. 3, pp. 499-573. An English translation appears as On Riemann's theory of algebraic functions and their integrals. A supplement to the usual treatises. Translated from the German by Frances Hardcastle Dover Publications, Inc., New York, 1963: xii+76.

[70] Klein F. Riemannsche Flächen. Vorlesungen, gehalten in Göttingen 1891/92. Leipzig: Springer-Teubner, 1986.

[71] Klein F. Development of mathematics in the 19th century. With a preface and appendices by Robert Hermann. Translated from the German by M. Ackerman. Lie

Groups: History, Frontiers and Applications, IX. Brookline: Math Sci Press, Mass., 1979: ix+630.

[72] Kodaira K. Complex Manifolds and Deformation of Complex Structures. Translated from the 1981 Japanese original by Kazuo Akao. Reprint of the 1986 English edition. Classics in Mathematics. Berlin: Springer-Verlag, 2004: x+465.

[73] Kodaira K, Spencer D. On the variation of almost-complex structure. Algebraic geometry and topology. A symposium in honor of S. Lefschetz. Princeton: Princeton University Press, 1957: 139-150.

[74] Kodaira K, Spencer D C. On deformations of complex analytic structures. I, II. Ann. Math., 1958, 67(2): 328-466.

[75] Kollár J. A preprint of a book on the moduli of varieties of general type, posted at https://web.math.princeton.edu/~kollar/book/chap1.pdf

[76] Kollár J. Review of Selected papers on the classification of varieties and moduli spaces, by David Mumford, Bulletin of A.M.S, 2005, 43: 111-114.

[77] Kuranishi M. On the locally complete families of complex analytic structures. Ann. Math., 1962, 75(2): 536-577.

[78] Kuranishi M. New proof for the existence of locally complete families of complex structures. Proc. Conf. Complex Analysis (Minneapolis, 1964), Springer, 1965: 142-154.

[79] Langlands R. On the Functional Equations Satisfied by Eisenstein Series. Lecture Notes in Mathematics, vol. 544. New York: Springer-Verlag, 1976: v+337.

[80] Marden A. The geometry of finitely generated kleinian groups. Ann. Math., 1974, 99(2): 383-462.

[81] Margulis G A. Isometry of closed manifolds of constant negative curvature with the same fundamental group. Soviet Math. Dokl., 1970, 11: 722-723.

[82] Margulis G A. Non-uniform lattices in semisimple algebraic groups. Lie groups and their representations (Proc. Summer School on Group Representations of the Bolyai Janas Math. Soc., Budapest, 1971). New York: Halsted, 1975: 371-553.

[83] Margulis G A. Discrete Subgroups of Semisimple Lie Groups. Ergebnisse der Mathematik und ihrer Grenzgebiete (3), 17. Berlin: Springer-Verlag, 1991: x+388.

[84] Matsushima Y. On the first Betti number of compact quotient spaces of higher-dimensional symmetric spaces. Ann. Math., 1962, 75: 312-330.

[85] McKean H, Moll V. Elliptic Curves. Function theory, geometry, arithmetic. Cambridge: Cambridge University Press, 1997: xiv+280.

[86] Milne J S. Introduction to Shimura varieties. Harmonic analysis, the trace formula, and Shimura varieties, Clay Math. Proc., 4, Amer. Math. Soc. Providence, RI, 2005: 265-378.

[87] Mori S. Threefolds whose canonical bundles are not numerically effective. Ann. of Math., 1982, 116(1): 158-189.

[88] Morris D. Introduction to Arithmetic Groups. Deductive Press, 2015: xii+475.

[89] Mostow G D. Factor spaces of solvable groups. Ann. Math., 1954, 60(2): 1-27.

[90] Mostow G D. On the conjugacy of subgroups of semisimple groups. Algebraic Groups and Discontinuous Subgroups (Proc. Sympos. Pure Math., Boulder, Colo., 1965) Amer. Math. Soc., Providence, R.I., 1966: 413-419.

[91] Mostow G D. On the rigidity of hyperbolic space forms under quasiconformal mappings. Proc. Nat. Acad. Sci. U.S.A., 1967, 57: 211-215.

[92] Mostow G D. Quasi-conformal mappings in n-space and the rigidity of hyperbolic space forms. Inst. Hautes Études Sci. Publ. Math., 1968, 34: 53-104.

[93] Mostow G D. Strong Rigidity of Locally Symmetric Spaces. Annals of Mathematics Studies, No. 78. Princeton: Princeton University Press, Tokyo, N J: University of Tokyo Press, 1973: v+195.

[94] Mostow G D. Strong rigidity of discrete subgroups and quasi-conformal mappings over a division algebra. Discrete subgroups of Lie groups and applications to moduli (Internat. Colloq., Bombay, 1973). Oxford: Oxford University Press, 1975: 203-209.

[95] Mostow G D. Selberg's work on the arithmeticity of lattices and its ramifications. Number theory, trace formulas and discrete groups (Oslo, 1987), Boston, MA: Academic Press, 1989: 203-209.

[96] Mostow G. Margulis. J. Mod. Dyn., 2008, 2(1): 1-5.

[97] Mumford D. An elementary theorem in geometric invariant theory. Bull. Amer. Math. Soc., 1961, 67: 483-487.

[98] Mumford D. Geometric Invariant Theory. Ergebnisse der Mathematik und ihrer Grenzgebiete, Neue Folge, Band 34. Berlin-New York: Springer-Verlag, 1965: vi+145.

[99] Mumford D, Fogarty J, Kirwan F. Geometric Invariant Theory. 3rd ed. Ergebnisse der Mathematik und ihrer Grenzgebiete (2) [Results in Mathematics and Related Areas (2)], 34. Berlin: Springer-Verlag, 1994: xiv+292.

[100] Mumford D. Selected Papers on the classification of varieties and moduli spaces. With commentaries by David Gieseker, George Kempf, Herbert Lange and Eckart Viehweg. New York: Springer-Verlag, 2004: xiv+795.

[101] Mumford D. Selected Papers, Volume II. On Algebraic Geometry, Including Correspondence With Grothendieck. Edited by Ching-Li Chai, Amnon Neeman and Takahiro Shiota. New York: Springer, 2010: xxii+767.

[102] Mumford D. An email on November 16, 2014.

[103] Mumford D. An email on February 9, 2015.

[104] Munkholm H. Simplices of maximal volume in hyperbolic space, Gromov's norm, and Gromov's proof of Mostow's rigidity theorem (following Thurston). Topology Symposium, Siegen, 1979: 109-124. Lecture Notes in Math., 788, Berlin: Springer, 1980.

[105] O'Connor J, Robertson E. Paul Julius Oswald Teichmüller. MacTutor History of Mathematics, http://www-history.mcs.st-and.ac.uk/Biographies/Teichmuller.html.

[106] Oort F. Coarse and fine moduli spaces of algebraic curves and polarized abelian varieties. Symposia Mathematica, Vol. XXIV (Sympos., INDAM, Rome, 1979), London-New York: Academic Press, 1981: 293-313.

[107] Osborne M, Warner G. The Theory of Eisenstein Systems. Pure and Applied Mathematics, 99. New York: Academic Press, Inc, 1981: xiii+385.

[108] Popp H. Moduli Theory and Classification Theory of Algebraic Varieties. Lecture Notes in Mathematics, vol. 620. Berlin-New York: Springer-Verlag, 1977: vi+189.

[109] Piatetski-Shapiro II. Discrete subgroups of Lie groups. Transactions of Moscow Mathematical Society, 1968, 18: 3-18.

[110] Prasad G. Strong rigidity of $\mathbb{Q}$-rank 1 lattices. Invent. Math., 1973: 255-286.

[111] Raghunathan M S. Cohomology of arithmetic subgroups of algebraic groups. I, II. Ann. Math., 1967, 86(3): 409-424; IBID. 1967, 87(2): 279-304.

[112] Rauch H. On the transcendental moduli of algebraic Riemann surfaces. Proc. Nat. Acad. Sci. U.S.A, 1955, 41: 42-49.

[113] Rauch H E. A transcendental view of the space of algebraic Riemann surfaces. Bull. Amer. Math. Soc., 1965, 71: 1-39.

[114] Rauch H E. On the moduli of Riemann surfaces. Proc. Nat. Acad. Sci. U.S.A., 1955, 41: 176-180.

[115] Rauch H E. Variational methods in the problem of the moduli of Riemann surfaces. 1960 Contributions to function theory (Internat. Colloq. Function Theory, Bombay, 1960). pp. 17-40. Tata Institute of Fundamental Research, Bombay.

[116] Remmert R. From Riemann surfaces to complex spaces. Matériaux pour l'histoire des mathématiques au XXe siècle (Nice, 1996). Sémin. Congr., 3, Soc. Math., France, Paris, 1998: 203-241.

[117] Riemann B. Collected papers. Translated from the 1892 German edition by Roger Baker, Charles Christenson and Henry Orde. Heber City: Kendrick Press, 2004: x+555.

[118] Royden H. Automorphisms and isometries of Teichmüller space. 1971 Advances in the Theory of Riemann Surfaces (Proc. Conf., Stony Brook, N.Y., 1969) pp. 369-383 Ann. of Math. Studies, No. 66. Princeton Univ. Press, Princeton, N.J.

[119] Selberg A. Some problems concerning discontinuous groups of isometries in higher dimensional symmetric spaces. Report of the Institute in the Theory of Numbers, University of Colorado, Boulder, Colorado (1959), 1-7. Collected papers of Atle Selberg. vol. I. pp. 469-472. Berlin: Springer-Verlag, 1989: vi+711.

[120] Selberg A. On discontinuous groups in higher-dimensional symmetric spaces. 1960 Contributions to function theory (internat. Colloq. Function Theory, Bombay, 1960) pp. 147-164. Tata Institute of Fundamental Research, Bombay.

[121] Selberg A. Recent developments in the theory of discontinuous groups of motions of symmetric spaces. Lecture Notes in Mathematics, vol. 118. New York: Springer, 1970: 99-120.

[122] Selberg A. Discontinuous groups and harmonic analysis. Proc. Internat. Congr. Mathe- maticians (Stockholm, 1962), Inst. Mittag-Leffler, 1963: 177-189.

[123] Serre J P. An email on February 18, 2015.

[124]　Shimura G. Algebraic varieties without deformation and the Chow variety. J. Math. Soc., 1968, 20: 336-341.

[125]　Shokurov V V. Riemann surfaces and algebraic curves. Algebraic geometry, I, Encyclopaedia Math. Sci., vol 23. Berlin: Springer, 1994: 1-166.

[126]　Siegel C L. Über die analytische theorie der quadratischen formen. Ann. Math., 1935, 36(2): 527-606.

[127]　Siu Y T. The complex-analyticity of harmonic maps and the strong rigidity of compact Kähler manifolds. Proc. Nat. Acad. Sci. U.S.A., 76, 1979, 5: 2017-2018.

[128]　Siu Y T. Strong rigidity of compact quotients of exceptional bounded symmetric domains. Duke Math. J, 1981, 48(4): 857-871.

[129]　Siu Y T, Yau S T. Compact Kähler manifolds of positive bisectional curvature. Invent. Math., 1980, 59(2): 189-204.

[130]　Spivak M. A comprehensive introduction to differential geometry. Vol. II. 2nd ed. Wilmington: Publish or Perish, Inc., Del., 1979: xv+423.

[131]　Springer G. Introduction to Riemann Surfaces. Reading, Mass: Addison-Wesley Publishing Company, Inc., 1957.

[132]　Teichmüller O. Extremale quasikonforme Abbildungen und quadratische Differentiale. Abh. Preuss. Akad. Wiss. Math.-Nat. Kl. 1939, (22): 197. An English translation by Guillaume Théret became available to me after the article was finished, and it helped me to add the quote before and explanation in Remark 1.8.5.

[133]　Teichmüller O. Bestimmung der extremalen quasikonformen Abbildungen bei geschlossenen orientierten Riemannschen Flächen. Abh. Preuss. Akad. Wiss. Math.-Nat. Kl., 1943, (4): 42. An English translation by A. A'Campo-Neuen will appear in Handbook of Teichmüller theory.

[134]　Teichmüller O. Veränderliche Riemannsche Flächen. Deutsche Math., 1944, 7: 344-359. An English translation by A. A'Campo-Neuen has appeared in Handbook of Teichmüller theory. vol IV, 787-814. IRMA Lect. Math. Theor. Phys., 19, Eur. Math. Soc., Zürich, 2014.

[135]　Teichmüller O. Gesammelte Abhandlungen. Edited and with a preface by Lars V. Ahlfors and Frederick W. Gehring. Berlin-New York: Springer-Verlag, 1982: viii+751.

[136]　Teichmüller O. Untersuchungen über konforme und quasikonforme Abbildungen, Deutsche Math., 1938, 3: 621-678.

[137]　Tits J. The work of Gregori Aleksandrovitch Margulis. Proceedings of the International Congress of Mathematicians (Helsinki, 1978), Acad. Sci. Fennica, Helsinki, 1980: 57-63.

[138]　Tits J. On buildings and their applications. Proceedings of the International Congress of Mathematicians (Vancouver B C, 1974), 1: 209-220.

[139]　Torelli R. Sulle varietà di Jacobi. Rend. R. Acc. Lincei (V), 1913: 98-103, 437-441.

[140]　van Dalen D. The selected correspondence of L. E. J. Brouwer. Sources and Studies on the History of Mathematics and Physical Sciences. Berlin: Springer, 2011: viii+529.

[141] Voisin C. Hodge theory and complex algebraic geometry. I. Cambridge University Press, Cambridge, 2007: x+322. Hodge theory and complex algebraic geometry. II. Translated from the French by Leila Schneps. Cambridge: Cambridge University Press, 2007: x+351.

[142] Weil A. Modules des surfaces de Riemann. Séminaire Bourbaki. Exposée No. 168, Mai, 1958: 413-419.

[143] Weil A. On the moduli of Riemann surfaces (to Emil Artin on his sixtieth birthday). Unpublished manuscript; 1958. Collected Papers, vol. II: 381-389.

[144] Weil A. Final report on contract AF A8(603)-57. Unpublished manuscript. Collected Papers, Vol. II, 1958: 390-395.

[145] Weil A. Introduction à l'étude des variétés kählériennes. Publications de l'Institut de Mathématique de l'Université de Nancago, VI. Actualités Sci. Ind. no. 1267 Hermann, Paris, 1958: 175.

[146] Weil A. Scientific works. Collected papers. Vol. II (1951-1964). New York-Heidelberg: Springer-Verlag, 1979: xii+561.

[147] Weil A. On discrete subgroups of Lie groups. Ann. Math., 1960, 72(2): 369-384.

[148] Weil A. On discrete subgroups of Lie groups. II. Ann. Math., 1962, 75(2): 578-602.

[149] Weyl H. The concept of a Riemann surface. Translated from the third German edition by Gerald R. MacLane. Reading, Mass.-London, ADIWES International Series in Mathematics Addison-Wesley Publishing Co., Inc., 1964.

[150] Wu H H. The Bochner Technique in Differential Geometry. Beijing: Higher Education Press, 2017.

[151] Yau S T. Calabi's conjecture and some new results in algebraic geometry. Proc. Nat. Acad. Sci. U.S.A., 1977, 74: 1798-1799.

2 广义相对论中的拟局部质量和等周曲面

史宇光[①]

近年来, 我的研究兴趣集中在广义相对论中的拟局部质量和等周曲面. 我今天报告的内容包括两个方面: 等周不等式和广义相对论中的拟局部质量. 有趣的是某些拟局部质量与等周不等式有着密切的关系, 利用这种关系, 我们可以证明数量曲率非负的渐近平坦与流形上面积足够大的等周曲面的唯一性, 这是布雷 (H. Bray) 在 1998 年提出的一个猜测. 这部分的报告是基于 2016 年和艾克米尔 (M. Echmair)、乔多什 (O. Chodosh) 以及我以前的博士后于浩斌的合作工作.

2.1 等周问题的历史及若干影响

等周不等式具有悠久的历史, 曾被称为狄多 (Dido) 问题 [1,5], 其二维情形准确表述是: 在二维平面 $\mathbb{R}^2$ 上所有给定长度的闭曲线所围成的闭区域中以圆盘的面积为最大, 相应的等周不等式是

$$4\pi A \leqslant L^2$$

这里 A 代表区域面积, L 是闭曲线的长度 (即周长), 等号成立当且仅当曲线所围成的闭区域是圆盘. 这个不等式高维时也成立, 即在 $\mathbb{R}^n$ 中所有给定面积的闭超曲面 Σ 所围成闭区域 Ω 中以球的体积为最大, 相应的等周不等式是

$$n \operatorname{Vol}(\Omega)^{\frac{n-1}{n}} \operatorname{Vol}(B^n)^{\frac{1}{n}} \leqslant \operatorname{Vol}(\partial\Omega)$$

这里 B^n 是 $\mathbb{R}^n$ 中单位球, 等号成立当且仅当闭区域 Ω 是 $\mathbb{R}^n$ 中球.

可以说等周问题是最古老的变分问题之一, 它对后来的几何分析、偏微分方程产生了巨大影响. 如 19 世纪产生的 Steiner 对称化方法 [1], 最初就是为了解决高维等周问题, 后来被广泛应用于证明对称泛函的极小解的对称性; 又如 20 世纪 80 年代引入的各种曲率流, 一个重要动机就是重新证明等周问题; 再如欧氏空间中关于凸体的闵可夫斯基不等式可以认为是等周不等式的一个重要推论; 在偏微分方程中常用的 Sobolev 不等式是等周不等式的一个等价形式.

① 北京大学数学科学学院.

2.2 各种曲率假设下的等周面积比较定理

曲率是黎曼 (Riemann) 几何中的一个基本概念, 在讨论各种曲率形式在等周面积比较定理中所起的作用之前, 我们先来认识曲率的直观含义. 在一张二维曲面上, 人们用高斯 (Gauss) 曲率来刻画曲面弯曲程度. 至少可以由两种方式来直观地理解 p 点处的高斯曲率 $K(p)$. 第一种方式是把高斯曲率看成该点附近测地三角形 (即每条边都是连接两个顶点的长度最短曲线) 的内角和与 $180°$ 的差异; 第二种方式就是考察该点处测地圆周长. 通过计算, 不难知道半径为 r 的测地圆周长 L 可以由下面的公式给出 (见 [11]):

$$L = 2\pi r - \frac{\pi}{3} r^3 K(p) + o(r^3)$$

等式两边对 r 积分, 得到半径为 r 的测地圆面积 A 的渐近展开式:

$$A = \pi r^2 - \frac{\pi}{12} r^4 K(p) + o(r^4)$$

于是, 我们可以得到 p 点附近测地圆等周差的渐近展开式:

$$4\pi A - L^2 = \pi^2 r^4 K(p) + o(r^4)$$

从上面几个展开式中不难看出曲率对度量几何的局部影响: 若 $K(p) > 0$, 则测地圆周长及面积均小于欧氏平面 $\mathbb{R}^2$ 中相同半径的圆的周长和面积; 若 $K(p) < 0$, 则测地圆周长及面积均大于欧氏平面 $\mathbb{R}^2$ 中相同半径的圆的周长和面积; 这样, 曲率就自然地出现在等周亏量的展开式中.

当黎曼流形 (M, g) 高于三维时, 我们有三种基本的曲率不变量: 截曲率 $\boldsymbol{K}(p, \Pi)$, 其中 p 为 M 上点, Π 为点 p 处切平面, 这个量和曲率张量 (一个四阶张量) 等价, 是最强的一种曲率形式, 它几乎控制了流形的局部几何性质: 一个流形在一点附近的截曲率为常数当且仅当流形在该点附近邻域局部等距于同曲率的空间形式中的某个开集 (所谓空间形式是指球面、欧氏空间、双曲空间); 里奇 (Ricci) 曲率是比截曲率弱的一种曲率形式, 是一个二阶对称张量, 有许多里奇曲率为常数的非空间形式的黎曼流形, 如伊古齐-汉森 (Eguchi-Hanson) 空间中里奇曲率为零, 但截曲率非零. 根据体积比较定理我们知道, 当里奇曲率非负时,

$$\frac{\text{Vol}(B_r)}{r^n}$$

单调下降, 这里 B_r 为流形中半径为 r 的测地球; 数量曲率是最弱的一种曲率形式, 它只是一个定义在流形上的函数 (即零阶张量). 但 20 世纪 60 年代法国数学

家李希诺维奇 (Lichnerowicz) 发现并不是每一个微分流形能有一个正数量曲率的黎曼度量, 这说明数量曲率虽然很弱, 但其非负性却和流形的拓扑有关. 另外, 我们发现一个黎曼流形上的测地球半径足够小时, 其体积增长和测地球中心的数量曲率有关, 准确地讲, 当测地半径 r 足够小时我们有如下展开式

$$\mathrm{Vol}(B_r(p)) = \frac{4\pi r^3}{3} - \frac{2\pi r^5}{45}R(p) + O(r^7)$$

这里 $R(p)$ 是测地球中心 p 处的数量曲率.

下面我们要探讨曲率和等周曲面面积关系, 为此我们需要如下等周型 (iosperimetric profile) 这一概念.

$$A(v) = \inf\{\mathrm{Area}(\partial\Omega) : \mathrm{Vol}(\Omega) = v\}$$

容易知道, 当体积为 v 的等周曲面可以达到时 $A(v)$ 即为该等周曲面的面积. 关于等周型的一些基本性质请见 [23] 中的定理 18. 一般来说, 在一般黎曼流形中计算等周型并不容易, 但对某些特殊情形通过直接计算, 不难得到其表达式, 如:

例 2.2.1 在 $\mathbb{R}^3$ 中对任意 $v > 0$, $A(v) = (36\pi)^{\frac{1}{3}}v^{\frac{2}{3}}$.

例 2.2.2 在一般黎曼流形 (M^3, g) 中, 当 $v > 0$ 足够小时,

$$A(v) = (36\pi)^{\frac{1}{3}}v^{\frac{2}{3}}\left(1 - \frac{s}{30}\left(\frac{3v}{4\pi}\right)^{\frac{2}{3}} + o(v^{\frac{2}{3}})\right), \quad s = \max_M R$$

从例 2.2.2 可以看出当 $v > 0$ 足够小时, 数量曲率越大 $A(v)$ 越小. 另外, 通过计算也容易知道, 对任意固定 v 及截曲率为 κ 的空间形式, 其等周型 $A_\kappa(v)$ 关于 κ 单调递减.

有以上事实作为基础, 我们不难理解以下猜测是很自然的.

广义嘉当-阿达马 (Cartan-Hadamard) 猜想: 如果 M^n 是单连通的完备的黎曼流形, 其截曲率满足 $K \leqslant \kappa$, $\kappa \leqslant 0$, 则对于任意 $\Omega \subseteq M$, 成立 $\mathrm{Area}(\partial\Omega) \geqslant A_\kappa(\mathrm{Vol}(\Omega))$.

关于该猜想更一般描述请见 [5, p.277]. 1926 年, 韦伊 (A. Weil)、贝肯巴哈 (Beckenbach) 及拉多 (Rado) 分别独立解决二维及 $\kappa = 0$ 情形; 1984 年, 克罗克 (C. B. Croke) 解决四维情形 [8]; 1992 年, 科里那 (B. Kleiner) 解决三维情形 ([2]); 最近相关进展请见 [13].

在假设 Ricci 曲率下, 我们也有等周面积比较定理, 即列维 (P. Levy) 不等式 (见 [15, p.519]).

定理 2.2.3 (Levy (1920 年), Gromov (1980 年)) 设 $(M^n g)$ 为一个紧致无边的黎曼流形满足 $\mathrm{Ric}(g) \geqslant (n-1)g$, 对 M 中任意开区域 $\Omega \subset M$, 如果满足

$$\frac{\mathrm{Vol}(\Omega)}{\mathrm{Vol}(M)} = \frac{\mathrm{Vol}(B)}{\mathrm{Vol}(S^n)}$$

则

$$\frac{\mathrm{Vol}(\partial\Omega)}{\mathrm{Vol}(M)} \geqslant \frac{\mathrm{Vol}(\partial B)}{\mathrm{Vol}(S^n)}$$

这里 B 是球面 S^n 的测地球.

接下去我们要讨论数量曲率假设下的等周型性质. 正如前面所说的, 数量曲率是一种最弱的曲率形式, 所蕴含的流形的几何信息很少, 所以回答这一问题难度比较大. 但另一方面, 在广义相对论中, 数量曲率往往被解释成时空的能量密度 (尽管用相对论无法定义能量密度这一概念). 这样一来, 数量曲率假设下的等周型问题就和广义相对论中拟局部质量 (quasi-local mass) 有密切的关系. 下面, 我们非常概括地回顾一下广义相对论的大意. 众所周知, 广义相对论是爱因斯坦 (Einstein) 在 1915 年创立的, 用著名物理学家惠勒 (J. Wheeler) 的话讲: 物质告诉时空如何弯曲; 时空告诉物质如何运动. 更准确地, 广义相对论研究的对象是满足如下爱因斯坦场方程:

$$\mathrm{Ric}(g) - \frac{1}{2}R(g)g = 8\pi T$$

的四维 Lorentz 流形 (即四维时空) (L, g), 这里 g 为 Lorentz 度量, T 是能量动量张量.

图 2.1 是一张被用来描述物质和时空弯曲的直观图. 我们把没有引力的时空想象成一张平坦而富有弹性的薄膜. 在薄膜上放一个球, 那么薄膜就会弯曲, 球质量越大, 薄膜弯曲得越厉害. 同时, 这个直观图也告诉我们: 薄膜弯曲得越厉害, 陷在里面的球质量越大.

在本次报告中, 我们感兴趣的是孤立系统 (isolated system), 即我们假设所考虑的时空中所有物质集中一个有界的区域内. 这样, 不难想象, 离开这个区域越远, 物质所引起的引力越弱, 时空也就弯曲得越不厉害. 数学上, 我们用渐近平坦流形来刻画孤立系统.

定义 2.2.4 称一个非紧完备流形 (M^3, g) 为渐近平坦 (asymptotically flat) 流形, 如果满足下列条件:

(1) 存在一个 M 中的紧集, $M \setminus K$ 有若干个连通分支, 每个连通分支称为端 (end), 且每个端微分同胚于 $\mathbb{R}^3$ 挖去一个单位球.

(2) 在每个端的笛卡儿坐标系下, 当点 x 趋向于无穷远时, 度量 g 的分量有如下渐近表示:

$$g_{ij} = \delta_{ij} + \sigma_{ij}, \quad |x|^{\alpha}(\partial^{\alpha}\sigma_{ij})(x) = O(|x|^{-\tau}), \quad \tau > \frac{1}{2}$$

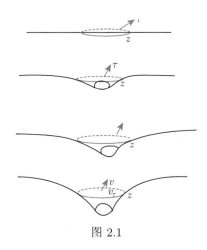

图 2.1

$\delta_{ij}, r = |x|$ 分别为在该端的笛卡儿坐标系下的平坦度量分量及到坐标原点的欧氏距离, ∂^{α} 为欧氏空间中普通的高阶偏导数, τ 称为渐近阶. 当 $\tau > \frac{1}{2}$ 时, (M^3, g) 上某些守恒量 (如下文的 ADM 质量) 是良定义的 (图 2.2).

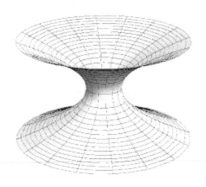

图 2.2

例 2.2.5 $\mathbb{R}^3$ 是渐近平坦流形.

例 2.2.6 希尔瓦兹 (Schwarzschild) 流形 $(\mathbb{R}^3 \setminus o, g)$, 这里 $g = \left(1 + \dfrac{m}{2r}\right)^4 \delta_{ij}$, m 为某个常数. 注意如图 2.2 所示, 希尔瓦兹流形有两端, 其中曲面: $r = \dfrac{m}{2}$, 称

为地平线 (horizon).

对一个渐近平坦流形, 我们可以用如下方式定义, 称为 ADM 质量的总能量:

$$M_{\mathrm{ADM}} = \frac{1}{16\pi} \int_{S_r} (g_{ii,j} - g_{ij,i}) v^j d\sigma$$

这里 S_r 是坐标球面, $g_{ij,k} = \dfrac{\partial g_{ij}}{\partial x^k}$, v^j 为 S_r 单位外法向量的第 j 个分量. 在例 2.2.6 中希尔瓦兹流形的 ADM 质量是 m. 值得指出的是, ADM 质量的定义式中虽然形式上和端上的笛卡儿坐标系有关, 但巴聂科 (Bartnik) 曾证明这个量是几何量, 不依赖于端上的笛卡儿坐标系选取.

物理学定律告诉我们, 引力辐射会从一个孤立系统中带走能量, 但是不能带走无穷多能量. 于是, 每个孤立系统一定会有一个最低能量. 正质量定理 (positive mass theorem) 断言了这种最低能量的存在性. 一个直观而自然的正质量定理版本应该可以这样叙述: 如果一个孤立系统的能量密度 (尽管这个概念在广义相对论中无法明确定义) 非负, 则其总能量非负; 若此时总能量为零, 当且仅当该系统没有引力. 注意到前面提到过, 很多时候可把能量密度解释为流形的数量曲率, 那么我们就有如下正质量定理的几何版本.

正质量定理 设 (M^3, g) 为渐近平坦流形, 其数量曲率 $R \geqslant 0$, 则 $\mathcal{M}_{\mathrm{ADM}}(g) \geqslant 0$; $\mathcal{M}_{\mathrm{ADM}}(g) = 0$ 当且仅当 (M^3, g) 和 $\mathbb{R}^3$ 等距同构.

上述正质量定理首先由孙理察 (Schoen)、丘成桐用极小曲面方法证明 [25,26], 然后维腾 (Witten) 用旋 (spin) 几何方法给出了证明 [30]. 孙理察、丘成桐的方法适用于不超过七维的渐近平坦流形, 而维腾方法适用于任意维数, 但需要假设流形是旋的, 其中三维可定向的完备流形一定是旋的. 关于正质量定理的最新进展请见 [27]. 在数量曲率非负时, 我们可以认为 ADM 质量是用来衡量渐近平坦流形和欧氏空间差异的一种量度; 等号成立部分是数量曲率非负流形的一种刚性定理, 其中 $\mathcal{M}_{\mathrm{ADM}}(g) = 0$ 相当于是无穷远处的边界条件.

很多时候, 人们需要了解一个有界区域所含的质 (能) 量, 于是在广义相对论中引入了拟局部 (能) 质量 (quasi-local (energy) mass) 的概念. 粗略地讲, 所谓拟局部质量是定义在一个有界区域边界上的几何量, 它被用来衡量区域内含有多少质量. 通常拟局部质量只依赖区域边界的一些几何量, 如面积、常中曲率等等.

例 2.2.7 (布朗-约克 (Brown-York) 质量 [4]) 如图 2.3 所示, 设 $(\Omega^3 g)$ 是一个三维紧致带边流形, 边界的高斯曲率 $K > 0$, 关于单位外法向量的中曲率记为 H. 根据微分几何中经典尼伦伯格 (Nirenberg) 等距嵌入定理知 Ω 的边界 Σ 可等距嵌入到 $\mathbb{R}^3$ 中, 其嵌入像是 $\mathbb{R}^3$ 中的凸曲面, 中曲率记为 H_0, 则布朗-约克质量可

定义为 (图 2.3)

$$\mathcal{M}_{\mathrm{BY}}(\Sigma) = \frac{1}{8\pi} \int_{\Sigma} (H_0 - H) d\sigma$$

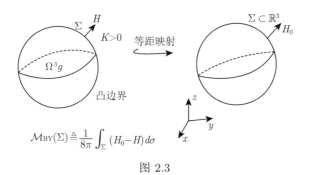

$$\mathcal{M}_{\mathrm{BY}}(\Sigma) \triangleq \frac{1}{8\pi} \int_{\Sigma} (H_0 - H) d\sigma$$

图 2.3

例 2.2.8 (霍金 (Hawking) 质量) 如图 2.4 所示, 设 $(\Omega^3 g)$ 是一个三维紧致带边流形, 边界关于单位外法向量的中曲率, 记为 H, 则霍金质量可定义为

$$\mathcal{M}_{\mathrm{H}}(\Sigma) = \frac{|\Sigma|^{\frac{1}{2}}}{(16\pi)^{\frac{3}{2}}} \left(16\pi - \int_{\Sigma} H^2 d\sigma \right)$$

这里 $|\Sigma|$ 表示 Σ 的面积. 结合高斯-博内 (Guass-Bonnet) 公式, 不难知道, 对 $\mathbb{R}^3$ 中的任何闭曲面, 霍金质量都是非正的, 霍金质量为零当且仅当该闭曲面为 $\mathbb{R}^3$ 中的标准球面.

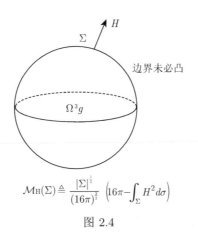

$$\mathcal{M}_{\mathrm{H}}(\Sigma) \triangleq \frac{|\Sigma|^{\frac{1}{2}}}{(16\pi)^{\frac{3}{2}}} \left(16\pi - \int_{\Sigma} H^2 d\sigma \right)$$

图 2.4

例 2.2.9 (惠斯肯 (Huisken) 等周质量) 设 $(\Omega^3 g)$ 是三维紧致带边流形, 我

们可以定义如下惠斯肯等周质量 (图 2.5):

$$\mathcal{M}_{\mathrm{iso}}(\Sigma) = \frac{2}{|\Sigma|}\left(\mathrm{Vol}(\Sigma) - \frac{|\Sigma|^{\frac{3}{2}}}{6\sqrt{\pi}}\right)$$

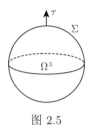

图 2.5

如果 Ω 是 $\mathbb{R}^3$ 中的区域, 由等周不等式知其惠斯肯等周质量非正, 惠斯肯等周质量为零当且仅当 Ω 为 $\mathbb{R}^3$ 中的标准球.

关于拟局部质量一个重要问题是研究其正定性. 对于布朗-约克质量的正定性, 我们有

定理 2.2.10[24]　设 $(\Omega^3 g)$ 是一个三维紧致带边流形, 边界的高斯曲率 $K > 0$, 关于单位外法向量的中曲率记为 $H > 0$, 若 $(\Omega^3 g)$ 数量曲率非负, 则 $\mathcal{M}_{BY}(\partial\Omega) \geqslant 0$, $\mathcal{M}_{BY}(\partial\Omega) = 0$ 当且仅当 $(\Omega^3 g)$ 是 $\mathbb{R}^3$ 中凸区域.

布朗-约克质量的正定性和凸体中的闵可夫斯基不等式以及紧致带边流形上的某种彭罗斯 (Penrose) 不等式有关, 囿于篇幅我们不展开讨论. 上述定理的更一般情形请见 [20], [29], [31] 等一系列文章. 高维情形见 [19]. 对于霍金质量, 我们有下面的定理.

定理 2.2.11[10]　设 (M^3, g) 是数量曲率非负的渐近平坦流形, $\Sigma \subset M$ 为等周球面, 则

$$\mathcal{M}_H(\partial\Omega) \geqslant 0$$

用上述定理我们可以合理地推断出一种数量曲率非负假设下的等周曲面面积比较定理. 假设在某个数量曲率非负的渐近平坦流形 (M^3, g) 的等周曲面都是等周球面, 而且等周型 $A(v)$ 关于所围成的等周区域体积 v 光滑 (一般这种光滑性是不成立的), 则通过直接计算不难验证

$$A'(v) = H$$

再由霍金质量的非负性我们可以得到: 满足前面所述条件的数量曲率非负的渐近平坦流形 (M^3, g), 我们有

$$A(v) \leqslant 6^{\frac{2}{3}}\pi^{\frac{1}{3}}v^{\frac{2}{3}}$$

等号成立当且仅当对每个等周曲面霍金质量都为零, 此时我们相信 (M^3, g) 等距于 $\mathbb{R}^3$. 这就是我们想要证明的, 在数量曲率非负假设下的等周曲面面积比较定理. 事实上, 我们可以严格证明该等周曲面面积比较定理, 准确的叙述是

定理 2.2.12[24] 设 (M^3, g) 是数量曲率非负的渐近平坦流形, 则

$$A^{\frac{3}{2}}(v) \leqslant 6\pi^{\frac{1}{2}} \int_0^v (1 - (16\pi)^{\frac{1}{2}} B^{-\frac{1}{2}}(t) m(t)) dt \leqslant 6\pi^{\frac{1}{2}} v$$

这里 $B(t), m(t)$ 都是非负量. 如果存在某个 v_0 使得 $A^{\frac{3}{2}}(v_0) = 6\pi^{\frac{1}{2}} v_0$, 当且仅当 (M^3, g) 等距于 $\mathbb{R}^3$.

上述定理的一个直接应用是数量曲率非负的渐近平坦流形 (M^3, g), 如果不等距于 $\mathbb{R}^3$, 则任何体积的等周区域均存在 (见 [6]). 另外, 我们还有下面的推论.

推论 2.2.13 设 (M^3, g) 是数量曲率非负的渐近平坦流形, 则对任意 $v > 0$, 关于体积为 v 的等周区域的等周质量 $\mathcal{M}_{\text{iso}}(v) \geqslant 0$. 如果存在某个 v_0, 使得 $\mathcal{M}_{\text{iso}}(v_0) = 0$, 当且仅当 (M^3, g) 等距于 $\mathbb{R}^3$.

作为拟局部质量的一个基本性质, 我们希望当区域趋向于整个渐近平坦流形时, 相应的拟局部质量应该趋向于 ADM 质量. [14] 就布朗-约克质量和霍金质量证明了这一性质. 对于等周质量, 我们有下面的 (见 [16], [17]) 定理.

定理 2.2.14 (惠斯肯) 设 (M^3, g) 是数量曲率非负的渐近平坦流形, 则

$$\lim_{v = \infty} \mathcal{M}_{\text{iso}}(v) = \mathcal{M}_{\text{ADM}}(M)$$

渐近平坦流形上的等周曲面唯一性.

在一个渐近平坦流形 (M^3, g) 的某个充分大紧集以外, 引入由常中曲率球面组成的叶状结构 (foliation) 是为了定义质心 (见 [18], [32]). 当 (M^3, g) 的 ADM 质量为正时, 可证这种叶状结构唯一性 (见 [18], [21], [22]), 所以质心是良定义的. 事实上, [21], [22] 证明了更强的唯一性: 如果 (M^3, g) 的 ADM 质量为正, 那么 M 中存在一个充分大的紧集 K, 对任意两个稳定的常中曲率球面, 如果其围成的区域包含 K(为方便计, 此时我们直接称该常中曲率球面包含 K), 并且常中曲率相等, 那么这两个稳定的常中曲率球面必定重合. 正因为这种唯一性, 我们把由 [18] (或者 [32]) 在渐近平坦流形 (M^3, g) 所构造的这样的稳定的常中曲率球面称为规范 (canonical) 常中曲率球面. 从几何分析角度看, 在渐近平坦流形上研究稳定常中曲率曲面的几何性质本身就是一个十分有趣的问题. 另一方面, 众所周知, 等周曲面是最自然的稳定常中曲率曲面, 布雷曾证明对于数量曲率非负的渐近平坦流形, 如果等周区域是连通的, 那么等周曲面的霍金质量关于所围成等周区域的体积是单调递增的, 并企图以此为出发点证明彭罗斯不等式 (见 [3]). 同时, 他提出如下猜想.

猜想 2.2.15 (布雷)   如果 (M^3, g) 是数量曲率非负的, ADM 质量为正的渐近平坦流形, 那么 M 中存在一个充分大的紧集 K, 任何包含 K 规范常中曲率球面必定是等周曲面; 反之, 所有面积 (或者所包含的体积) 足够大的等周曲面必定是某个规范常中曲率球面.

最近, 文献 [7] 证明了这一猜想. 为简单起见, 在此我们只讨论渐近阶 $\tau = 1$ 的情形. 证明的最重要一步是证明面积足够大的等周球面必定是某个规范常中曲率球面. 由 [21] 中结果知道, 为此我们只需证明足够大的等周球面一定穷竭整个渐近平坦流形 (M^3, g), 即假设 $\Omega_i \subset M$ 是任何一列表面积趋于无穷大的等周区域, 其边界 $\partial\Omega_i$ 是拓扑球面, 则 M 中的任何紧致集 K 一定包含在下标 i 充分大的等周区域 Ω_i 中. 我们需要排除以下两种情形.

情形 1: Ω_i 始终和某个固定紧集 K 相交.

利用稳定常中曲率曲面的一些基本估计不难知道, 此时 $\partial\Omega_i$ 将收敛到一张 (M^3, g) 中的完备的, 嵌入的面积局部最小的可定向曲面. 而由 [6] 中的结论知这种曲面不存在.

情形 2: Ω_i 飘向无穷远, 即对 M 中的任何紧集 K, 当下标 i 充分大时, Ω_i 与 K 不相交.

如果出现情形 2, 通过精巧地分析, 我们可以证明, 此时一定有

$$M_{\mathrm{iso}}(\partial\Omega_i) = 0$$

而这与 [14] 中所证明的

$$M_{\mathrm{iso}}(\partial\Omega_i) \geqslant M_{\mathrm{ADM}} > 0$$

矛盾. 于是, 等周球面一定穷竭整个流形 M, 这样结合 [21] 中的结论我们可以证明, 面积足够大的等周球面必定是某个规范常中曲率球面, 进而可以证明布雷猜想.

最后, 值得一提的是, 在布雷猜想中, 等周曲面条件不能减弱成稳定常中曲率球面. 事实上, [9] 构造了一种数量曲率非负, ADM 质量为正的渐近平坦流形, 该流形包含三维欧氏上半空间 $\mathbb{R}^3_+$, 而 $\mathbb{R}^3_+$ 包含无穷多个表面积任意大的标准球面, 这些标准球面都不是规范常中曲率球面.

参 考 文 献

[1] Blaschke W. 圆与球. 苏步青译. 上海: 上海科学技术出版社, 1986.

[2] Kleiner B. An isoperimetric comparison theorem. Invent. Math., 1992, 108(1): 37-47.

[3] Bray H V. The Penrose inequality in general relativity and volume comparison theorems involving scalar curvature. ProQuest LLC, Ann Arbor, MI. Thesis (Ph.D.) Stanford University, 1997.

[4] Brown J D, York J W, Jr. Quasilocal energy and conserved charges derived from the gravitational action. Phys. Rev. D, 1993, 47(4): 1407-1419.

[5] Burago Y D, Zalgaller V A. Geometric Inequality, Grundlehren der Mathematischen Wissenschaften [Fundamental Principles of Mathematical Sciences], vol. 285. Springer-Verlag, Berlin, 1988, Translated from the Russian by A. B. Sosinskî, Springer Series in Soviet Mathematics.

[6] Carlotto A, Chodosh O, Eichmair M. Effective versions of the positive mass theorem. Invent. Math., 2016, 206: 975-1016.

[7] Chodosh O, Eichmair M, Shi Y, et al. Isoperimetry, scalar curvature, and mass in asymptotically flat Riemannian 3-manifolds. Comm. Pure. Appl. Math., 2016, 74(4): 865-905.

[8] Croke C B. Curve free volume estimate. Invent. Math., 1984, 76: 515-521.

[9] Carlotto A, Schoen R. Localizing solutions of the Einstein constraint equations. Invent. Math., 2016, 205(3): 559-615.

[10] Christodoulou D, Yau S T. Some remarks on the quasi-local mass. Mathematics and general relativity (Santa Cruz, CA, 1986), Contemp. Math., vol. 71. Amer. Math. Soc., Providence, RI, 1988, 71: 9-14.

[11] Carmo M P D. 曲线与曲面的微分几何. 北京: 机械工业出版社, 2005.

[12] Eichmair M, Metzger J. Large isoperimetric surfaces in initial data sets. J. Differential Geom., 2013, 94(1): 159-186.

[13] Schulze F. Optimal isoperimetric inequalities for 2-dimensional surfaces in Hadamard-Cartan manifolds in any codimension. Geom. Funct. Anal., 2020, 1: 255-288.

[14] Fan X Q, Shi Y G, Tam L F. Large-sphere and small-sphere limits of the Brown-York mass. Comm. Anal. Geom., 2009, 17(1): 37-72.

[15] Gromov M. Metric Structures for Riemannian and Non-Riemannian Spaces. Boston: Birkhäuser, 2006.

[16] Huisken G. An isoperimetric concept for mass and quasilocal mass. Oberwolfach Rep., 2006(2): 87-88.

[17] Huisken G. An Isoperimetric Concept for the Mass in General Relativity. Marston Morse Lecture. http://video. ias.edu/node/234, March 2009.

[18] Huisken G, Yau S T. Definition of center of mass for isolated physical systems and unique foliations by stable spheres with constant mean curvature. Invent. Math., 1996, 124(1-3): 281-311.

[19] Lu S, Miao P. Minimal hypersurfaces and boundary behavior of compact manifolds with nonnegative scalar curvature. J. Diff. Geom., 2019, 113(3): 519-566.

[20] Liu C C M, Yau S T. Positivity of quasilocal mass II. J. Amer. Math. Soc., 2006, 19: 181-204.

[21] Ma S. On the radius pinching estimate and uniqueness of the cmc foliation in asymptotically flat 3-manifolds. Adv. Math., 2016, 288: 942-984.

[22] Qing J, Tian G. On the uniqueness of the foliation of spheres of constant mean curvature in asymptotically flat 3-manifolds. J. Amer. Math. Soc., 2007, 20(4): 1091-1110.

[23] Ros A. The isoperimetric problem. Global theory of minimal surfaces, 175-209, Clay Math. Proc., 2, Amer. Math. Soc., Providence, RI, 2005.

[24] Shi Y. The isoperimetric inequality on asymptotically flat manifolds with nonnegative scalar curvature. Int. Math. Res. Not. IMRN, 2016(22): 7038-7050.

[25] Schoen R, Yau S T. On the proof of the positive mass conjecture in general relativity. Comm. Math. Phys., 1979, 65(1): 45-76.

[26] Schoen R, Yau S T. The energy and the linear momentum of space-times in general relativity. Comm. Math. Phys., 1981, 79(1): 47-51.

[27] Schoen R, Yau S T. Positive Scalar Curvature and Minimal Hypersurface Singularities. 2017.

[28] Shi Y, Tam L F. Positive mass theorem and the boundary behaviors of compact manifolds with nonnegative scalar curvature. J. Differential Geom., 2002, 62(1): 79-125.

[29] Shi Y, Tam L F. Rigidity of compact manifolds and positivity of quasi-local mass. Classical Quantum Gravity, 2007, 24(9): 2357-2366.

[30] Witten E. A new proof of the positive energy theorem. Comm. Math. Phys., 1981, 80(3): 381-402.

[31] Wang M T, Yau S T. A generalization of Liu-Yau's quasi-local mass. Comm. Anal. Geom., 2007, 15(2): 249-282.

[32] Ye R. Foliation by Constant Mean Curvature Spheres on Asymptotically Flat Manifolds. Geometric Analysis and the Calculus of Variations. Cambridge: International Press, 1996: 369-383.

3 法诺簇的代数 K-稳定性理论

许晨阳[①]

我们给出关于法诺簇的代数 K-稳定性理论最近发展的一个简介. 我们将重点讨论在高维双有理几何的观点下, 对法诺簇的 K-稳定性的理解及其在构造模空间上的应用.

3.1 历 史 简 介

复凯勒 (Kähler) 流形 (X, ω) 上的凯勒-爱因斯坦 (KE) 度量是指度量 ω 满足

$$\omega = \lambda \cdot \mathrm{Ric}(\omega)$$

这里有三种情形, 分别对应 $\lambda = 1, 0, -1$. 因为 KE 度量的典范性, 在一个凯勒流形上寻找这样的度量, 是我们理解复流形的凯勒几何的主要工具之一.

其中 $\lambda = -1$ 时, Aubin 和丘成桐证明了 X 上总是存在 KE 度量. 而 $\lambda = 0$ 时, 这是丘成桐解决卡拉比 (Calabi) 猜想的著名工作的一个主要推论. 剩下一个自然情形是考虑第一陈类 $c_1(X)$ 为正的代数簇上是否有 KE 度量.

这一类情形要比之前的情况更复杂. 与前面两种情形不同, 人们很早就意识到当 $c_1(X)$ 为正时 (根据小平嵌入定理, 这样的凯勒流形一定是代数簇, 称为法诺簇), 一个射影代数流形并非总是存在 KE 度量. 在 20 世纪 50 年代, Matsushima 证明 (见 [41]), 如果 X 有 KE 度量, 则 $\mathrm{Aut}(X)$ 必须为约化 (reductive) 群. 而要证明一个给定法诺簇上存在 KE 度量是一个更复杂的问题. 20 世纪 80 年代, 田刚证明了在曲面时, 自同构群为约化群是充分必要条件 (见 [50]). 而在 [51] 里, 田刚构造出第一个自同构群有限但不存在 KE 度量的法诺流形的例子.

更重要的是, 在 [51] 中, 田刚首次提出了 K-稳定性的概念. 在 [16] 里, 田刚关于 K-稳定性的定义被 Donaldson 完全用代数几何的语言给出. 田刚和 Donaldson 的定义使用了用有限维几何不变式 (GIT) 的理论去逼近无穷维几何不变式的思想. 这样的思想也出现于更早的 Donaldson-Uhlenbeck-Yau 关于稳定向量丛和

---

① 美国普林斯顿大学数学系.

Einstein-Hermitian 向量丛之间存在小林-Hitchin 对应的证明中. 关于法诺簇上 K-稳定性和 KE 度量存在性的等价问题, 即丘-田-Donaldson(Y-T-D) 猜想已成为过去几十年指导凯勒几何发展的引领性问题. 在光滑情形下, 该问题被陈秀雄-Donaldson-孙崧和田刚分别解决 (见 [12], [52]).

在 K-稳定性这个代数概念被提出以后, 人们尝试发展相应的纯代数几何理论. 受之前工作启发最初人们尝试用 GIT 的框架去理解 K-稳定性 (例如 [46] 等). 到 2011 年, 文献 [42] 注意到 K-稳定性和极小模型理论存在联系. 受此工作的影响, 极小模型纲领 (MMP) 在 [34] 中被系统引入用来研究法诺簇的退化及其和 K-稳定性的关系. 实际上 [16] 给出了更一般的极化射影簇上 K-稳定性定义. 但与之前大多数代数工作不同, [34] 中的结论只适用于法诺簇情形. 人们也逐渐意识到, 相比于几何不变式论, 高维双有理几何是更适合于被用来发展法诺簇的 K-稳定性代数理论的代数几何理论框架!

近些年, 集很多数学家的工作之力, 人们对于法诺簇的 K-稳定性的代数几何理解取得了巨大进展. 在多种数学新思想的影响下, 尤其是和极小模型理论的深度结合, 该方向已发展成高维代数几何一个新的深刻的分支. 在接下来的文章中, 我们将会讨论该领域目前的三个基本方向: 在 3.2 节中我们将会讨论使用极小模型纲领的思想重新理解法诺簇 K-稳定性概念的一系列结果. 这一部分工作和丘-田-Donaldson 猜想有着密切的联系. 在 3.3 节中, 我们会讨论利用 K-稳定性来构造参数化法诺簇的紧模空间的理论. 在 3.4 节中, 我们会讨论使用新近的理论, 验明新的 K-稳定法诺簇的很多例子.

致谢   感谢付保华教授和席南华教授邀请作者做数学所讲座, 这也成为此文写作的动机, 也感谢付保华教授阅读初稿, 提出宝贵的修改意见.

3.2 法诺簇的 K-稳定性理论

这一节我们将讨论法诺簇的 K-稳定性的定义. 我们将不使用田刚和 Donaldson 在 [16], [51] 中的原初定义, 而改用从赋值角度发展出来的新定义. 新定义与原定义等价, 这在一系列工作中被证明.

令 X 为一个 n 维法诺流形 (或者更一般的 klt (见 [23]) 法诺簇, 称为 $\mathbb{Q}$-法诺簇), E 为 X 上一个除子赋值. 令 $A_X(E)$ 为其对数差异 (log discrepancy) 值. 以下由 [19], [26] 引入的不变量是我们文章讨论的核心概念:

$$\beta_X(E) = (-K_X)^n A_X(E) - \int_0^\infty \mathrm{vol}(\mu^*(-K_X) - tE)\, dt$$

其中双有理射影正则 (normal) 模型 $\mu : Y \to X$ 包含 E 作为其上的除子. β-不变量的重要性可以从下面结论中看出.

定义-定理 3.2.1 (K-稳定性的赋值准则)　令 X 是一个 $\mathbb{Q}$-法诺簇, 则 X

(1) K-半稳定当且仅当对任意除子赋值 E, 我们有 $\beta_X(E) \geqslant 0$;

(2) K-稳定当且仅当对任意除子赋值 E, 我们有 $\beta_X(E) > 0$.

证明　在 [19], [26] 中证明了 (1), 并证明了 K-稳定等价于一类特殊除子满足 $\beta_X(E) > 0$. 在 [10] 中, 我们去掉了 [19], [26] 对除子的限制, 由此得到完整的 (2).

评论 3.2.2　在 [16], [51] 的原始定义中, 需要考虑对 X 的所有嵌入 $|-rK_X|$: $X \to \mathbb{P}$ (所有充分可除 r), 任意单参数子群 $\mathbb{G}_m \subset \mathrm{Aut}(\mathbb{P})$ 作用下的退化 $(\mathcal{X}, \mathcal{L})$, 并计算其上广义 Futaki-不变量 $\mathrm{Fut}(\mathcal{X}, \mathcal{L})$ 的正负号. 这是 $X \times \mathbb{A}^1$ 上的 $\mathbb{G}_m$-等变双有理几何. 而在新的定义中, 我们只考虑 X 上所有赋值, 因此这是 X 本身的双有理几何. 这种变化, 使得很多概念和计算变得更加简单.

这两种定义的等价性的证明来源于以下观点: 在 [34] 中, 我们证明为验证法诺簇的各种 K-稳定性概念, 我们只需要考虑一类特殊的等变退化, 称为特殊退化 (special degeneration) 上 $\mathrm{Fut}(\mathcal{X}, \mathcal{L})$ 的正负号.

从一个特殊退化 $\mathcal{X} \to \mathbb{A}^1$ 出发, 它的 0 上的纤维 X_0, 给出一个函数域 $k(X \times \mathbb{A}^1)$ 上赋值. 把这个赋值限制在 $k(X) \subset k(X \times \mathbb{A}^1)$ 上, 我们得到 X 的函数域 $k(X)$ 上一个赋值 $c \cdot \mathrm{ord}_E$ ([6]). 容易计算出在 [16], [51] 中用来判别 K-稳定性的 $\mathrm{Fut}(\mathcal{X}, \mathcal{L})$ 和 $c \cdot \beta_X(E)$, 只差一个 (正) 常数倍.

要完成证明, 我们还需要证明对于验证一般 $\beta_X(E)$ 的符号, 我们仅需要验证由特殊退化诱导的所有 E. 在 [19], [26] 证明中借助了丁-不变量和丁-稳定性. 之后 [35], 利用文献 [26], [27] 中发展的对锥奇点的正规化体积极小化问题和锥奇点的基的法诺簇 K-稳定性的关系, 给出了一个不同证明.

受 β-不变量的启发, 我们也可以考虑

$$\delta_X(E) =_{\mathrm{defn}} \frac{(-K_X)^n \cdot A_X(E)}{\displaystyle\int_0^\infty \mathrm{vol}(-K_X - tE)dt} \tag{3.2.1}$$

定义 3.2.3[8,20]　令 X 是一个 $\mathbb{Q}$-法诺簇, 我们定义 X 的稳定阈值为

$$\delta(X) := \inf_E \delta_X(E)$$

这里 E 取遍所有 X 上除子赋值.

评论 3.2.4　在 [14] 中证明了当 X 光滑时, $\delta(X)$ 等于一个微分几何量: 极大 Ricci 曲率下界 (见 [48]).

实际上(3.2.1)的分子、分母可以同时延拓到整个赋值空间 $\mathrm{Val}(X)$ 上, 因此我们可以对任意 $v \in \mathrm{Val}(X)$ 定义

$$\delta_X(v) =_{\mathrm{defn}} \frac{(-K_X)^n \cdot A_X(v)}{\displaystyle\int_0^\infty \mathrm{vol}(\mathcal{F}_v^t)dt}$$

其中 $A_X(v)$ 由 [39] 给出, $\mathcal{F}_v$ 是由 $R := \bigoplus_m H^0(-mK_X)$ 中截影在 v 上赋值生成的滤链, 而 $\mathrm{vol}(\mathcal{F}_v^t)$ 是 $\mathcal{F}_v$ 对应的 Duistermaat-Heckman 测度的体积. 我们明显地可以看到对任意 $\lambda > 0$, 我们有 $\delta(v) = \delta(\lambda \cdot v)$.

评论 3.2.5[8] 证明了 $\delta(X) := \inf_v \delta_X(v)$, 并且证明了 $\delta(X)$ 总是被一个赋值取到. 这样的赋值有什么几何性质是建立完整 K-稳定性理论的一个关键问题. 在 [9] 中, 我们证明了, 如果 $\delta(X) \leqslant 1$, 那么 $\delta(X)$ 总是被一个拟单项式 (quasi-monomial) 赋值取到.

猜想 3.2.6 如果 $\delta(X) \leqslant 1$, 那么 $\delta(X)$ 总是被一个除子赋值取到.[①]

上述猜想的重要性可以从下述事实中看见: 我们可以定义 X 为一致 K-稳定, 如果 $\delta(X) > 1$ (这与原来 [6] 中定义的等价性由 [8], [19] 得到). 在 [5], [31] 中, 人们已经证明一个 $\mathrm{Aut}(X)$ 为有限群的 (可带有奇点的) 法诺簇 X, 其上有 KE 度量, 当且仅当 X 是一致 K-稳定. 如果猜想 3.2.6 成立, 则我们知道对一个 K-稳定的法诺簇 X, 因为对所有除子 E 有 $\delta_X(E) > 1$, 猜想 3.2.6 推出 $\delta(X) > 1$, 即 X 是一致 K-稳定的. 结合上述 [5], [31] 的工作, 我们就可以得到当自同构群 $\mathrm{Aut}(X)$ 有限时, 包含奇异情形的整个 Y-T-D 猜想!

评论 3.2.7 对于 $\mathrm{Aut}(X)$ 不是有限的情形, [21] 的工作可以被用来定义此情形下合理的 "一致 K-稳定性", 称为约化一致 K-稳定性. 在 [28] 中, 李驰证明了一般的法诺簇 X 上有 KE 度量, 当且仅当 X 是约化一致 K-稳定.

类似地, 我们猜想一个法诺簇 X 是 K-重稳定 (poly stable), 当且仅当 X 是约化一致 K-稳定. 此时我们可以定义一个约化 δ-不变量, 并且考虑猜想 3.2.6 类似的问题. 具体见 [54].

3.3 法诺簇的 K-模空间

模空间是代数几何的基本工具. 当 X 第一陈类为负, 即 K_X 是正的时候, KSB (Kollár-Shephard-Barron) 理论成功地构造出紧模空间, 使得模空间上的点对应 K_X 充沛 (ample), 并只有半对数典范 (semi-log-canonical) 奇点的射影簇.

---

① 该猜想以及评论 3.2.7 里更一般的情形最近被刘雨晨、许晨阳与庄梓铨于合作 [38] 中解决.

$-K_X > 0$ 的情形与 $K_X > 0$ 为正的最大区别在于因为 $-mK_X(m > 0)$ 的截影一般不是双有理不变量. 因此考虑所有法诺簇 (甚至仅考虑法诺流形) 的函子不是可分的! 所以要得到一个好的模空间, 我们需要考虑更特殊的法诺簇. 长期以来如何自然选取一类法诺簇来构造模空间一直是困扰双有理几何学家的一个问题.

最近的一系列工作表明 K-稳定性为建立法诺簇的模空间提供了非常好的理论. 这也是 K-稳定性理论最吸引双有理几何学家的原因之一. 我们有如下主要定理.

定理 3.3.1 固定正有理数 V 和正常数 n.

(1) 所有维数为 n, 体积 $(-K_X)^n = V$ 的 K-半稳定法诺簇被一个有限型 Artin 叠 (stack) $\mathcal{M}_{n,V}^{\mathrm{kss}}$ 参数化;

(2) $\mathcal{M}_{n,V}^{\mathrm{kss}}$ 有一个可分好模空间 (good moduli space) $\mathcal{M}_{n,V}^{\mathrm{kss}} \to M_{n,V}^{\mathrm{kps}}$ 使得 $M_{n,V}^{\mathrm{kps}}$ 上的点一一对应 K-重稳定法诺簇.

该深刻定理是很多工作的综合. 我们在下面将做一个简要概述.

在 (1) 中, 关于 $\mathcal{M}_{n,V}^{\mathrm{kss}}$ 是有限型 Artin 叠的论断由三部分组成. 首先基于 [7] 里关于法诺簇有界性的工作, [22] 证明了所有体积 $(-K_X)^n = V$ 的 n 维 K-半稳定法诺簇是有界的, 即存在一个一致 N 使得 $|-NK_X|$ 给出 X 到射影空间的一个嵌入. 下一步, 考虑参数化有相同首项 Hilbert 多项式的代数簇的 Hilbert 空间, 这样的 Hilbert 空间是有限型的. 利用 KSB 模空间研究中发展出来的局部理论, 尤其是关于 Kollár 条件的工作 (见 [24]), 我们知道该 Hilbert 空间有一个典范子空间, 表示其中所有纤维是 $\mathbb{Q}$-法诺簇的族 (family). 最后在 [9], [53] 中, 我们证明了对于一族 $\mathbb{Q}$-法诺簇, 其纤维是 K-半稳定的部分构成一个开集. 由该 Hilbert 空间的有限型子空间在群 PGL 作用下的叠商 (stack quotient), 就构成 $\mathcal{M}_{n,V}^{\mathrm{kss}}$.

(2) 是关于可分好模空间的存在性. 在 [4] 中, 以 GIT 映射为原型的基础, Alper 提出了一个 Artin 叠的好模空间的概念. 一个 Artin 叠如果有好模空间, 则为我们了解这个 Artin 叠上的几何提供了很多信息.

特别地, 这样的好模空间上的点对应于原 Artin 叠上的 S-等价类, 并且一个整体商 Artin 叠如果有可分好模空间, 则任何一个 S-等价类当中有唯一的极小轨道 (在轨道闭包的包含关系下). 在法诺簇的 K-稳定性问题中, [32] 证明了每个 S-等价类存在唯一极小元素. 受该工作启发, 在 [10] 中, 我们证明了 K-半稳定法诺簇退化在 S-等价类下的唯一性. 其证明核心是一类分次环的有限生成性. 结合该工作, 在 [1] 中我们利用在 [3] 发展出的基本理论, 完成了可分好模空间 $\mathcal{M}_{n,V}^{\mathrm{kss}} \to M_{n,V}^{\mathrm{kps}}$ 的存在性的证明.

可分好模空间存在性的一个重要推论是对任意 K-重稳定的法诺簇, 其自同构群是约化的. 这是 Matsushima 定理 [41] 的一个奇异情形的推广, 并且是第一个纯代数证明.

下述问题是法诺簇 K-模空间一般理论里尚有待解决的问题中最重要的一个.

猜想 3.3.2   模空间 $M_{n,V}^{\mathrm{kps}}$ 是紧的.①

评论 3.3.3   猜想 3.2.6 和猜想 3.3.2 都可以从一类拟单项式赋值的伴随分次环的有限生成性得到. 一般情形下, 拟单项式赋值的有理秩可能大于 1. 这为双有理几何所集中研究的有限生成性提出了一类新的问题.

接下来我们讨论 $M_{n,V}^{\mathrm{kps}}$ 的射影性. [51] 定义了 CM-线从. 容易证明 CM-线从可以下降为 $M_{n,V}^{\mathrm{kps}}$ 上一个 $\mathbb{Q}$-线从 Λ_{CM}.

定理 3.3.4   对于任意一个紧子空间 $M \subset M_{n,V}^{\mathrm{kps}}$, 如果 M 上任意点对应的 K-重稳定的法诺簇是约化一致 K-稳定的, 则 $\Lambda_{\mathrm{CM}}|_M$ 是充沛的.

当假设所有法诺簇是一致 K-稳定时, [13] 中证明了上述定理. 在 [54] 中, 我们将 [13] 中一致稳定的假设推广到约化一致稳定, 从而包含了自同构群是无限群的部分. 实际上, 因为任意 K-重稳定法诺簇都猜想是约化一致稳定 (见评论 3.2.7) 并且整个模空间 $M_{n,V}^{\mathrm{kps}}$ 猜想是紧的 (猜想 3.3.2), 定理 3.3.4 预示 $M_{n,V}^{\mathrm{kps}}$ 是射影簇. 特别地, [54] 证明了参数化所有可光滑化的 K-重稳定法诺簇的紧模空间 (见 [33]) 是射影的.

3.4   显 式 例 子

对法诺簇 K-稳定性研究的一个重要方向是判断一个给定的法诺簇是不是 K-稳定. 我们将在这一节里讨论最新的一些关于具体法诺簇上 K-稳定性的研究. 这个方向的研究仍然处于初始阶段, 即存在许多法诺簇, 我们不能判断其是否 K-稳定.

3.4.1 $|-K_X|_{\mathbb{Q}}$ 的奇点不变量

一类证明 X 是 K-稳定的办法是证明 $\mathbb{Q}$-线性系 $|-K_X|_{\mathbb{Q}}$ 中的元素的奇点足够 "好". 田刚在 [49] 中著名的 α-不变量判断准则可以看成这方面最早的结果之一. 这里

$$\alpha(X) = \inf_{D}\{\mathrm{lct}(X, D) \mid D \in |-K_X|_{\mathbb{Q}}\}$$

在 [49] 中, 田刚给出一个法诺 K-稳定性的充分条件, 即如果一个 n 维法诺流形 X 满足 $\alpha(X) > \dfrac{n}{n+1}$, 则其是 K-稳定的. 这引发了很多关于法诺簇的 α-不变量的计算 (见 [11], [15] 等).

利用前面发展出来的关于 δ-不变量的理论, 我们可以证明很多新的法诺簇是 K-稳定的. 其中 δ-不变量可以看作对于 $|-K_X|_{\mathbb{Q}}$ 中基型 (basis type) 除子的对数

---

① 模空间 $M_{n,V}^{\mathrm{kps}}$ 的紧性和下面将要提到的射影性都在 [38] 中完全被解决.

典范阈值的下界

$$\delta(X) = \inf_D \{ \operatorname{lct}(X, D) \mid D \in |-K_X|_{\mathbb{Q}}, D \text{ 是基型} \}$$

(见 [8], [20]).

通过比较 $\alpha(X)$ 和 $\delta(X)$, Fujita 将田刚的结果推广到包含等号的情形下.

定理 3.4.1[18,49] 如果一个 $n(\geqslant 2)$ 维法诺流形 X 满足 $\alpha(X) \geqslant \dfrac{n}{n+1}$, 则 X 是 K-稳定的.

满足定理 3.4.1 的例子包括了 $\mathbb{P}^{n+1}$ 中所有光滑 $n+1$ 次光滑超曲面. 一个有意思的现象是, 如果我们考虑 X 有奇点的情形, 则 $\alpha(X) > \dfrac{n}{n+1}$ 仍然推出 X 是 K-稳定 (见 [43]), 但存在 $\alpha(X) = \dfrac{n}{n+1}$, X 只是严格 K-半稳定的例子 (见 [37]).

另外一类例子是双有理超刚性 (birationally superrigid) 法诺簇.

定理 3.4.2[47] 令 X 是一个双有理超刚性法诺簇, 如果 $\alpha(X) > \dfrac{1}{2}$, 则 X 是 K-稳定的.

这里双有理超刚性法诺簇是 Fano 从 20 世纪初就开始研究的一类非常特殊的法诺簇: 它只有唯一的 "简单" 双有理模型 (即森 (mori)-纤维空间).

3.4.2 模空间方法

另一种研究具体法诺簇上 K-稳定性的方法是利用法诺簇的紧模空间.

从一个已知 K-稳定的法诺流形 X 出发, 考虑它在一个单参数族下的退化. 根据 (可光滑化) 法诺簇模空间的紧可分性, 我们知道存在唯一 K-重稳定退化 X_0. 该 K-重稳定法诺簇 X_0 通常满足一些整体和局部约束. 其中一个整体约束是体积不变, 即 $(-K_X)^n = (-K_{X_0})^n$. 局部约束最强是下述结果: 刘雨晨在 [17] 的基础上证明了 X_0 上任意一点 $x \in X_0$ 的体积 (奇点局部体积定义见 [27]) 满足

$$\widehat{\operatorname{vol}}(x, X_0) \geqslant \frac{n^n}{(n+1)^n} (-K_{X_0})^n$$

当 $(-K_{X_0})^n$ 比较大的时候, 这给出关于奇点的很强约束, 又反过来给出 X_0 的很多约束. 这样的结果在 [40], [44] 构造所有曲面退化的时候已经被用到. 在最近的研究中我们将这样的方法推广到三维, 证明了如下定理.

定理 3.4.3[36] $\mathbb{P}^4$ 中三次超曲面是 K-(半, 重) 稳定, 当且仅当它是 GIT-(半, 重) 稳定.

另外一类情形是考虑对数法诺偶 (X, Δ). 此时我们可以通过变换 Δ 的系数得到模空间之间的 "穿墙" (wall crossing) 效应. [2] 系统地考虑了平面曲线 $(\mathbb{P}^2, tC)$

$\left(0 < t < \dfrac{3}{\deg(C)}\right)$ 的情形, 并完成了次数较低的所有可能的模空间的计算.

3.4.3 未知情形

目前还有很多法诺簇我们不知道是否 K-稳定. 例如下述问题:

猜想 3.4.4 $\mathbb{P}^{n+1}$ 中所有光滑法诺超曲面都是 K-稳定的.

对于上述问题, 尽管我们知道任意次数和维数的一般位置的光滑法诺超曲面总是 K-稳定的, 但对所有法诺超曲面, 我们现在仅完整地知道维数不超过 3, 或者次数极大 ($= n + 1$) 的情形 (以及次数为 1 或者 2 的简单情形). 其中特别有趣的是三次超曲面.

猜想 3.4.5 对任意 $n \geqslant 4$, $\mathbb{P}^{n+1}$ 中三次超曲面是 K-(半, 重) 稳定, 当且仅当它是 GIT-(半, 重) 稳定.

另外一个有趣的例子是

问题 3.4.6 考虑一个亏格不小于 2 的曲线 C, 并令 $L \in \mathrm{Pic}^d(C)$. 则参数化 C 上所有秩 r, 第一陈类为 L 的重稳定向量丛的法诺模空间是 K-稳定的.

我们已知法诺流形上如果有 KE 度量, 则它的切丛有埃尔米特-爱因斯坦 (Hermite-Einstein) 度量, 因此总是重稳定 (对于 $-K_X$). 一个有趣的问题是给出从法诺流形 K-重稳定到切丛重稳定的一个直接代数几何证明.

参 考 文 献

[1] Alper J, Blum H, Leistner D H, et al. Reductivity of the automorphism group of K-polystable Fano varieties. Invent. Math., 2020, 222(3): 995-1032.

[2] Ascher K, DeVleming K, Liu Y. Wall crossing for K-moduli spaces of plane curves. 2019.

[3] Alper J, Halpern-Leistner D, Heinloth J. Existence of moduli spaces for algebraic stacks. 2018.

[4] Alper J. Good moduli spaces for Artin stacks. Ann. Inst. Fourier (Grenoble), 2013, 63(6): 2349-2402.

[5] Berman R, Boucksom S, Jonsson M. A variational approach to the Yau-Tian-Donaldson conjecture. J. Amer. Math. Soc., 2018.

[6] Boucksom S, Hisamoto T, Jonsson M. Uniform K-stability, Duistermaat-Heckman measures and singularities of pairs. Ann. Inst. Fourier (Grenoble), 2017, 67(2): 743-841.

[7] Birkar C. Anti-pluricanonical systems on Fano varieties. Ann. Math., 2019, 190(2): 345-463.

[8] Blum H, Jonsson M. Thresholds, valuations, and K-stability. Adv. Math., 2020, 365: 107062, 57.

[9] Blum H, Liu L, Xu C. Openness of K-semistability for Fano varieties. 2019.

[10] Blum H, Xu C. Uniqueness of K-polystable degenerations of Fano varieties. Ann. Math., 2019, 190(2): 609-656.

[11] Cheltsov I V. Log canonical thresholds on hypersurfaces. Math. Sb., 2001, 192(8): 155-172 (Russian, with Russian summary); English Transl., Sb. Math., 2001, 192(7-8): 1241-1257.

[12] Chen X, Donaldson S, Sun S. Kähler-Einstein metrics on Fano manifolds. I: Approximation of metrics with cone singularities, II: Limits with cone angle less than 2π, III: Limits as cone angle approaches 2π and completion of the main proof. J. Amer. Math. Soc., 2015, 28(1): 183-197, 199-234, 235-278.

[13] Codogni G, Patakfalvi Z. Positivity of the CM line bundle for families of K-stable klt Fano varieties. Invent. Math., 2021, 223: 811-894.

[14] Cheltsov I A, Rubinstein Y A, Zhang K. Basis log canonical thresholds, local intersection estimates, and asymptotically log del Pezzo surfaces. Selecta Math. (N.S.), 2019, 25(2): 34, 36.

[15] Cheltsov I, Shramov C. Kähler-Einstein Fano threefolds of degree 22. 2018.

[16] Donaldson S K. Scalar curvature and stability of toric varieties. J. Differential Geom. 2002, 62(2): 289-349.

[17] Fujita K. Optimal bounds for the volumes of Kähler-Einstein Fano manifolds. Amer. J. Math., 2018, 140(2): 391-414.

[18] Fujita K. K-stability of Fano manifolds with not small alpha invariants. J. Inst. Math. Jussieu, 2019, 75: 519-530.

[19] Fujita K. A valuative criterion for uniform K-stability of $\mathbb{Q}$-Fano varieties. J. Reine Angew. Math., 2019, 75: 309-338.

[20] Fujita K, Odaka Y. On the K-stability of Fano varieties and anticanonical divisors. Tohoku Math. J., 2018, 70: 511-521.

[21] Hisamoto T. Stability and coercivity for toric polarizations. 2016.

[22] Jiang C. Boundedness of $\mathbb{Q}$-Fano varieties with degrees and alpha-invariants bounded from below. Ann. Sci. Éc. Norm. Supér, 2020, 53(4): 1235-1248.

[23] Kollár J, Mori S. Birational geometry of algebraic varieties. Cambridge Tracts in Mathematics, vol. 134. Cambridge: Cambridge University Press, 1998.

[24] Kollár J. Hulls and Husks. 2008.

[25] Kollár J. Singularities of the minimal model program. Cambridge Tracts in Mathematics, vol. 200. Cambridge: Cambridge University Press, 2013.

[26] Li C. K-semistability is equivariant volume minimization. Duke Math. J., 2017, 166(16): 3147-3218.

[27] Li C. Minimizing normalized volumes of valuations. Math. Zeit, 2018, 289: 491-513.

[28] Li C. On equivariantly uniform stability and Yau-Tian-Donaldson conjecture for singular Fano varieties. 2019.

[29] Liu Y. The volume of singular Kähler–Einstein Fano varieties. Compos. Math., 2018, 154: 1131-1158.

[30] Li C, Liu Y, Xu C Y. A guided tour to normalized volumes. Geometry Analysis, In Honor of Gang Tian's 60th Birthday, Progress in Mathematics, vol. 333. Cham: Birkhäuser/Springer, 2020: 167-219.

[31] Li C, Tian G, Wang F. The uniform version of Yau-Tian-Donaldson conjecture for singular Fano varieties. 2019.

[32] Li C, Wang X, Xu C Y. Algebraicity of the metric tangent cones and equivariant K-stability. J. Amer. Math. Soc., 2021, 34(4): 1175-1214.

[33] Chi L, Wang X, Xu C Y. On the proper moduli spaces of smoothable Kähler-Einstein Fano varieties. Duke Math. J., 2019, 168(8): 1387-1459.

[34] Chi L, Xu C Y. Special test configuration and K-stability of Fano varieties. Ann. Math., 2014, 180(1): 197-232.

[35] Chi L, Xu C Y. Stability of valuations and Kollár components. J. Eur. Math. Soc. (JEMS), 2020, 22(8): 2573-2627.

[36] Liu Y C, Xu C Y. K-stability of cubic threefolds. Duke Math. J. 2019, 168(11): 2029-2073.

[37] Liu Y C, Zhuang Z Q. On the sharpness of Tian's criterion for K-stability. Nagoya Math. J., 2022, 245: 41-73.

[38] Liu Y C, Xu C Y, Zhuang Z Q. Finite generation for valuations computing stability thresholds and applications to K-stability. 2021.

[39] Mustaţă M, Nicaise J. Weight functions on non-Archimedean analytic spaces and the Kontsevich-Soibelman skeleton. Algebr. Geom., 2015, 2(3): 365-404.

[40] Mabuchi T, Mukai S. Stability and Einstein-Kähler metric of a quartic del Pezzo surface. Einstein metrics and Yang-Mills connections (Sanda, 1990). Lecture Notes in Pure and Appl. Math., vol. 145. New York: Dekker, 1993: 133-160.

[41] Matsushima Y. Sur la structure du groupe d'homéomorphismes analytiques d'une certaine Variété Kählérienne. Nagoya Math. J., 1957, 11: 145-150.

[42] Odaka Y. The GIT stability of polarized varieties via discrepancy. Ann. Math., 2013, 177(2): 645-661.

[43] Odaka Y, Sano Y. Alpha invariant and K-stability of $\mathbb{Q}$-Fano varieties. Adv. Math., 2012, 229(5): 2818-2834.

[44] Odaka Y, Spotti C, Sun S. Compact moduli spaces of del Pezzo surfaces and Kähler-Einstein metrics. J. Differential Geom., 2016, 102(1): 127-172.

[45] Paul S T, Tian G. CM stability and the generalized Futaki invariant II. Astérisque, 2010, 328: 339-354.

[46] Ross J, Thomas R. A study of the Hilbert-Mumford criterion for the stability of projective varieties. J. Algebraic Geom., 2007, 16: 201-255.

[47] Stibitz C, Zhuang Z Q. K-stability of birationally superrigid Fano varieties. Compos. Math., 2019, 155(9): 1845-1852.

[48] Székelyhidi G. Greatest lower bounds on the Ricci curvature of Fano manifolds. Compos. Math., 2011, 147(1): 319-331.

[49] Tian G. On Kähler-Einstein metrics on certain Kähler manifolds with $C_1(M) > 0$. Invent. Math., 1987, 89(2): 225-246.

[50] Tian G. On Calabi's conjecture for complex surfaces with positive first Chern class. Invent. Math., 1990, 101(1): 101-172.

[51] Tian G. Kähler-Einstein metrics with positive scalar curvature. Invent. Math., 1997, 130: 1-37.

[52] Tian G. K-stability and Kähler-Einstein metrics. Comm. Pure Appl. Math., 2015, 68(7): 1085-1156.

[53] Xu C Y. A minimizing valuation is Quasi-monomial. Ann. Math., 2020, 191(3): 1003-1030.

[54] Xu C Y, Zhuang Z Q. On positivity of the CM line bundle on K-moduli spaces. Ann. Math., 2020, 192(3): 1005-1068.

完全非线性偏微分方程及相关的几何问题

关　波[①]

4.1　引　　言

本文是根据作者在中科院数学与系统科学研究院的一个报告整理的, 在内容上做了一些增减, 大致分为三个部分. 第一部分介绍偏微分方程在几何和分析中的应用的几个简单的例子, 第二部分介绍一些经典微分几何和复几何中出现的 Monge-Ampère 方程, 第三部分简单介绍一下黎曼流形上的一类完全非线性椭圆方程以及最近几年的一些结果.

借此机会诚挚感谢席南华院长和付保华、王友德、张立群、张晓等各位同仁和朋友的邀请和热情接待, 感谢演讲时在座的各位老师和同学们, 对王莉女士等在各方面提供的热情帮助表示衷心感谢.

4.2　偏微分方程在几何、分析中应用的例子

在这一部分我们一起来看一下偏微分方程在几何和分析中的应用的几个简单的例子, 希望能够通过这些例子展示偏微分方程和数学其他领域的互动关系以及背后的思想. 在这一部分我们尽可能给出比较详尽的证明, 使具有多元微积分基础的本科同学可以读懂, 同时我们希望这些证明能做到足够简洁, 这是我们在选择内容时所考虑的一个方面. 另一方面, 这些证明虽然不难理解, 但所用到的方法通常具有比较深刻的背景和思想, 希望能引起年轻学者进一步探索的兴趣, 这是我们在选择内容时所考虑的另一个方面. 文中所涉及的结果和证明方法显然不属于笔者本人, 在此我们不一一列举参考文献, 同时为了避免比较烦琐的细节, 我们也忽略了证明或结论的陈述中所需要的一些条件, 这些条件通常是某种正则性例如对函数连续性或光滑性的要求, 在行文中不再具体指出.

① 美国俄亥俄州立大学数学系.

4.2.1 等周不等式

在微分几何入门或者是微积分课程中, 我们一般会接触到一个优美简洁的几何不等式: 假设 C 是一条平面简单闭曲线, 则

$$4\pi A \leqslant L^2$$

其中等式成立当且仅当 C 是一个圆, 这里 L 和 A 分别表示 C 的长度和所包含的区域面积. 这就是经典的等周不等式, 它可以推广到高维的情形. 假设 Ω 是 n 维欧几里得空间 $\mathbb{R}^n$ 中的有界区域, $\partial\Omega$ 表示 Ω 的边界, 则

$$\omega_n |\Omega|^{n-1} \leqslant \frac{|\partial\Omega|^n}{n^n} \tag{4.2.1}$$

其中 ω_n 代表 $\mathbb{R}^n$ 中单位球的体积, 为方便起见, 我们用 $|\Omega|$ 和 $|\partial\Omega|$ 分别表示 Ω 的体积和 $\partial\Omega$ 的面积 (一般也统称为体积). 同样, (4.2.1)等式成立当且仅当 Ω 是 $\mathbb{R}^n$ 中的球体.

在历史上不同时期的数学家对等周不等式一直抱有浓厚的兴趣, 给出了多种多样的证明. 在这里我们向大家介绍一个基于偏微分方程方法的简短证明, 为简单起见假设 Ω 具有光滑边界.

让我们考虑如下的 Neumann 边值问题

$$\begin{cases} \Delta u = \alpha, & \text{在 } \Omega \text{ 中,} \\ \dfrac{\partial u}{\partial \nu} = 1, & \text{在 } \partial\Omega \text{ 上} \end{cases} \tag{4.2.2}$$

其中 ν 表示 $\partial\Omega$ 的单位外法向量, α 是某一个常数. 若问题(4.2.2)有解存在, 则由数学分析中的散度定理得到

$$\alpha|\Omega| = \int_\Omega \Delta u = \int_{\partial\Omega} \frac{\partial u}{\partial \nu} = |\partial\Omega| \tag{4.2.3}$$

由此可知

$$\alpha = \frac{|\partial\Omega|}{|\Omega|} \tag{4.2.4}$$

根据偏微分方程的基本理论, 这是问题(4.2.2)可解的充分必要条件, 所以 α 不能是一个任意的常数.

假设 u 代表(4.2.2)的解, 由偏微分方程解的正则性我们知道 u 是一个光滑函数, 因此我们可以把 u 的梯度 Du 看成是从 Ω 到 $\mathbb{R}^n$ 中的一个映射.

如果我们进一步假设 $Du : \Omega \to \mathbb{R}^n$ 是局部可逆的映射, 我们就得到 $\mathbb{R}^n$ 中的一个变量替换 $w = Du$, 它的 Jacobi 行列式是 $|\det D^2 u|$, 这里 $D^2 u$ 代表 u 的二阶偏导数矩阵. 利用这个变量替换我们可以得到

$$|Du(\Omega)| = \int_{Du(\Omega)} dw \leqslant \int_\Omega |\det D^2 u| dx$$

其中不等式是因为我们没有假设 $Du : \Omega \to \mathbb{R}^n$ 是一对一的映射.

我们知道 Δu 和 $\det D^2 u$ 分别等于 $D^2 u$ 的迹和特征值的乘积. 所以如果 u 是一个凸函数, 则由算术几何平均不等式得到

$$0 \leqslant \det D^2 u \leqslant \left(\frac{\Delta u}{n}\right)^n$$

再由(4.2.2)和(4.2.4)得出

$$\int_\Omega \det D^2 u \, dx \leqslant \int_\Omega \left(\frac{\Delta u}{n}\right)^n dx = \left(\frac{\alpha}{n}\right)^n |\Omega| = \frac{|\partial\Omega|^n}{n^n |\Omega|^{n-1}}$$

一般情形下(4.2.2)的解未必是凸函数, 所以以上的推理并不适用. 为了克服由此带来的困难, 我们引入分析中一个重要概念. 令

$$\Gamma_u^+ = \{x \in \Omega : u(y) \geqslant u(x) + Du(x) \cdot (y - x), \ \forall y \in \Omega\}$$

Γ_u^+ 称为 u 的下接触集. 从几何上来看, 不等式

$$u(y) \geqslant u(x) + Du(x) \cdot (y - x), \ \forall y \in \Omega$$

表明 u 的图完全位于在 $(x, u(x))$ 点的切平面之上; 我们称这样的切平面为 (整体) 支撑平面. Γ_u^+ 恰好由 Ω 中这样的点组成, 所以 Γ_u^+ 的几何意义简单明了. 和前面一样,

$$|Du(\Gamma_u^+)| \leqslant \int_{\Gamma_u^+} |\det D^2 u| dx \qquad (4.2.5)$$

假设 $x \in \Gamma_u^+$, 则函数

$$v(y) = u(y) - u(x) - Du(x) \cdot (y - x), \ y \in \Omega$$

在 x 取得最小值. 所以 $D^2 u$ 在 Γ_u^+ 的任意一点是半正定的, 说明在 Γ_u^+ 的点上我们可以应用算术几何平均不等式, 从而

$$|Du(\Gamma_u^+)| \leqslant \int_{\Gamma_u^+} \det D^2 u \, dx \leqslant \int_{\Gamma_u^+} \left(\frac{\Delta u}{n}\right)^n dx = \left(\frac{\alpha}{n}\right)^n |\Gamma_u^+| \leqslant \frac{|\partial\Omega|^n}{n^n |\Omega|^{n-1}}$$

下面我们只需证明 $Du(\Gamma_u^+)$ 包含 $\mathbb{R}^n$ 中的单位球 $B_1(0)$

$$B_1(0) \subset Du(\Gamma_u^+) \tag{4.2.6}$$

这个结论只依赖于(4.2.2)中的边界条件, 而与方程本身无关.

设 $a \in \mathbb{R}^n$, $|a| < 1$, 我们希望找到 $x \in \Gamma_u^+$ 满足 $Du(x) = a$. 首先, 我们回忆一下, 假如用 Σ_u 表示 u 的图

$$\Sigma_u = \{(x, u(x)) : x \in \Omega\} \subset \mathbb{R}^{n+1}$$

则 Σ_u 上每一点的切平面的单位法向量是

$$\eta = \frac{(-Du, 1)}{\sqrt{1 + |Du|^2}}$$

由此启发我们的证明思路. 首先考虑一个单位法向量为

$$\mu = \frac{(-a, 1)}{\sqrt{1 + |a|^2}}$$

的超平面 P, 通过平行移动我们可以假设 Σ_u 完全位于 P 的上方. 现在我们开始将 P 向上做平行移动 (仍记作 P), 直到 P 和 Σ_u 发生第一次接触. 我们需要排除接触点在 Σ_u 的边界上的可能性, 为此我们注意到在 Σ_u 的边界上

$$|Du| \geqslant u_\nu = 1$$

因此 μ 和 η 的第 $n+1$ 个分量满足

$$\eta^{n+1} = \frac{1}{\sqrt{1 + |Du|^2}} \leqslant \frac{1}{\sqrt{2}} < \frac{1}{\sqrt{1 + |a|^2}} = \mu^{n+1}$$

由此可知, P 是 Σ_u 在接触点的切平面, 因为显然 Σ_u 整体位于 P 的一侧. 这就证明了存在 $x \in \Gamma_u^+$ 满足 $Du(x) = a$, 从而完成了等周不等式(4.2.1)的证明.

以上证明的后半部分完全是几何的思想和方法, 这是偏微分方程中比较常见的现象, 希望通过这个例子使我们能够有所体会.

4.2.2 Alexandrov 极大值原理

类似的方法可以用来证明偏微分方程理论中至关重要的 Alexandrov 极大值原理. 这里我们考虑一个简单的情况.

设 Ω 为 n 维欧几里得空间 $\mathbb{R}^n$ 中的有界区域, R 表示 Ω 的直径, 即能够包含 Ω 的最小的球的直径. 设 $u \in C^{1,1}(\Omega) \cap C(\overline{\Omega})$, 令

$$M = \frac{\sup\limits_{\Omega} u - \sup\limits_{\partial\Omega} u}{R}$$

类似于(4.2.6), 我们可以证明

$$B_M(0) \subset Du(\Gamma^+_{-u}) \tag{4.2.7}$$

为此假设 u 在 $x_0 \in \Omega$ 取得最大值

$$u(x_0) = \sup_\Omega u$$

设 $a \in \mathbb{R}^n$, $|a| < 1$, 考虑 $\mathbb{R}^{n+1}$ 中经过点 $(x_0, -u(x_0))$, 单位法向量为

$$\mu = \frac{(-a, 1)}{\sqrt{1 + |a|^2}}$$

的超平面 P. 可知在 Ω 的边界上 $-u$ 的图 Σ_{-u} 位于 P 的上方, 因此我们可以通过向下平移 P 得到 Σ_{-u} 的一个整体支撑平面, 从而证明 $a \in Du(\Gamma^+_{-u})$. 结合(4.2.7)和(4.2.5)得到

$$\sup_\Omega u \leqslant \sup_{\partial\Omega} u + \frac{R}{\omega_n^{\frac{1}{n}}} \Big(\int_{\Gamma^+_{-u}} \det(-D^2 u) dx \Big)^{\frac{1}{n}} \tag{4.2.8}$$

这是 Alexandrov 极大值原理的出发点. 若我们进一步假设 u 满足

$$\sum_{i,j=1}^n a^{ij}(x) u_{x_i x_j} \geqslant f(x), \quad x \in \Omega \tag{4.2.9}$$

其中 $\{a^{ij}(x)\}$ 是正定对称矩阵, 则在 Γ^+_{-u} 上,

$$\det a^{ij} \det(-D^2 u) \leqslant \Big(\frac{f^-}{n} \Big)^n, \quad f^- = \max\{-f, 0\}$$

因此

$$\sup_\Omega u \leqslant \sup_{\partial\Omega} u + \frac{R}{n\omega_n^{\frac{1}{n}}} \Big(\int_\Omega \frac{|f^-|^n}{\det a^{ij}} dx \Big)^{\frac{1}{n}} \tag{4.2.10}$$

这是 Alexandrov 极大值原理的最简单形式, 和传统的极大值原理相比, 它不需要假设方程是一致椭圆的, 而只依赖 $(\det a^{ij})^{-1}$. 特别若 $f \geqslant 0$, 则

$$\sup_\Omega u \leqslant \sup_{\partial\Omega} u$$

4.2.3 Sobolev 不等式和 Monge-Ampère 方程

我们下面应用 Alexandrov 极大值原理(4.2.8)和 Monge-Ampère 方程来证明大家熟知的 Sobolev 不等式: 设 $f \in W_0^{1,p}(\Omega)$, $1 \leqslant p < n$, 则

$$|f|_{L^{\frac{np}{n-p}}(\Omega)} \equiv \left(\int_\Omega |f|^{\frac{np}{n-p}} dx \right)^{\frac{n-p}{np}} \leqslant C \left(\int_\Omega |Df|^p dx \right)^{\frac{1}{p}} \tag{4.2.11}$$

其中 C 是一个只依赖于 n 的常数.

我们只需证明 $p = 1$ 的情况, 一般情形可以由此导出. 不妨设 $f \in C_0^1(\Omega)$, 取 R 及 S 充分大, 使得 $\Omega \subset B_S \subset B_R = B_R(0)$, 考虑 Monge-Ampère 方程的 Dirichlet 问题

$$
\begin{cases}
\det D^2 u = a^{-1}|f|^{\frac{n}{n-1}}, & \text{在 } B_R \text{ 上}, \\
u = 0, & \text{在 } \partial B_R \text{ 上},
\end{cases}
\quad \text{其中 } a = \int_\Omega |f|^{\frac{n}{n-1}} dx \quad (4.2.12)
$$

由 Monge-Ampère 方程的理论, 我们知道问题(4.2.12)有唯一的凸解. 应用(4.2.8)我们得到

$$
0 \leqslant -\inf_\Omega u \leqslant \frac{R}{\omega_n^{1/n}} \left(\int_\Omega \det D^2 u \, dx \right)^{\frac{1}{n}} = \frac{R}{\omega_n^{1/n}} \quad (4.2.13)
$$

另一方面, 由 $\Delta u \geqslant n(\det D^2 u)^{\frac{1}{n}}$ 及(4.2.12)中的方程得到

$$
\int_\Omega |f|^{\frac{n}{n-1}} dx \leqslant \frac{a^{\frac{1}{n}}}{n} \int_\Omega |f| \Delta u \, dx \leqslant \frac{a^{\frac{1}{n}}}{n} \int_\Omega |Df||Du| dx \leqslant \frac{a^{\frac{1}{n}}}{n} \sup_\Omega |Du| \int_\Omega |Df| dx
$$

即

$$
\left(\int_\Omega |f|^{\frac{n}{n-1}} dx \right)^{\frac{n-1}{n}} \leqslant \frac{1}{n} \sup_\Omega |Du| \int_\Omega |Df| dx \quad (4.2.14)
$$

最后我们需要关于凸函数的一个初等性质,

$$
\sup_\Omega |Du| \leqslant \frac{-\inf_\Omega u}{R - S} \quad (4.2.15)
$$

结合(4.2.13)—(4.2.15)可以得到

$$
\left(\int_\Omega |f|^{\frac{n}{n-1}} dx \right)^{\frac{n-1}{n}} \leqslant \frac{R}{(R - S)n\omega_n^{1/n}} \int_\Omega |Df| dx
$$

令 $R \to +\infty$ 即得

$$
\left(\int_\Omega |f|^{\frac{n}{n-1}} dx \right)^{\frac{n-1}{n}} \leqslant \frac{1}{n\omega_n^{1/n}} \int_\Omega |Df| dx \quad (4.2.16)
$$

上述不等式中的常数是最优的, 称为 Sobolev 不等式最优常数, 是由 Federer 和 Fleming 在 1960 年发表的著名论文 [6] 中得到的, 以上的证明方法直接给出了这一最优结果 (这个证明我是从老师 Joel Spruck 那里学到的). 比较(4.2.16)和(4.2.1), 我们看到两个不等式的最优常数是一致的, 事实上两者是等价的, 这一结论也是由 Federer 和 Fleming[6] 最先证明的, 其后的文献中有很多不同的证明和讨论.

运用偏微分方程证明几何和分析中的不等式有时是非常有效的方法, 是一个值得关注的方向.

4.2.4　常平均曲率闭曲面和 Alexandrov 定理

下面我们考虑另一个与等周不等式关系密切的问题: 在 3 维欧几里得空间 $\mathbb{R}^3$ 中所有包含相等体积的闭曲面之中, 是否存在一个表面积最小的曲面? 如果存在, 这样的闭曲面应该是什么样子?

我们可以在任意维空间考虑同样的问题. 在开始回答这个问题之前, 我们首先引入一些记号. 假设 $\Sigma = \Sigma^n$ 是 $\mathbb{R}^{n+1}$ 中的一个超曲面, 这里 n 是一个正整数, 我们用 $\text{Encl}(\Sigma)$ 表示 Σ 所包含的区域, $|\Sigma|$ 和 $|\text{Encl}(\Sigma)|$ 分别表示 Σ 的面积 (也经常称为体积) 和 $\text{Encl}(\Sigma)$ 的体积. 例如 n 维单位球面

$$\mathbb{S}^n = \{x \in \mathbb{R}^{n+1} : |x| = 1\}$$

是 $\mathbb{R}^{n+1}$ 中的一个超曲面, 它包含的区域

$$\text{Encl}(\mathbb{S}^n) = B_1 = \{x \in \mathbb{R}^{n+1} : |x| < 1\}$$

是 $n+1$ 维单位球.

我们用 $\mathcal{C}$ 表示 $\mathbb{R}^{n+1}$ 中闭超曲面的全体,

$$\mathcal{C}_K = \{\Sigma \in \mathcal{C} : |\text{Encl}(\Sigma)| = K\}$$

这里 K 是一个正常数. 显然 $\mathcal{C}_K$ 是一个非空的集合, 因为我们可以找到一个体积为 K 的球.

有了这些记号我们可以把上面的问题用变分的方法简单描述出来. 假如 Σ 是 $\mathcal{C}_K$ 中的一个面积最小的曲面, 我们考虑 $\mathcal{C}_K$ 中一族超曲面

$$\{\Sigma^t \in \mathcal{C}_K : |t| < \varepsilon, \ \Sigma^0 = \Sigma\}$$

由于 Σ 在 $\mathcal{C}_K$ 中面积最小, $|\Sigma^t|$ 在 $t = 0$ 时有最小值, 所以

$$\frac{d}{dt}|\Sigma^t|\Big|_{t=0} = 0 \tag{4.2.17}$$

以上我们用到的是变分法的基本思想. 下面我们要把这个表达式进一步局部化, 就是找出它的局部表达形式, 从而引出相对应的偏微分方程.

设 Ω 是 $\mathbb{R}^n$ 中的一个区域, u 是定义在 Ω 上一个函数. 我们用 Σ_u 表示 u 的图

$$\Sigma_u = \{(x, u(x)) : x \in \Omega\}$$

Σ_u 的面积为

$$|\Sigma_u| = \int_\Omega \sqrt{1 + |Du|^2}dx \tag{4.2.18}$$

我们需要对 u 增加一些限制, 首先 u 在 Ω 的边界 $\partial\Omega$ 上的值是一个预先给定的函数 φ, 我们用 $\mathcal{A}_\varphi$ 表示这样的函数的集合; 其次

$$\int_\Omega u dx = K_0 \qquad (4.2.19)$$

是一个给定的常数. 显然, 原来的问题在局部上等价于面积泛函(4.2.18)在限制条件(4.2.19)下的极小问题.

和微积分中的相对极值问题非常类似, 我们可以应用 Lagrange 乘数法将以上问题转化为绝对极值问题, 考虑以下泛函

$$I(w, \lambda) = \int_\Omega \sqrt{1 + |Dw|^2} dx + \lambda \Big[\int_\Omega w dx - K_0 \Big] \qquad (4.2.20)$$

假设 $u \in \mathcal{A}_\varphi$, $\lambda_0 \in \mathbb{R}$ 满足

$$I(u, \lambda_0) \leqslant I(w, \lambda), \ \ \forall\, w \in \mathcal{A}_\varphi,\ \lambda \in \mathbb{R}$$

即

$$I(u, \lambda_0) = \min_{w \in \mathcal{A}_\varphi,\ \lambda \in \mathbb{R}} I(w, \lambda)$$

设 v 是 Ω 上一个函数, $v_{\partial\Omega} = 0$, 即 v 在 Ω 的边界为上 0, 显然 $u^t = u + tv \in \mathcal{A}_\varphi$, 故

$$I(u^0, \lambda_0) \leqslant I(u^t, \lambda), \ \ \forall\, t, \lambda \qquad (4.2.21)$$

所以

$$\frac{\partial}{\partial t} I(u^t, \lambda_0)\Big|_{t=0} = 0, \quad \frac{\partial}{\partial \lambda} I(u, \lambda)\Big|_{\lambda=0} = 0 \qquad (4.2.22)$$

第二个等式与 (4.2.19) 等价. 因为 v 在 Ω 的边界为上 0, 应用散度定理我们得到

$$\frac{\partial}{\partial t} I(u^t, \lambda) = \int_\Omega \frac{Du^t \cdot Dv}{\sqrt{1 + |Du^t|^2}} dx + \lambda \int_\Omega v dx$$

$$= - \int_\Omega v \operatorname{div}\Big(\frac{Du^t}{\sqrt{1 + |Du^t|^2}}\Big) dx + \lambda \int_\Omega v dx \qquad (4.2.23)$$

当 $t = 0$ 时, 由(4.2.22)得到

$$\int_\Omega \Big[\operatorname{div}\Big(\frac{Du}{\sqrt{1 + |Du|^2}}\Big) dx - \lambda_0 \Big] v dx = 0 \qquad (4.2.24)$$

最后, 由 v 的任意性可知 u 满足如下二阶拟线性偏微分方程

$$\mathrm{div}\Big(\frac{Du}{\sqrt{1+|Du|^2}}\Big) = \lambda_0 \tag{4.2.25}$$

这是一个散度型方程, 称为(4.2.20)的变分问题的 Euler-Lagrange 方程. 由散度定义

$$\mathrm{div}\Big(\frac{Du}{\sqrt{1+|Du|^2}}\Big) = \sum_{i=1}^{n} \frac{\partial}{\partial x_i}\Big(\frac{u_{x_i}}{\sqrt{1+|Du|^2}}\Big)$$

$$= \sum_{i,j=1}^{n}\Big(\delta_{ij} - \frac{u_{x_i}u_{x_j}}{1+|Du|^2}\Big)\frac{u_{x_ix_j}}{\sqrt{1+|Du|^2}}$$

作为一个对称矩阵,

$$g^{ij} := \delta_{ij} - \frac{u_{x_i}u_{x_j}}{1+|Du|^2}$$

是正定的, 因此方程(4.2.25)是二阶椭圆型方程.

在微分几何中,

$$H[\Sigma_u] = \mathrm{div}\Big(\frac{Du}{\sqrt{1+|Du|^2}}\Big)$$

称为 Σ_u 的平均曲率, 是微分几何中的一个重要概念. 由(4.2.25)可知 $\mathcal{C}_K$ 中具有最小面积的曲面, 其平均曲率必定是常数.

微分几何中著名的 Alexandrov 定理可以叙述如下: $\mathbb{R}^{n+1}$ 中一个平均曲率为常数的嵌入闭超曲面必定是球面. 所谓嵌入超曲面是指没有自相交的曲面. 可以证明 $\mathcal{C}_K$ 中具有最小面积的曲面必是嵌入超曲面, 因此由 Alexandrov 定理可知一定是球面.

(1) Alexandrov 反射原理. 下面我们希望介绍 Alexandrov 定理的一个证明方法, 称为平面移动法或者 Alexandrov 反射原理, 这是偏微分方程和几何分析中一个常用的方法和非常有力的工具. 假设 Σ 是 $\mathbb{R}^{n+1}$ 中一个平均曲率为常数的嵌入闭超曲面.

(2) 首先取一个与 Σ 完全不相交的水平超平面 P, 不妨假设 P 位于 Σ 下方. 然后将 P 向上做平行移动, 直到和 Σ 相交. 我们将处于这个位置的水平超平面记为 P_0. 这和我们前面已经见到的情形完全一样.

(3) 我们继续将 P 向上做平行移动, 并用 P_t 记到 P_0 的距离为 t 的水平超平面, 同时用 Σ_t^+ 和 Σ_t^- 分别表示 Σ 在 P_t 以上的部分, 以及在 P_t 以下的部分 (关于 P_t) 的反射. 所以 Σ_t^+ 和 Σ_t^- 都位于 P_t 的上方.

(4) 当 $t > 0$ 小的时候, Σ_t^- 是 P_t 上一个函数的图, 并且位于 Σ_t^+ 的下方.

我们继续向上移动水平超平面直到下面的情形发生: (i) Σ_t^+ 和 Σ_t^- 在一个内点 (不在 P_t 上) 发生接触, 或者 (ii) Σ_t^+ 和 Σ_t^- 在一个边界点 (在 P_t 上) 处相切; 这时 Σ 在这一点处的切平面与 P_t 垂直.

Σ_t^- 和 Σ_t^+ 是两个具有相同常平均曲率的超曲面, 并且 Σ_t^- 始终位于 Σ_t^+ 的一侧, 因此在以上任一种情形, 两者完全重合, 这是二阶椭圆偏微分方程理论中的极大值原理和 Hopf 引理的推论, 也是微分几何里经常用到的事实.

因此我们知道 Σ 关于某一个水平平面是对称的, 但以上的证明对任意方向都适用, 所以 Σ 必定是球面.

对于没有接触过偏微分方程的读者, 以上的方法可以通过平面闭曲线的情形来了解. 事实上平面上曲率为常数的曲线局部上满足二阶常微分方程

$$f'' = K(1 + f'^2)^{\frac{3}{2}}$$

因而由常微分方程初始值问题解的唯一性可知过平面上任何一点两条相切且具有相同曲率的曲线必定重合.

自 James Serrin[13] 和 Gidas-Ni-Nirenberg[7] 20 世纪 70 年代的著名工作之后, 平面移动法得到广泛的应用和深入发展, 是几何分析和偏微分方程中极其重要的工具.

4.3　几何问题中 Monge-Ampère 方程及其推广

Monge-Ampère 方程在完全非线性偏微分方程理论发展和几何问题中都有非常重要的作用. 限于时间/篇幅我们在这里只简单介绍几个经典的例子.

在一个 n 维黎曼流形 (M^n, g) 上, 最基本的 Monge-Ampère 方程具有以下形式

$$\det(\nabla^2 u + \chi) = \psi \det g \tag{4.3.1}$$

其中 χ 是 (M^n, g) 上的 $(0, 2)$ 张量, 在应用问题中 χ 也可能依赖 u 及其梯度 ∇u. 在局部坐标系下, 假设

$$g = g_{ij} dx_i dx_j, \quad \chi = \chi_{ij} dx_i dx_j \tag{4.3.2}$$

Monge-Ampère 方程可以写成

$$\det(\nabla_{ij} u + \chi_{ij}) = \psi \det(g_{ij}) \tag{4.3.3}$$

类似地, 在一个 n 维 Hermitian 流形 (M^n, ω) 上的复 Monge-Ampère 方程经常表述为

$$(\sqrt{-1}\partial\bar{\partial} u + \chi)^n = \psi \omega^n \tag{4.3.4}$$

其中 χ 是实的 $(1,1)$ 形式. 在局部坐标系 $z=(z_1,\cdots,z_n)$ 下, 假设

$$\omega=\sqrt{-1}g_{i\bar{j}}dz_i\wedge d\bar{z}_j,\quad \chi=\sqrt{-1}\chi_{i\bar{j}}dz_i\wedge d\bar{z}_j \tag{4.3.5}$$

方程(4.3.4)可以写成

$$\det\left(\chi_{i\bar{j}}+\frac{\partial^2 u}{\partial z_i\partial\bar{z}_j}\right)=\psi\det(g_{i\bar{j}})$$

4.3.1　Minkowski 问题

假设 Σ 是 $\mathbb{R}^{n+1}$ 中的一个闭曲面, 令 ν 表示 Σ 的单位外法向量, 由此我们可以引入一个从 Σ 到 $\mathbb{R}^{n+1}$ 中的单位球面 $\mathbb{S}^n$ 的映射

$$G:\Sigma\to\mathbb{S}^n,\ y\to\nu(y)$$

称为高斯映射. 若 Σ 是严格凸的, 则 $:\Sigma\to\mathbb{S}^n$ 是同胚映射, 因此通过逆高斯映射我们得到 Σ 的一个整体参数化表示 $G^{-1}:\mathbb{S}^n\to\Sigma$. 不妨假设 $\mathbb{R}^{n+1}$ 的原点包含在 Σ 的内部, 定义

$$u(x)=G^{-1}(x)\cdot x,\ x\in\mathbb{S}^n$$

即 $u(x)$ 是 Σ 在 $G^{-1}(x)$ 点的切平面到原点的距离, 称为 Σ 的支撑 (supporting) 函数. 事实上 Σ 可以由它的支撑函数完全确定

$$G^{-1}(x)=u(x)x+\nabla u(x),\ x\in\mathbb{S}^n \tag{4.3.6}$$

而 Σ 的高斯曲率为

$$K(G^{-1}(x))=\frac{1}{\det(\nabla^2 u+ug_0)},\ x\in\mathbb{S}^n \tag{4.3.7}$$

其中 g_0 代表 $\mathbb{S}^n$ 的标准度量, ∇u 和 $\nabla^2 u$ 分别表示 u(关于 g_0) 的梯度和二阶协变导数张量, $\nabla^2 u$ 通常称为 u 的 Hessian.

1903 年 Minkowski 提出如下的问题: 给定 $\mathbb{S}^n$ 上的一个正函数 ψ, 是否存在 $\mathbb{R}^{n+1}$ 中的一个严格凸的闭曲面 Σ 满足

$$K(G^{-1}(x))=\psi(x),\ \forall\,x\in\mathbb{S}^n? \tag{4.3.8}$$

这就是著名的 Minkowski 问题.

Minkowski 问题等价于求解 $\mathbb{S}^n$ 上的 Monge-Ampère 方程

$$\det(\nabla^2 u+ug_0)=\frac{1}{\psi} \tag{4.3.9}$$

的问题. 事实上假设 u 是(4.3.9)的解, 我们可以通过(4.3.6)得到一个严格凸的闭曲面 Σ 满足(4.3.8).

高斯曲率满足

$$K\, d\mu_g = d\mu_{g_0}$$

其中 $d\mu_g$ 表示 Σ 的体积元; 类似地, $d\mu_{g_0}$ 是 $\mathbb{S}^n$ 的体积元. 由散度定理可知

$$\int_{\mathbb{S}^n} \frac{x}{K(G^{-1}(x))}\, d\mu_{g_0} = \int_{\Sigma} \nu\, d\mu_g = 0$$

因此, Minkowski 问题有解的一个必要条件是

$$\int_{\mathbb{S}^n} \frac{x}{\psi(x)}\, d\mu_{g_0} = 0 \tag{4.3.10}$$

Minkowski 问题曾经对 Monge-Ampère 方程以及一般的完全非线性偏微分方程理论的发展产生过深远影响. 20 世纪 50 年代初 Nirenberg 和 Pogorelov 独立解决了二维 Minkowski 问题, 高维的情况由 Pogorelov 和 Cheng-Yau 在 20 世纪 70 年代解决. Nirenberg 和 Cheng-Yau 用连续性方法证明方程(4.3.9)在假设(4.3.10)的条件下可解, Pogorelov 则证明了 Alexandrov 弱解实际上是光滑的. 在他们的工作之前 Hans Lewy 于 1938 年解决了 ψ 是解析函数的情形. 因而(4.3.10)是 Minkowski 问题可解的充分必要条件, 这是一个深刻的结论.

4.3.2 Alexandrov-Chern Minkowski 问题

Minkowski 问题有许多不同方向的推广, 其中大部分可以归结为更为复杂的 Monge-Ampère 方程, 下面我们简单介绍 Minkowski 问题在一个方面的拓展, 它们对应更一般的完全非线性方程, 这是由 Alexandrov 和陈省身先生在 1955 年前后各自独立提出的.

设 Σ^n 是 $\mathbb{R}^{n+1}$ 中的超平面, X 和 Y 是 Σ^n 上的光滑向量场, Σ^n 的诱导度量 g 由

$$g(X, Y) = X \cdot Y$$

定义, 即 $X \cdot Y$ 是作为 $\mathbb{R}^{n+1}$ 中向量的内积. 在 Σ^n 上的每一点, Y 在 $\mathbb{R}^{n+1}$ 中的方向导数 $D_X Y$ 有唯一的分解

$$D_X Y = \nabla_X Y + II(X, Y)$$

其中 $\nabla_X Y$ 是 $D_X Y$ 在 Σ 的切平面中的分量, 而 $II(X, Y)$ 是 $D_X Y$ 法向分量, 可知

$$II(X, Y) = II(Y, X).$$

由此定义的 ∇ 和 II 分别是 Σ^n 的 Levi-Civita 联络和第二基本形. 第二基本形 II 相对于诱导度量 g 的特征值定义为 Σ^n 的主曲率.

设 $e_1, \cdots, e_n$ 是 Σ 上的光滑局部标架, 因而在每一点构成切空间的基底. 令

$$g_{ij} = g(e_i, e_j), \quad h_{ij} = II(e_i, e_j)$$

分别为 g 和 II 的系数矩阵. 可知 $\{g_{ij}\}$ 是正定对称矩阵, 令 $\{g^{ij}\} = \{g_{ij}\}^{-1}$ 表示其逆矩阵. 根据定义 Σ^n 的主曲率 $\kappa = (\kappa_1, \cdots, \kappa_n)$ 是

$$\det(h_{ij} - \lambda g_{ij}) = 0$$

的根, 因而都是实数. Σ^n 的平均曲率和 Gauss 曲率分别是

$$H = \kappa_1 + \cdots + \kappa_n, \quad K = \kappa_1 \cdots \kappa_n$$

我们现在考虑一族超曲面

$$\Sigma_t = \{y + t\nu : y \in \Sigma\}, \quad |t| < \epsilon$$

其中 $\nu = \nu(y)$ 表示 Σ^n 在 y 的单位法向量. 当 $\epsilon > 0$ 充分小时 Σ_t 是光滑的, 其主曲率为

$$\frac{\kappa_i}{1 - t\kappa_i}, \ 1 \leqslant i \leqslant n$$

因此 Σ_t 的 Gauss 曲率 $K[\Sigma_t]$ 满足

$$\frac{1}{K[\Sigma_t]} = \frac{(1 - t\kappa_1) \cdots (1 - t\kappa_n)}{\kappa_1 \cdots \kappa_n} = \frac{1}{K[\Sigma]} \sum_{k=0}^{n} \sigma_k(\kappa)(-t)^k$$

其中 σ_k 表示初等对称多项式: $\sigma_0 = 1$,

$$\sigma_k(\kappa) = \sigma_k(\kappa_1, \cdots, \kappa_n) = \sum_{i_1 < \cdots < i_k} \kappa_{i_1} \cdots \kappa_{i_k}, \ k = 1, \cdots, n$$

我们称 $W_k[\Sigma] = \sigma_k(\kappa)$ 为 Σ^n 的 k-Weingarten 曲率, 其中 W_1, W_2 和 W_n 方别是 Σ 的平均曲率、数量曲率和高斯曲率. 由此可见 Σ_t 的 Gauss 曲率完全由 Σ^n 的 Weingarten 曲率决定.

1955 年前后, Alexandrov 和陈省身先生各自独立提出了以下 Minkowski 问题的推广: 设 ψ 是 $\mathbb{S}^n$ 上的正值函数, $1 \leqslant k \leqslant n$, 是否存在严格凸闭超曲面 Σ 满足

$$W_k[\Sigma](G^{-1}(x)) = \psi(x), \quad \forall \, x \in \mathbb{S}^n \tag{4.3.11}$$

设 u 是 Σ 的支撑函数, 令

$$\lambda = \lambda(\nabla^2 u + u g_0) = (\lambda_1, \cdots, \lambda_n)$$

表示 $\nabla^2 u + u g_0$ 的特征值. 则 Σ 的主曲率为

$$\kappa_1 = \frac{1}{\lambda_1} > 0, \cdots, \kappa_n = \frac{1}{\lambda_n} > 0$$

因此 Alexandrov-Chern Minkowski 问题可以由下列方程刻画

$$W_k[\Sigma](G^{-1}(x)) = \frac{\sigma_{n-k}(\lambda)}{\sigma_n(\lambda)} = \psi(x), \quad \forall\, x \in \mathbb{S}^n \tag{4.3.12}$$

与 Minkowski 问题类似, 方程(4.3.12)是椭圆的当且仅当

$$\nabla^2 u + u g_0 > 0$$

即 Σ 为严格凸的.

Alexandrov-Chern Minkowski 问题和经典 Minkowski 问题有着显著的差别, 管鹏飞和笔者在 2002 年的一篇论文 [10] 中发现当 $k < n$ 时条件(4.3.10)既不是必要的也不是充分的. 就笔者所知我们目前对 Alexandrov-Chern Minkowski 问题还没有彻底了解.

有兴趣的读者可以在 [10] 中查到关于 Minkowski 问题以及 Alexandrov-Chern 的推广方面的部分参考文献.

4.3.3 Weyl 等距嵌入问题

一个具有正曲率的二维闭黎曼流形是否可以等距嵌入三维欧几里得空间 $\mathbb{R}^3$ 之中? 这就是经典的 Weyl 等距嵌入问题.

设 (M^2, g) 是一个二维闭黎曼流形. 在局部坐标系下, (M^2, g) 到 $\mathbb{R}^3$ 的一个等距嵌入 $\mathbf{r} : (M^2, g) \to \Sigma \subset \mathbb{R}^3$ 由一阶非线性偏微分方程组决定:

$$\partial_i \mathbf{r} \cdot \partial_j \mathbf{r} = g_{ij}, \quad 1 \leqslant i, j \leqslant 2 \tag{4.3.13}$$

若 (M^2, g) 具有正曲率 $K_g > 0$, 由 Hadamard 定理可知 Σ 必定是 $\mathbb{R}^3$ 中的严格凸曲面. 不妨设 Σ 包含 $\mathbb{R}^3$ 的原点, 令

$$\rho = -\frac{1}{2} |\mathbf{r}|^2$$

在局部坐标系下,

$$\begin{aligned}
\partial_{ij} \rho &= -\mathbf{r} \cdot \partial_{ij} \mathbf{r} - \partial_i \mathbf{r} \cdot \partial_j \mathbf{r} \\
&= -\mathbf{r} \cdot (\Gamma_{ij}^k \partial_k \mathbf{r} + (\nu \cdot \partial_{ij} \mathbf{r}) \nu) - g_{ij} \\
&= \Gamma_{ij}^k \partial_k \rho - \mathbf{r} \cdot \nu h_{ij} - g_{ij}
\end{aligned}$$

故 ρ 的二阶协变导数满足

$$\nabla_{ij}\rho = \partial_{ij}\rho - \Gamma_{ij}^k \partial_k\rho = -\mathbf{r} \cdot \nu h_{ij} - g_{ij}, \ \ 1 \leqslant i, j \leqslant 2 \tag{4.3.14}$$

其中 h_{ij} 和 Γ_{ij}^k 分别代表 Σ 的第二基本型和 Christoffel 符号,

$$\nu = \frac{\partial_1\mathbf{r} \times \partial_2\mathbf{r}}{\sqrt{\det(g_{ij})}}$$

是 Σ 的单位外法向量, 同时我们注意到

$$-\mathbf{r} \cdot \nu = \sqrt{-2\rho - |\nabla\rho|^2} \tag{4.3.15}$$

恰好是 Σ 的支撑函数. 由高斯方程

$$\det(h_{ij}) = K_g \det(g_{ij}) \tag{4.3.16}$$

得到 Darboux 方程

$$\det(\nabla^2\rho + g) = K_g(-2\rho - |\nabla\rho|^2)\det g \tag{4.3.17}$$

这是一个二维流形上的 Monge-Ampère 方程.

假设 ρ 是(4.3.17)的解并且满足 $\nabla^2\rho + g > 0$, 则

$$\sigma := -\frac{g}{2\rho} - \frac{d\rho^2}{4\rho^2}$$

定义了 M^2 上的一个黎曼度量. 可知其曲率 $K_\sigma = 1$, 因而 (M^2, σ) 等距同构于 $\mathbb{R}^3$ 中的标准单位球 $\mathbb{S}^2$. 设 $\mathbf{x}:(M^2, \sigma) \to \mathbb{S}^2$ 是等距同构, 令 $\mathbf{r} = \sqrt{-2\rho}\mathbf{x}$, 得到一个等距同构

$$\mathbf{r}:(M, g) \to \mathbb{R}^3$$

因而 Weyl 问题可以转化为在流形上求 Darboux 方程 (4.3.17) 的整体解的问题.

Weyl 问题是由 Pogorelov 和 Nirenberg 于 20 世纪 50 年代初独立解决的, 他们证明了任何光滑的具有正曲率的闭曲面都可以等距嵌入到 $\mathbb{R}^3$ 之中. Nirenberg 应用连续性方法直接证明一阶偏微分方程方程组(4.3.13)的可解性, 而 Pogorelov 的证明则基于 Alexandrov 之前的工作. 在相对论中, Weyl 等距嵌入被用来定义 Brown-York 质量.

关于 Weyl 问题和等距嵌入方面的参考文献可见韩青和洪家兴先生的专著 [11].

4.3.4 Calabi 猜想和复 Monge-Ampère 方程

假设 (M^n, ω) 是一个 n 维紧致 Kähler 流形, 其中 ω 为 Kähler 形式. 在局部坐标系下, 假设

$$\omega = \sqrt{-1} g_{i\bar{j}} dz_i \wedge d\bar{z}_j \tag{4.3.18}$$

M 的 Ricci 曲率满足

$$R_{k\bar{l}} = -\frac{\partial^2}{\partial z_k \partial \bar{z}_l} \log \det g_{i\bar{j}} \tag{4.3.19}$$

相应地, (M^n, ω) 的 Ricci 形式定义为

$$\mathrm{Ric}_\omega := \sqrt{-1} R_{k\bar{l}} dz_k \wedge d\bar{z}_l = -\sqrt{-1}\partial\bar{\partial} \log \omega^n \tag{4.3.20}$$

(M^n, ω) 称为 Kähler-Einstein 流形, 如果存在实数 λ 满足

$$\mathrm{Ric}_g = \lambda \omega_g \tag{4.3.21}$$

假设 $\tilde{\omega}$ 是 M 上另一个 Kähler 形式, 由(4.3.20)可知 ω 和 $\tilde{\omega}$ 的 Ricci 形式之间的关系

$$\mathrm{Ric}_\omega - \mathrm{Ric}_{\tilde{\omega}} = \sqrt{-1}\partial\bar{\partial} \log \frac{\tilde{\omega}^n}{\omega^n} \tag{4.3.22}$$

这说明 Ric_ω 的上同调类与 ω 无关. 事实上 Ric_ω 属于 M 的第一陈类 $c_1(M)$.

20 世纪 50 年代 Calabi 提出如下猜想: 在一个紧致 Kähler 流形上, 第一陈类中的任何 $(1,1)$ 形式必定是某一个 Kähler 形式的 Ricci 形式.

设 $\Omega \in c_1(M)$, 由 $\partial\bar{\partial}$ 引理存在 M 上的光滑函数 f 满足

$$\Omega - \mathrm{Ric}_\omega = \sqrt{-1}\partial\bar{\partial} f \tag{4.3.23}$$

另一方面, 如果 $\tilde{\omega} \in [\omega]$ 满足 $\Omega = \mathrm{Ric}_{\tilde{\omega}}$, 则存在 M 上的光滑函数 ϕ 满足

$$\tilde{\omega} = \omega + \sqrt{-1}\partial\bar{\partial}\phi$$

结合(4.3.22)和(4.3.23),

$$\partial\bar{\partial} \log \frac{(\omega + \sqrt{-1}\partial\bar{\partial}\phi)^n}{\omega^n} = \partial\bar{\partial} f \tag{4.3.24}$$

因为 M 是紧致流形, ϕ 满足如下复 Monge-Ampère 方程

$$(\omega + \sqrt{-1}\partial\bar{\partial}\phi)^n = e^{f-b}\omega^n \tag{4.3.25}$$

其中

$$b = \log \int_M e^f \omega^n - \log \int_M \omega^n = \log \frac{1}{\mathrm{vol}(M)} \int_M e^f \omega^n \tag{4.3.26}$$

因此 Calabi 猜想的证明归结为方程(4.3.25)的解的存在性, 我们可以假设 $b = 0$, 即

$$\int_M e^f \omega^n = \mathrm{vol}(M) \tag{4.3.27}$$

丘成桐先生在 1978 年发表的著名论文 [16] 中证明了紧致 Kähler 流形上的复 Monge-Ampère 方程的可解性, 从而解决了 Calabi 猜想. 作为推论同时证明在 Calabi-Yau 流形上, 即当 $c_1(M) = 0$ 时, 存在 Ricci 平坦的 Kähler-Einstein 度量.

类似地, 一个 Kähler 流形 (M^n, ω) 上 Kähler-Einstein 度量的存在性归结为复 Monge-Ampère 方程

$$(\omega + \sqrt{-1}\partial\bar\partial\phi)^n = e^{-\lambda\phi + f}\omega^n \tag{4.3.28}$$

的可解性. Aubin 和 Yau 解决了 $\lambda < 0$, 即 $c_1(M) < 0$ 的情形. 当 $\lambda > 0$, 即 $c_1(M) > 0$ 时, Tian[15] 在 1990 年首先解决了 $n = 2$ 的情况; 这方面尤其是围绕 Yau-Tian-Donaldson 猜想的大量工作, 已经远超 Monge-Ampère 方程本身以及我们在这里的讨论范围. 从偏微分方程的角度来看一个主要的困难是因为对于方程(4.3.28)当 $\lambda > 0$ 时极大值原理不再适用.

4.3.5 Mabuchi 度量和 Donaldson 猜想

设 (M^n, ω) 是一个 n 维紧致 Kähler 流形. 定义

$$\mathcal{H} = \{\phi \in C^\infty(M) : \omega_\phi \equiv \omega + \sqrt{-1}\partial\bar\partial\phi > 0\} \tag{4.3.29}$$

每个 $\phi \in \mathcal{H}$ 对应一个 Kähler 形式 ω_ϕ, 因此 $\mathcal{H}$ 称为 Kähler 势函数空间或者 Mabuchi 空间. $\mathcal{H}$ 是 $C^\infty(M)$ 的开集, 因而它在一点 $\phi \in \mathcal{H}$ 的切空间 $T_\phi\mathcal{H}$ 与 $C^\infty(M)$ 等同. Mabuchi 在 $\mathcal{H}$ 上引入如下的 Riemann 结构

$$\langle \xi, \eta \rangle_\phi = \int_M \xi\eta\,\omega_\phi^n, \quad \xi, \eta \in T_\phi\mathcal{H} \tag{4.3.30}$$

我们可以定义 $\mathcal{H}$ 上的曲线 $\varphi : [0, 1] \to \mathcal{H}$ 的长度

$$L(\varphi) = \int_0^1 \langle \dot\varphi, \dot\varphi \rangle_\varphi^{\frac{1}{2}} dt \tag{4.3.31}$$

$\mathcal{H}$ 上的测地线方程为

$$\ddot\varphi - |\nabla\dot\varphi|_\varphi^2 = 0 \tag{4.3.32}$$

在局部坐标下,

$$\ddot{\varphi} - g_\varphi^{j\bar{k}}\dot{\varphi}_{z_j}\dot{\varphi}_{\bar{z}_k} = 0 \qquad (4.3.33)$$

以上 $\dot{\varphi} = \partial\varphi/\partial t$, $\ddot{\varphi} = \partial^2\varphi/\partial t^2$, $\{g_\varphi^{j\bar{k}}\}$ 是 $\{(g_\varphi)_{j\bar{k}}\} = \{g_{j\bar{k}} + \varphi_{j\bar{k}}\}$ 的逆矩阵.

Donaldson 猜想 [5]: (1) $\mathcal{H}$ 是测地凸的, 即对于 $\varphi_0, \varphi_1 \in \mathcal{H}$, 存在一条连接两点的测地线 $\varphi : [0,1] \to \mathcal{H}$,

$$\varphi(0) = \varphi_0, \quad \varphi(1) = \varphi_1 \qquad (4.3.34)$$

(2) $\mathcal{H}$ 是度量空间, 事实上

$$d(\varphi_0, \varphi_1) = \inf\{L(\varphi)|\varphi : [0,1] \to \mathcal{H}, \varphi(0) = \varphi_0, \varphi(1) = \varphi_1\}, \quad \varphi_0, \varphi_1 \in \mathcal{H}$$

定义 $\mathcal{H}$ 上的一个度量.

Semmes 发现 $\mathcal{H}$ 上的测地线方程等价于一个齐次复 Monge-Ampère 方程. 定义 $X = M \times A$, 其中 $A = \{z = t + \sqrt{-1}s : t \in (0,1), s \in \mathbb{S}^1\}$,

$$\hat{\omega} = \omega + \sqrt{-1}dz \wedge d\bar{z} \qquad (4.3.35)$$

是 X 上的 Kähler 度量, $(X, \tilde{\omega})$ 的体积形为

$$\hat{\omega}^{n+1} = \omega^n \wedge \sqrt{-1}dz \wedge d\bar{z}$$

对于 $\varphi \in C^2(X)$, 我们记

$$\tilde{\omega}_\varphi = \omega_\varphi + \sqrt{-1}D\bar{D}\varphi$$

其中 $D = \partial + \partial_z$. 通过简单计算可得

$$\tilde{\omega}_\varphi = \omega_\varphi + \sqrt{-1}(\partial\bar{\partial}_z\varphi + \partial_z\bar{\partial}\varphi + \partial_z\bar{\partial}_z\varphi)$$

$$\tilde{\omega}_\varphi^{n+1} = \sqrt{-1}\omega_\varphi^n \wedge \partial_z\bar{\partial}_z\varphi - \omega_\varphi^{n-1} \wedge (\partial\bar{\partial}_z\varphi \wedge \partial_z\bar{\partial}\varphi)$$

由此可知当 $\varphi \in C^2(X)$ 是 $\mathbb{S}^1$ 不变的, 即当 $\varphi(\cdot, z) = \varphi(\cdot, t)$ 时, 测地线方程(4.3.32)等价于

$$\tilde{\omega}_\varphi^{n+1} = 0 \qquad (4.3.36)$$

这是 X 上的齐次复 Monge-Ampère 方程.

Donaldson 猜想的第一部分因此转化为求解方程(4.3.36)的 Dirichlet 边值问题: 设 $\varphi_0, \varphi_1 \in \mathcal{H}$, 存在方程(4.3.36)的 $\mathbb{S}^1$ 不变的唯一解 φ 满足 $\varphi(\cdot, 0) = \varphi_0, \varphi(\cdot, 1) = \varphi_1$. 实际上这是 Donaldson 最初提出的猜想的表述形式.

2000 年陈秀雄 [2] 证明上述 Dirichlet 问题存在 $C^{1,\alpha}$ 解, 最近褚建春-Tosatti-Weinkove[3] 证明了解的 $C^{1,1}$ 正则性, 在此之前 Lempert 在与 Darvas、Vivas 等的合作中 [4,12] 已经证明了 $C^{1,1}$ 正则性是最佳的可能.

4.4 黎曼流形上的一类完全非线性椭圆偏微分方程

假设 (M^n, g) 是一个 n 维黎曼流形, 我们考虑 M 上的偏微分方程

$$f(\lambda(\nabla^2 u + \chi)) = \psi \tag{4.4.1}$$

其中 f 是一个 n 变量对称光滑函数, $\nabla^2 u$ 是函数 u 的二阶协变导数张量, χ 是 M 上的光滑对称协变张量,

$$\lambda(\nabla^2 u + \chi) = (\lambda_1, \cdots, \lambda_n)$$

代表 $\nabla^2 u + \chi$ 的特征值. 在局部坐标系下, $\nabla^2 u + \chi$ 的系数矩阵 $\{\nabla_{ij} u + \chi_{ij}\}$ 是 $(n \times n)$ 对称矩阵, $\lambda_1, \cdots, \lambda_n$ 是

$$\det(\nabla_{ij} u + \chi_{ij} - \lambda g_{ij}) = 0$$

的根, 因而都是实值的.

对于方程 (4.4.1) 的系统研究是从 Caffarelli-Nirenberg-Spruck 的工作 [1] 开始的, 他们引入的结构条件已经成为非线性椭圆和抛物偏微分方程理论中的基本假设. 这些条件包括

$$f_i = f_{\lambda_i} \equiv \frac{\partial f}{\partial \lambda_i} > 0, \quad \lambda \in \Gamma, \ 1 \leqslant i \leqslant n \tag{4.4.2}$$

$$f \text{ 是 } \Gamma \text{ 上的凹函数} \tag{4.4.3}$$

其中 Γ 是 $\mathbb{R}^n$ 中以原点为顶点的对称开凸集并且 $\Gamma_n \subset \Gamma$,

$$\Gamma_n \equiv \{\lambda \in \mathbb{R}^n : \text{每个分量 } \lambda_i > 0\}$$

条件 (4.4.2) 的意义是保证方程 (4.4.1) 对于满足 $\lambda(\nabla^2 u + \chi) \in \Gamma$ 的函数是椭圆的.

我们也可以在 Hermitian 流形 (M^n, ω) 上考虑相应的方程

$$f(\lambda(\sqrt{-1}\partial\bar{\partial} u + \chi)) = \psi \tag{4.4.4}$$

其中 χ 是实的 $(1,1)$ 形式.

方程 (4.4.1) 和 (4.4.4) 是包含极其广泛的一类方程, 有大量相关的参考文献. 在以下的讨论中我们主要局限于我个人近年的一些结果, 见 [8,9].

4.4.1　Dirichlet 问题

假设 M 是具有光滑边界的流形, ∂M 表示 M 的边界. 给定 ∂M 上的光滑函数 φ, 我们希望证明方程 (4.4.1)具有在边界上满足 $u = \varphi$ 的光滑解, 即具有任意阶连续偏导数的解.

当 M 是 $\mathbb{R}^n$ 中的有界光滑区域时, 方程 (4.4.1)的 Dirichlet 问题是 Caffarelli-Nirenberg-Spruck[1] 解决的, 下面的结果是他们的主要定理的一个推广.

定理 4.4.1 [9]　设 ψ 是 $\bar{M}$ 上的光滑函数, 满足

$$\sup_{\partial \Gamma} f < \inf_{\bar{M}} \psi \tag{4.4.5}$$

假设 f 满足(4.4.2), (4.4.3), 同时存在一个函数 $\underline{u} \in C^2(\bar{M})$ 满足 $\lambda(\nabla^2 \underline{u} + \chi) \in \Gamma$ 并且

$$\begin{cases} f(\lambda(\nabla^2 \underline{u} + \chi)) \geqslant \psi, & \text{在 } \bar{M} \text{ 中} \\ \underline{u} = \varphi, & \text{在 } \partial M \text{ 上} \end{cases} \tag{4.4.6}$$

则方程 (4.4.1)的 Dirichlet 问题存在光滑解.

定理 4.4.1在某种意义下是最优的, 即若去除其中的任意一个条件, 定理 4.4.1 不再成立. 条件(4.4.5)保证了方程 (4.4.1)是非退化的, 这是这个条件的最基本的作用, 它的另一个关键作用是方程 (4.4.1)对于满足二阶导数估计 $|\nabla^2 u| \leqslant C$ 的解是一致椭圆的. 这对证明解的高阶正则性是必不可少的. 满足(4.4.6)中的不等式的函数 $\underline{u}$ 称为方程 (4.4.1)的下解.

定理 4.4.1的证明关键是建立二阶先验估计

$$|u^t|_{C^2(\bar{\Omega})} \leqslant C \tag{4.4.7}$$

应用 Evans-Krylov 定理和经典的 Schauder 理论, 可以由此得到 $C^{2,\alpha}$ 和更高阶的估计, 进而用连续性方法证明解的存在性.

连续性方法是非线性偏微分方程理论中的一个重要工具, 我们以方程 (4.4.1)为例简单介绍基本的想法. 对于 $0 \leqslant t \leqslant 1$ 考虑

$$\begin{cases} f(\lambda(\nabla^2 u + \chi)) = \psi^t, & \text{在 } \bar{M} \text{ 中} \\ u = \varphi, & \text{在 } \partial M \text{ 上} \end{cases} \tag{4.4.8}$$

其中 $\psi^t = t\psi + (1-t)f(\lambda(\nabla^2 \underline{u} + \chi))$. 令

$$T = \{t \in [0,1] : (4.4.8)\text{在 } C^{2,\alpha}(\bar{\Omega}) \text{ 中有解}\}$$

显然 $u^0 = \underline{u}$, 即 $0 \in T$, 因而 T 非空. 我们希望证明 T 是 $[0,1]$ 的既开又闭的子集, 即 $T = [0,1]$, 从而证明方程 (4.4.1)的 Dirichlet 问题可解.

证明 T 是 $[0,1]$ 的开子集可以用 Banach 空间的隐函数定理, T 是闭集的证明归结为与 t 无关的先验估计.

我们希望证明定理 4.4.1在一般 Riemann 流形上仍然成立. 这方面的努力虽然在最近几年有一些新的进展, 但是还没有取得完全成功. 具体来讲是在建立梯度估计时我们需要假设如下额外条件

$$\sum_{\lambda_i>0} f_i\lambda_i^2 \geqslant c_0 \sum_{\lambda_i<0} f_i\lambda_i^2 - C_0, \quad \forall\, \lambda \in \Gamma(\psi),\ |\lambda| \geqslant R_0 \tag{4.4.9}$$

其中 $c_0, C_0, R_0 > 0$ 是常数,

$$\Gamma(\psi) = \left\{ \lambda \in \Gamma : \inf_M \psi \leqslant f(\lambda) \leqslant \sup_M \psi \right\}$$

具体见 [9]. 目前我们不清楚这个条件是否可以完全去掉, 对于二阶导数估计我们不需要这个条件.

与欧氏空间的情形相比主要困难是由流形的曲率引起的, 具体来说是因为在建立先验估计时涉及流形的曲率以及边界的任意性. 我们克服这些困难的关键是运用凹函数的一个重要性质.

设 σ 是一个实数, 令 $\Gamma^\sigma = \{\lambda \in \Gamma : f(\lambda) > \sigma\}$. 由条件 (4.4.2)和(4.4.3)可知

$$\partial\Gamma^\sigma = \{\lambda \in \Gamma : f(\lambda) = \sigma\}$$

是 $\mathbb{R}^n$ 中的光滑凸超曲面, 并且 $\partial\Gamma^\sigma$ 在一点 $\lambda \in \partial\Gamma^\sigma$ 的单位法向量为

$$\nu_\lambda := \frac{Df(\lambda)}{|Df(\lambda)|}.$$

引理 4.4.2 ([9]) *给定 $\mu \in \Gamma$, $\beta > 0$, 存在常数 $\varepsilon > 0$ 使得对任意 $\lambda \in \Gamma$, 当 $|\nu_\mu - \nu_\lambda| \geqslant \beta$ 时,*

$$\sum f_i(\lambda)(\mu_i - \lambda_i) \geqslant f(\mu) - f(\lambda) + \varepsilon \sum f_i(\lambda) + \varepsilon \tag{4.4.10}$$

因为 f 是凹函数, 以上的不等式在 $\varepsilon = 0$ 时总是成立的; 当 $\varepsilon > 0$ 时其中额外的两项在建立先验估计的三个重要步骤, 即梯度的整体估计、二次导数的整体估计以及边界估计中都起到关键作用.

定理 4.4.1中的下解 $\underline{u}$ 的作用更是贯穿了定理的整个证明, 包括我们前面已经看到的连续性方法的运用中, 在考虑一般 Riemann 流形上的 Dirichlet 问题时, $\underline{u}$ 在梯度和二次导数的整体估计中尤其重要.

引理 4.4.2 是关于凹函数的性质, 与方程本身无关, 所以应该在其他方面有用.

4.4.2　闭流形上的完全非线性方程

在闭流形上, 传统的下解的概念一般不再适用, 因为由极大值原理可知下解的存在说明方程本身无解, 或者下解实质上已经是解.

在 2014 年发表在 *Duke Math. J.* 上的一篇论文 [8] 中, 我们引入一个条件作为下解的拓广. 对 $\mu \in \mathbb{R}^n$ 令

$$S_\mu^\sigma = \{\lambda \in \partial\Gamma^\sigma : \nu_\lambda \cdot (\mu - \lambda) \leqslant 0\}$$

几何上 $\lambda \in S_\mu^\sigma$ 当且仅当 μ 位于 $\partial\Gamma^\sigma$ 在 λ 处的切平面上或者与 Γ^σ 相反的一侧. 定义

$$\mathcal{C}_\sigma^+ = \{\mu \in \mathbb{R}^n : S_\mu^\sigma \text{ 是紧集}\}$$

可以证明 $\mathcal{C}_\sigma^+$ 是 $\mathbb{R}^n$ 中的开凸集并且显然包含 Γ^σ, $\partial\mathcal{C}_\sigma^+$ 称为 $\partial\Gamma^\sigma$ 在无穷远处的切锥.

在上述文章中我们用如下的条件: 存在 $\underline{u} \in C^2(\bar{M})$ 满足

$$\lambda(\nabla^2 \underline{u} + \chi)(x) \in \mathcal{C}_{\psi(x)}^+, \quad \forall x \in \bar{M} \tag{4.4.11}$$

来取代下解的假设, 在闭流形上证明了二阶导数估计, 这个条件也可以用来在梯度估计中取代下解的假设.

Székelyhidi[14] 系统地研究了闭 Hermitian 流形上的方程(4.4.4). 他引入了一个拓广的下解的概念, 称为 $\mathcal{C}$-下解, 在最近一些非常重要的文章中起到了很关键的作用. 现在知道 (见 [9]) 条件(4.4.11)与 $\mathcal{C}$-下解基本是等价的, 确切来讲对于第一类锥 Γ 二者是等价的. Γ 称为第一类锥, 如果每个正 λ_i 坐标轴在 Γ 的边界上, 否则称为第二类锥; 见 Caffarelli-Nirenberg-Spruck 的原文 [1], 第二类锥对应的是相对简单的方程.

参 考 文 献

[1] Caffarelli L, Nirenberg L, Spruck J. The Dirichlet problem for nonlinear second-order elliptic equations, III: Functions of the eigenvalues of the Hessians. Acta Math., 1985, 155: 261-301.

[2] Chen X X. The space of Kähler metrics. J. Differential Geom., 2000, 56: 189-234.

[3] Chu J, Tosatti V, Weinkove B. On the $C^{1,1}$ regularity of geodesics in the space of Kähler metrics. Ann. PDE, 2017, 3(2): 3-15.

[4] Darvas T, Lempert L. Weak geodesics in the space of Kähler metrics. Math. Res. Lett., 2012, 19(5): 1127-1135.

[5] Donaldson S K. Symmetric spaces, Kähler geometry and Hamiltonian dynamics. Northern California Symplectic Geometry Seminar, 13-33, Amer. Math. Soc. Transl. Ser. 2, 196, Amer. Math. Soc., Providence, RI, 1999.

[6] Federer H, Fleming W H. Normal and integral currents. Ann. Math., 1960, 72(2): 458-520.

[7] Gidas B, Ni W M, Nirenberg L. Symmetry and related properties via the maximum principle. Comm. Math. Phys., 1979, 68: 209-243.

[8] Guan B. Second-order estimates and regularity for fully nonlinear elliptic equations on Riemannian manifolds. Duke Math. J., 2014, 163(18): 1491-1524.

[9] Guan B. The Dirichlet problem for fully nonlinear elliptic equations on Riemannian manifolds. 2014. arXiv:1403.2133v2.

[10] Guan B, Guan P F. Convex hypersurfaces of prescribed curvatures. Ann. Math., 2002, 156(2): 655-673.

[11] Han Q, Jia X H. Isometric Embedding of Riemannian Manifolds in Euclidean Spaces. Mathematical Surveys and Monographs, 130. Providence: American Mathematical Society, RI, 2006.

[12] Lempert L, Vivas L. Geodesics in the space of Kähler metrics. Duke Math. J., 2013, 162: 1369-1381.

[13] Serrin J. A symmetry problem in potential theory. Arch. Rational Mech. Anal., 1971, 43: 304-318.

[14] Székelyhidi G. Fully nonlinear elliptic equations on compact Hermitian manifolds. J. Differential Geom., 2018, 109: 337-378.

[15] Tian G. On Calabi's conjecture for complex surfaces with positive first Chern class. Invent. Math., 1990, 101: 101-172.

[16] Yau S T. On the Ricci curvature of a compact Kähler manifold and the complex Monge-Ampère equation, I. Comm. Pure Appl. Math., 1978, 31: 339-411.

5 Langlands 纲领的近期进展

李文威[①]

5.1 引　言

本文基于作者 2017 年 9 月 6 日在中国科学院数学与系统科学研究院数学所讲座上所做的同名报告. 同年 11 月 24 日也在哈尔滨工业大学做过相同的报告. 少部分内容和参考文献经过增补.

文章的目的是尽量扼要地介绍 Langlands 纲领的源头、基本思路和若干新方向. 选取的材料难免偏颇, 视角难免陈旧, 内容即便在报告当时也算不上前沿. 敬请读者谅解.

感谢万昕对本文的指正.

5.2 自　守　形　式

5.2.1 起源: 上半平面

Langlands 纲领是关于自守形式和自守表示的一系列猜想. 为了阐明何谓自守形式, 有必要从最初也是最简单的例子, 即模形式来入手. 模形式的详细介绍可见 [11].

一切始于 H. Poincaré 的上半平面. 以 $\sqrt{-1}$ 表示虚数单位. 定义

$$\mathcal{H} := \{\tau \in \mathbb{C} : \Im(\tau) > 0\}$$

矩阵 Lie 群 $GL_2(\mathbb{R})^+ := \{g \in \mathrm{Mat}_{2 \times 2}(\mathbb{R}) : \det g > 0\}$ 在 $\mathcal{H}$ 上有左作用

$$\begin{pmatrix} a & b \\ c & d \end{pmatrix} \cdot \tau = \frac{a\tau + b}{c\tau + d}, \quad \tau = x + y\sqrt{-1} \in \mathcal{H}$$

此作用将 $\mathcal{H}$ 实现为 $SL_2(\mathbb{R})$ 左作用下的齐性空间, 标准的实现方式为

[①] 北京大学数学学院.

$$\mathrm{SL}_2(\mathbb{R})/\mathrm{SO}_2(\mathbb{R}) \xrightarrow{\sim} \mathcal{H}$$

$$\gamma \mathrm{SO}_2(\mathbb{R}) \mapsto \gamma\sqrt{-1}$$

相对于度量 $\dfrac{dx^2 + dy^2}{y^2}$, 上半平面 $\mathcal{H}$ 具有常曲率 -1; 它是双曲几何的模型.
可以证明 $\mathrm{SL}_2(\mathbb{R})/\{\pm 1\}$ 等于 $\mathcal{H}$ 的全纯自同构群, 也等于 $\mathcal{H}$ 的保距保向自同构群.

上半平面 $\mathcal{H}$ 既是 $\mathrm{SL}_2(\mathbb{R})$ 的齐性空间, 又带有复结构. 所以在这些初步定义中, 我们已经瞥见群论、复变函数论和几何学的初次聚首. 不过这些学科在 Langlands 纲领中的交汇发生在更深刻的层次, 诸位看官且往下看.

Poincaré 考虑 $\mathrm{SL}_2(\mathbb{R})$ 的离散子群 Γ 和具备对称性

$$f(\gamma\tau) = f(\tau), \quad \tau \in \mathcal{H}, \; \gamma \in \Gamma$$

的全纯函数 $f : \mathcal{H} \to \mathbb{C}$. 他称这类 Γ 为 Fuchs 群, f 为 Fuchs 函数, 并且用现称为 Poincaré 级数的方法来构造 f.

更广的概念则是权 $k \in \mathbb{Z}_{\geqslant 1}$, 级 Γ 的模形式, 相应的对称性是

$$f\left(\frac{a\tau + b}{c\tau + d}\right) = (c\tau + d)^k f(\tau), \quad \begin{pmatrix} a & b \\ c & d \end{pmatrix} \in \Gamma$$

并且 f 要求在 Γ 的所有尖点处全纯. 为了说清这一全纯条件, 首先得阐明何谓 Γ 的尖点; 尖点可以设想为商空间 $\Gamma \backslash \mathcal{H}$ 的某些 "无穷远" 方向. 它的一般定义需要一些群论和平面双曲几何的预备工作, 本文仅对若干特例加以阐释.

5.2.2　复环面的模空间

离散子群的初步例子是 $\mathrm{SL}_2(\mathbb{Z}) := \mathrm{SL}_2(\mathbb{R}) \cap \mathrm{Mat}_{2 \times 2}(\mathbb{Z})$. 简单起见, 以下仅考虑同余子群: 我们称 $\Gamma \subset \mathrm{SL}_2(\mathbb{R})$ 是同余子群, 如果存在 $N \in \mathbb{Z}_{\geqslant 1}$ 使得

$$\Gamma \supset \Gamma(N) := \left\{ \gamma \in \mathrm{SL}_2(\mathbb{Z}) : \gamma \equiv \begin{pmatrix} 1 & \\ & 1 \end{pmatrix} \pmod{N} \right\}$$

越 "可除" 的 N 对应越小的群 $\Gamma_1(N)$, 或者说模形式的级便越深. 让 $\mathrm{SL}_2(\mathbb{Z})$ 透过 $\tau \mapsto \dfrac{a\tau + b}{c\tau + d}$ 的方式作用在射影直线的有理点集

$$\mathbb{P}^1(\mathbb{Q}) \simeq \mathbb{Q} \sqcup \{\infty\}$$

上. 可以设想这是上半平面在某种意义下的边界. 对于同余子群 Γ, 其尖点定义为 $\mathbb{P}^1(\mathbb{Q})$ 在 Γ 作用下的轨道, 数量有限.

对于一些特定的同余子群 $\Gamma \subset \mathrm{SL}_2(\mathbb{R})$, 商空间 $\Gamma \backslash \mathcal{H}$ 可视为某类几何对象的模空间, 换言之, 它参数化这些几何对象. 作为一则典型例子, 我们来考察

$$\Gamma_1(N) := \left\{ \mathrm{SL}_2(\mathbb{Z}) \ni \gamma \equiv \begin{pmatrix} 1 & * \\ & 1 \end{pmatrix} \pmod{N} \right\}$$

其中 $N \in \mathbb{Z}_{\geqslant 1}$. 这是所谓同余子群之一例; 显然 $\mathrm{SL}_2(\mathbb{Z}) = \Gamma_1(1) = \Gamma(1)$.

所谓的一维复环面, 是形如 $\mathbb{C}/\Lambda$ 的复 Lie 群, 其中 $\Lambda \subset \mathbb{C}$ 是格; 换言之, $\Lambda \subset \mathbb{C}$ 是离散加法子群, 而且 Λ 是秩 2 自由 $\mathbb{Z}$-模. 推而广之, 同构于某个 $\mathbb{C}/\Lambda$ 的复 Lie 群也称为一维复环面; 它们作为拓扑群都同胚于 $\mathbb{S}^1 \times \mathbb{S}^1$, 从而得名. 一维复环面中的群运算交换, 今后写作加法. 对于一维复环面中的任意挠元 P, 记其阶数为 $\mathrm{ord}(P)$.

精确到同构, 一维复环面总可以表作

$$\mathcal{E}_\tau := \mathbb{C}/(\mathbb{Z}\tau \oplus \mathbb{Z})$$

的形式, 其中 $\tau \in \mathcal{H}$. 进一步,

$$\mathcal{E}_\tau \simeq \mathcal{E}_{\tau'} \iff \tau' \in \mathrm{SL}(2, \mathbb{Z}) \cdot \tau$$

这相当于说 $Y_1(1) := \mathrm{SL}_2(\mathbb{Z}) \backslash \mathcal{H}$ 是一维复环面的模空间.

推而广之, 对于所有 $N \geqslant 1$ 皆有

$$Y_1(N) := \Gamma_1(N) \backslash \mathcal{H} \overset{1:1}{\longleftrightarrow} \left\{ (\mathcal{E}, P) : \begin{array}{l} \mathcal{E} : \text{一维复环面}, \\ P \in \mathcal{E}, \mathrm{ord}(P) = N \end{array} \right\}$$

$$\cup \qquad\qquad\qquad\qquad \cup$$

$$\Big/ \simeq \tau \longmapsto \left(\frac{\mathbb{C}}{\mathbb{Z}\tau \oplus \mathbb{Z}}, \frac{a\tau + b}{N} \bmod \mathbb{Z}\tau \oplus \mathbb{Z} \right)$$

越深的 $\Gamma_1(N)$ 其群论性质似乎越加复杂, 但相应的 $Y_1(N)$ 却越容易处理. 对于 $\mathrm{SL}_2(\mathbb{Z})$ 之类的群, 挠元的存在反而对商空间的构造带来麻烦. 例如 $\mathrm{SL}_2(\mathbb{Z}) \backslash \mathcal{H}$ 赋有典范的复结构, 使得它同构于复仿射直线 $\mathbb{A}^1_\mathbb{C}$; 但挠元

$$\gamma = \begin{pmatrix} & 1 \\ -1 & \end{pmatrix} \in \mathrm{SL}_2(\mathbb{Z}), \quad \gamma^4 = 1$$

对 $\mathcal{H}$ 的作用 $\tau \mapsto -1/\tau$ 有不动点 $\sqrt{-1}$; 这提示我们应该视 $\mathrm{SL}_2(\mathbb{Z}) \backslash \mathcal{H}$ 为 "叠", 而 $\mathbb{A}^1_\mathbb{C}$ 仅是它的粗模空间. 取 $N \geqslant 4$ 足以确保 $\Gamma_1(N)$ 无挠.

最后, 向 $X_1(N) := Y_1(N) \sqcup \{\text{尖点}\}$ 具有自然的连通紧 Riemann 曲面结构, 这对一般的同余子群也同样成立. 紧 Riemann 曲面的几何当然比非紧情形有更多的工具和视角, 比如说, $X_1(N)$ 可以实现为复代数曲线.

5.2.3 一般理论

模形式的一般理论始于 E. Hecke 的工作. 以下仅考虑 $\Gamma = \Gamma_1(N)$ 情形.

(1) 在 $\Gamma_1(N)$ 作用下, $\mathcal{H}$ 可由一个基本区域铺砌; 添入尖点将 $Y_1(N)$ 紧化为 $X_1(N)$. 级 $\Gamma_1(N)$ 的模形式和紧 Riemann 曲面 $X_1(N)$ 的几何密切相关. 图 5.1: $\Gamma_1(7)$ 有 6 个尖点, 由 $0, \frac{1}{4}, \frac{2}{7}, \frac{2}{5}, \frac{3}{7}$ 和虚轴方向的 $+\infty$ 代表, $X_1(7)$ 的亏格为 0.

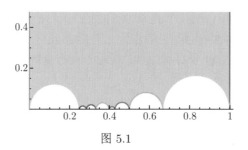

图 5.1

(2) 模形式的一般定义里要求 f 在每个尖点处全纯; 在尖点附近趋近 0 者称为尖点形式. 具有代表性的特例是 $\infty \in \mathbb{P}^1(\mathbb{Q})$ 确定的尖点, 因为其他尖点总能用 $\mathrm{SL}_2(\mathbb{Z})$ 作用搬运过来: 在 ∞ 处的全纯条件相当于说 f 有 Fourier 展开

$$f(\tau) = \sum_{n \geqslant 0} a_n(f) q^n, \quad q = e^{2\pi i \tau}, \tau \in \mathcal{H}$$

系数 $a_n(f)$ 常蕴藏微妙的算术信息. 例如 Ramanujan 的 $\tau(n)$ 便是模判别式 Δ 的系数.

定义 $M_k(\Gamma)$ 为权 k, 级 Γ 的模形式构成的 $\mathbb{C}$-向量空间, $S_k(\Gamma)$ 为尖点形式构成的子空间. 对于源于算术的 Γ, 这些空间具有一族称为 Hecke 算子的自同态.

另一方面, 对应于模形式 f 的 L-函数定义为

$$L(s, f) = \sum_{n \geqslant 0} a_n(f) n^{-s}, \quad \Re(s) \gg_f 0$$

Hecke 证明了在适当条件下, $L(s, f)$ 有亚纯延拓和相对于 $s \leftrightarrow k - s$ 的函数方程.

回忆到 $Y_1(N)$ 是带有 $\Gamma_1(N)$-级结构的一维复环面的模空间. 根据代数几何的视角, 一维复环面总可以嵌入为仿射部分由形如

$$Y^2 = X^3 + aX + b$$

的方程定义的平面射影代数曲线, 复环面的加法零元对应到此曲线的 "无穷远点" $(0 : 0 : 1)$, 而复环面的加法则可以代数地刻画. 代数几何的长处在于它不仅能在复系数上操作, 还可以施于任何的域, 甚至是交换环. 由此可以说明模空间 $Y_1(N)$

实际是定义在 $\mathbb{Z}$ 上的代数–几何对象, 其紧化 $X_1(N)$ 则是适当地添入广义椭圆曲线及其级结构得到的模空间. 这是 $M_k(\Gamma_1(N))$ 和 $S_k(\Gamma_1(N))$ 的许多算术性质的源头.

例 5.2.1 取 $\Gamma = \mathrm{SL}_2(\mathbb{Z})$. 相应的模形式是熟知的经典对象.

• Eisenstein 级数

$$G_{2k}(\tau) = \sum_{(a,b) \in \mathbb{Z}^2 \setminus \{\vec{0}\}} (a\tau + b)^{-2k} \in M_{2k}(\mathrm{SL}_2(\mathbb{Z}))$$

其中 $k \in \mathbb{Z}_{\geqslant 2}$;

• 模判别式函数

$$\Delta(\tau) = q \prod_{n \geqslant 1} (1 - q^n)^{24} \in S_{12}(\mathrm{SL}_2(\mathbb{Z}))$$

以上讨论的模形式也称为整权椭圆模形式. 除此之外, 模形式理论还能进一步纳入半整权 $k \in \frac{1}{2} + \mathbb{Z}$ 的情形, Hilbert 和 Siegel 模形式 (具有多个复变元), 或非全纯的 f 等等.

5.3 表示理论的观点

5.3.1 过渡

以上采取的视角仍然基于复变函数论. 现在逐步引入群论的表述. 仍然设 $\Gamma = \Gamma_1(N)$. 对于 $\gamma = \begin{pmatrix} a & b \\ c & d \end{pmatrix} \in \mathrm{GL}_2(\mathbb{R})^+$, 定义

$$\left(f \mid_k \gamma\right)(\tau) = (\det \gamma)^{\frac{k}{2}} (c\tau + d)^{-k} f(\gamma\tau)$$

可以验证

$$M_k(\Gamma) \longleftrightarrow C^\infty\left(\Gamma \backslash \mathrm{SL}_2(\mathbb{R}), \mathbb{C}\right)$$

$$f \longmapsto \left[\Phi : \gamma \mapsto (f \mid_k \gamma)(\sqrt{-1})\right]$$

此嵌入的像有完整的刻画, 此处且略去.

这启发我们研究 $\Gamma \backslash \mathrm{SL}_2(\mathbb{R})$ 上的某些光滑函数 —— 自守函数, 作为模形式的延伸.

群 $\mathrm{SL}_2(\mathbb{R})$ 透过 $g\Phi(x) = \Phi(xg)$ 左作用于 $\Gamma \backslash \mathrm{SL}_2(\mathbb{R})$ 上的函数空间 (譬如 L^2). 由此就引向半单 Lie 群 $\mathrm{SL}_2(\mathbb{R})$ 的表示理论. 这一方向的研究是许多数学家的合力, 其中特别突出的贡献者有

- H. Weyl: 建立紧 Lie 群的表示理论.
- Gelfand/苏联学派和 Godement 等: 用 Lie 群的表示理论来诠释特殊函数 (图 5.2).
- Harish-Chandra: 从 20 世纪 50 年代起深入地研究了半单 Lie 群的无穷维表示 (图 5.3).

图 5.2 Roger Godement (1921—2016)

来源: Oberwolfach Photo Collection

图 5.3 Harish-Chandra (1923—1983)

来源: The Digital Mathematics Archive

5.3.2 谱分解

一般情形下, 我们研究 $G(\mathbb{R})$ 在 $L^2(\Gamma\backslash G(\mathbb{R}))$ 上的平移表示及其不可约分解 (所谓 "谱分解"), 其中

(1) $G(\mathbb{R})$ 由定义在 $\mathbb{Q}$ 上的半单线性群 G 的 $\mathbb{R}$-点构成, 带 Haar 测度;

(2) $\Gamma \subset G(\mathbb{R})$ 是算术子群, 亦即基本上来自 G 的 $\mathbb{Z}$-结构的离散子群, 例如 $\Gamma_1(N) \subset \mathrm{SL}_2(\mathbb{R})$.

并且来考虑加法群 $\mathbb{R}$ 及其离散子群 $\mathbb{Z}$; 这相当于在上述框架中取 G 为加法群 $\mathbb{G}_a$; 它是幂幺线性群, 并非半单, 但不失为一个有益的类比. 这时紧环面 $\mathbb{R}/\mathbb{Z}$ 上的 Fourier 分析给出 Hilbert 空间的离散分解

$$L^2(\mathbb{R}/\mathbb{Z}) = \widehat{\bigoplus_{n\in\mathbb{Z}}} \mathbb{C}\xi_n, \quad \xi_n(x) := e^{2\pi i n x}$$

此处的 $\widehat{\oplus}$ 代表对 Hilbert 空间取直和, 再取完备化.

回到一般的 G. 当 $\Gamma\backslash G(\mathbb{R})$ 非紧时, 连续谱将造成很大的困难. 酉表示的抽象理论给出

$$L^2(\Gamma\backslash G(\mathbb{R})) = \int_{\pi:\text{不可约酉表示}}^{\oplus} \pi^{\oplus m(\pi,\Gamma)} d\mu(\pi) = L^2_{\mathrm{disc}} \oplus L^2_{\mathrm{cont}}$$

这只是抽象的分解, 它对连续谱 L^2_{cont}、重数 $m(\pi, \Gamma)$ 和测度 $\mathrm{d}\mu(\pi)$ 所言甚少. 但实践表明即便是为了描述离散谱 L^2_{disc}, 也必须对连续谱 L^2_{cont} 有精密的了解. 为了描述此分解. Selberg 和 Langlands 为此引进了 Eisenstein 级数的一般理论.

迄今, 一切看似是群论和泛函分析的舞台. 如何勾连模形式的经典理论? 一则事实是: 权 $k \geqslant 2$, 级 Γ 的尖点模形式无非是 $L^2_{\text{disc}}(\Gamma \backslash \mathrm{SL}_2(\mathbb{R}))$ 的不可约子表示 (所谓离散系表示) 里的光滑 $\mathrm{SO}_2(\mathbb{R})$-最高权向量, 此权对应到 k.

从表示论的观点, 初步目标因而是对 $G(\mathbb{R})$ 的任何不可约酉表示 π 研究它在 $L^2_{\text{disc}}(\Gamma \backslash G(\mathbb{R}))$ 中的重数 $m(\pi, \Gamma) \in \mathbb{Z}_{\geqslant 0}$, 并进一步探究其算术或几何的内涵. 学者为此建立了大量的工具, 例如迹公式等等.

5.3.3 间奏: 赋值和 adèle 环

数论上感兴趣的是整体域, 分成两类:

(1) 数域, 亦即 $\mathbb{Q}$ 的有限扩张域;

(2) (正特征) 函数域, 亦即 $\mathbb{F}_q(t)$ 的有限扩张, 其中 q 是某素数 p 的幂.

整体域带有一系列的 "绝对值". 在 $\mathbb{Q}$ 的情形下, 我们有数学分析中熟知标准绝对值, 对相应的度量作完备化, 得到实数域 $\mathbb{R}$. 此外对每个素数 p 还有 p-进绝对值 $|\cdot|_p$, 定义为

$$|x|_p = p^{-v_p(x)}, \quad v_p\left(\frac{p^a u}{v}\right) = a, \quad u, v \in \mathbb{Z},\ v \neq 0,\ p \nmid u, v$$

按惯例, $v_p(0) := +\infty$. 相应的完备化是所谓的 p-进数域 $\mathbb{Q}_p$.

至于 $\mathbb{F}_q(t)$, 可将其设想为 $\mathbb{F}_q$ 上的射影直线 $\mathbb{P}^1_{\mathbb{F}_q}$ 上的有理函数构成的域; 对 $\mathbb{P}^1_{\mathbb{F}_q}$ 的每个点 p, 可以探讨有理函数 f 在 p 处的消没次数 $v_p(f) \in \mathbb{Z}_{\geqslant 0} \sqcup \{+\infty\}$; 由此定义相应的绝对值

$$|f|_p = q^{-v_p(f)}.$$

这是 $\mathbb{Q}$ 上的 p-进绝对值的自然类比. 若 p 对应到 $t = 0$, 对 $|\cdot|_p$ 作完备化给出域 $\mathbb{F}_q((t))$.

推而广之, 对整体域 F 的每个 "绝对值" v 都可以作完备化, 得到局部域 F_v, 它们是局部紧拓扑域. 形象地勾勒为如图 5.4.

一般而言, 局部域 (记为 E) 分成 Archimedes (仅有 $\mathbb{R}, \mathbb{C}$) 和非 Archimedes 两类 (如 $\mathbb{Q}_p, \mathbb{F}_q((t))$ 及其有限扩张). 非 Archimedes 局部域 E 有紧开子环 $\mathfrak{o}_E$, 称为赋值环. 例如图 5.4 的 $\mathbb{Z}_p$ 和 $\mathbb{F}_q[\![t]\!]$ 便是赋值环.

对于整体域 F, 定义其 adèle 环为限制直积

$$\mathbb{A} = \mathbb{A}_F := \prod_{v:\text{绝对值}}' F_v$$

$$= \left\{ (x_v)_v \in \prod_{v:\text{绝对值}} F_v : \text{对几乎所有 } v \text{ 都有 } x_v \in \mathfrak{o}_{F_v} \right\}$$

此处 "几乎所有" v 是剔除有限多个 v, 特别地要剔除所有 Archimedes 的 v, 这是限制直积的具体含义.

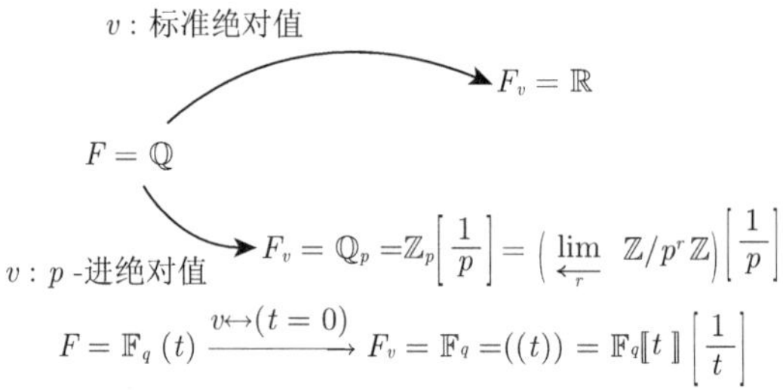

图 5.4

按构造, adèle 环 $\mathbb{A}$ 总是局部紧环, 对角嵌入 $F \hookrightarrow \mathbb{A}$ 给出其离散子环. 这一构造是 C. Chevalley 的创发.

5.3.4 回到谱分解

现在容许 G 为数域或更一般的整体域 F 上的约化群, 如 GL_n, SL_n, Sp_{2n}, E_8 等等; 记其中心子群为 Z_G. 和先前类似地构造限制直积

$$G(\mathbb{A}) = \prod_v' G(F_v)$$

这里对 $g = (g_v)_v \in G(\mathbb{A})$ 的要求是对几乎所有的 v, 对应的 g_v 属于 G 的 $\mathfrak{o}_{F_v}$-值点. 譬如 $\mathrm{SL}_2(\mathbb{Q}_p)$ 的 $\mathbb{Z}_p$-值点无非是 $\mathrm{SL}_2(\mathbb{Z}_p) = \mathrm{SL}_2(\mathbb{Q}_p) \cap \mathrm{Mat}_{2\times 2}(\mathbb{Z}_p)$ 的元素. 在一般情形下, 想说清这点就需要一些代数几何的语言.

无论如何, $G(\mathbb{A})$ 是局部紧群, 可赋予 Haar 测度, 而 $G(F)$ 对角嵌入为离散子群.

此外, 存在无挠闭子群 $\Xi \subset Z_G(F)\backslash Z_G(\mathbb{A})$ 使得 $\mathrm{vol}(G(F)\backslash G(\mathbb{A})/\Xi) < +\infty$; 在数域情形 Ξ 有标准的选法, 这是经典文献中所谓的化约理论.

借由 adèle 环的语言, 我们的任务化为研究

$$\boxed{L^2(G(F)\backslash G(\mathbb{A})/\Xi) \text{ 在 } G(\mathbb{A}) \text{ 作用 } g\Phi(x) = \Phi(xg) \text{ 下的谱分解}}$$

在经典框架下 (取 $F = \mathbb{Q}$), 使用 $\mathbb{A}$ 相当于同时考虑 $G(\mathbb{R})$ 的所有的算术子群 Γ. 而所谓的 Hecke 算子反映为 $G(F_\infty) := \prod_{v \mid \infty} G(F_v)$ 的作用; 这里 $v \mid \infty$ 意谓 F_v 是 Archimedes 域, 否则写作 $v \nmid \infty$. adèle 环的优点之一在于 $G(\mathbb{R})$ 的表示理论和 $G(F_v)$ (其中 $v \nmid \infty$) 的表示理论可以等量齐观. 因此, 我们转向形如 $G(E)$ 的局部紧群的表示理论, 其中 E 是局部域.

定义 5.3.1　所谓 L^2-自守形式, 是指光滑函数 $f : G(F) \backslash G(\mathbb{A}) / \Xi \to \mathbb{C}$, 要求它平方可积, 并且满足于

(1) 在 $G(\mathbb{A}) = \prod_v' G(F_v)$ 作用下光滑;

(2) 在包络代数的中心 $\mathcal{Z}(U(\mathfrak{g}_\infty))$ 作用下张成有限维空间, $\mathfrak{g}_\infty = \prod_{v \mid \infty} \mathfrak{g} \otimes_F F_v$;

(3) 某种意义下 "缓增".

何谓光滑? 对于 Lie 群作用下的情形, 定义多少是直观的, 它指的是群在空间上的作用无穷可微. 对于非 Archimedes 局部域上的群或它们的限制直积, 光滑意味函数或向量在某个紧开子群作用下不变 —— 请注意: 非 Archimedes 局部域上的群有充分多的紧开子群.

留意到:

(1) 函数域的情形不再有 Archimedes 赋值 ∞, 而且 Ξ 的选取不唯一;

(2) 数域情形常要求 f 在 $G(F_\infty)$ 的一个极大紧子群 K_∞ 作用下有限.

5.3.5　光滑表示

谱分解原是关于酉表示的问题. 对于定义在局部域 E 上的约化群 G, 实用中经常以 $G(E)$ 的光滑表示取代酉表示. 当 $E = \mathbb{R}, \mathbb{C}$ 时涉及一些技术性细节: 一般考虑 Harish-Chandra 模或 Casselman–Wallach 表示.

整体情形同样可探讨 $G(\mathbb{A})$ 的不可约光滑表示 π, 它们有唯一分解 $\pi = \otimes_v' \pi_v$.

定义 5.3.2　如果 π 出现在 $L^2(G(F) \backslash G(\mathbb{A}) / \Xi)$ 中, 则称 π 是 L^2-自守表示. 自守形式落在其中.

尽管上述定义涉及拓扑和测度, 非 Archimedes 局部域上的光滑表示论本质上是代数的. 函数域上的自守形式理论亦然.

自守表示的研究化为:

(1) 分类局部域上约化群的不可约光滑表示, 这可以归为调和分析的一支;

(2) 对于 $G(\mathbb{A})$ 的表示 $\pi = \otimes_v' \pi_v$, 研究它在 $L^2_{\mathrm{disc}}(G(F) \backslash G(\mathbb{A}) / \Xi)$ 中的重数 —— 这里涉及了算术.

5.4 Langlands 纲领

5.4.1 Langlands 对偶群

设 G 是局部或整体域 F 上的约化群. 记 F 的可分闭包为 F^{sep}, 其绝对 Galois 群为 $\text{Gal}_F := \text{Gal}(F^{\text{sep}}|F)$, 带有 Krull 拓扑, 因而 Gal_F 成为紧 Hausdorff 群; 记 F 的 Weil 群为 $W_F \to \text{Gal}_F$. 所谓 Langlands 对偶群 $\check{G}$ 是一个拟分裂 $\mathbb{C}$-约化群 (事实上能定义在 $\mathbb{Z}$ 上), 按以下步骤定义.

1) 第一, F 上的约化群的结构定理对 G 给出根资料 $(X^*, \Delta, X_*, \check{\Delta})$, 其中

(1) $X^* = X^*(T)$ 是对选定之极大子环面 $T \subset G$ 定义的权格, 所谓的权是指同态 $T \to \mathbb{G}_m$, 它们构成加法群;

(2) $\Delta \subset X^*$ 是对于选定的 Borel 子群 $B \supset T$ 定义的单根集;

(3) $X_* = \text{Hom}(X^*, \mathbb{Z})$, 而 $\check{\Delta} \subset X_*$ 由单余根构成;

(4) 上述 T、B、权、根等等都是定义在 F^{sep} 上的, Gal_F 典范地作用在这些资料上.

2) 约化群的根资料由一些组合–代数条件刻画, 不涉及域 F. 上述资料的对偶 $(X_*, \check{\Delta}, X^*, \Delta)$ 仍是根资料. 对此应用 $\mathbb{C}$ 上的约化群结构定理, 给出 $\mathbb{C}$ 上的约化群 $\check{G}$: 它带有 Borel 子群 $\check{B}$ 和极大子环面 $\check{T}$, 使得其根资料为 $(X_*, \check{\Delta}, X^*, \Delta)$. 进一步, Gal_F 作用于对偶根资料, 从而在 $\check{G}$ 上通过约化群的自同构来作用, 保持给定的 $\check{B}$ 和 $\check{T}$ 不变.

事实上, 只要取充分大的有限 Galois 扩张 $K|F$ 使得 G 在 K 上分裂, 则 Gal_F 在 $\check{G}$ 上的作用透过有限商群 $\text{Gal}_{K|F}$ 分解.

定义 L-群的 Weil 形式为 $^L G := \check{G} \rtimes W_F$; 其 Galois 形式定义为 $\check{G} \rtimes \text{Gal}_F$; 对于 Galois 形式, 我们也不妨取 $\check{G} \rtimes \text{Gal}_{K|F}$. 最近的研究表明, 某种称为 C-群的典范群扩张 $1 \to {}^L G \to {}^C G \to \mathbb{G}_m \to 1$ 可能是更自然的对象, 详见 [3], 恕不细说.

另外, $\check{G}$ 也可以看作 $\text{Spec}(F)_{\text{ét}}$ 上取值在约化群的局部常值层.

R. P. Langlands 在计算 Eisenstein 级数的常数项时体会到 $^L G$ 的角色. 同年 1 月, 他在一封给 A. Weil 的信中提出了所谓的 Langlands 纲领 (图 5.5).

5.4.2 非分歧表示

设 E 是非 Archimedes 局部域, 设群 G 有 "好" 的 $\mathfrak{o}_E$-模型, $K := G(\mathfrak{o}_E)$. 这时 G 在 E 的某个非分歧扩张上分裂. 以 Fr 记 Frobenius 自同构在 Gal_E 中的某个提升.

定义 5.4.1 若 $G(E)$ 的不可约光滑表示 π 满足 $\pi^K \neq \{0\}$, 则 π 称为非分歧表示.

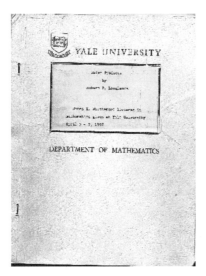

图 5.5 R. P. Langlands, *Euler Products* (1967)

让 $\check{G}$ 透过共轭作用在代数簇 $\check{G} \rtimes \mathrm{Fr} \subset {}^L G$ 上作用. 相应的几何商 (或称为范畴商) 有意义, 记为 $(\check{G} \rtimes \mathrm{Fr}) /\!\!/ \check{G}$, 这是 $\mathbb{C}$ 上的代数簇.

定理 5.4.2 (佐武一郎对应)   精确到同构, 非分歧表示一一对应于 $(\check{G} \rtimes \mathrm{Fr}) /\!\!/ \check{G}$ 的点, 记为 $\pi \leftrightarrow c_\pi$.

注记 5.4.3   设 G 是整体域 F 上的约化群, $\pi = \otimes'_v \pi_v$ 是 $G(\mathbb{A})$ 的自守表示, 则对几乎所有的 v, 分解中的 π_v 都是非分歧的. 所以分类非分歧表示是理解自守表示的第一步.

继续考虑整体域 F 上的情形. 取充分大的有限集 $S \supset \{v : v \mid \infty\}$, 使得 $v \notin S$ 时 π 在 F_v 上非分歧, 相应地, Frobenius 自同构的提升记为 Fr_v; 此时我们称 π 在 S 外非分歧. 定义

$$\mathcal{C}^S(G) = \prod_{v \notin S} \left((\check{G} \rtimes \mathrm{Fr}_v) /\!\!/ \check{G} \right)$$

与 π 对应之 $(c_{\pi,v})_v \in \mathcal{C}^S(G)$ 称为 π 的佐武参数, 这是自守表示的重要不变量; 有限集 S 的选取依赖于 π, 但可以任意扩大, 故佐武参数的自然归宿是

$$\mathcal{C}(G) := \varinjlim_S \mathcal{C}^S(G)$$

5.4.3 *L*-函数

承上, 当 F_v 是非 Archimedes 局部域时, 以 q_v 记 F_v 的剩余类域的基数. 取充分大的有限集 S 如上.

定义 5.4.4 (部分 L-函数)　设 $\pi = \otimes'_v \pi_v$ 是 $G(\mathbb{A})$ 的酉表示, 且当 $v \notin S$ 时 π_v 非分歧. 设 $\rho : {}^L G \to \mathrm{GL}_N(\mathbb{C})$ 为线性表示, 对满足 $\Re(s) \gg_\pi 0$ 的复数 s 定义

$$L^S(s, \pi, \rho) := \prod_{v \notin S} L(s, \pi_v, \rho)$$

$$L(s, \pi_v, \rho) := \det \left(1 - \rho(c_{\pi, v}) q_v^{-s}\right)^{-1}$$

这是 π 的解析不变量, 由表示的佐武参数确定; 无穷乘积分解

$$L^S(s, \pi, \rho) = \prod_{v \notin S} L(s, \pi_{,v}, \rho)$$

称为 L-函数的 Euler 乘积. 借助对酉表示的一些初等估计, 可证明 $L^S(s, \pi, \rho)$ 在 $\Re(s) \gg 0$ 时收敛且对 s 全纯.

如果假设 π 是自守表示, 则预期 π 的 L-函数将有特殊的解析性质, 进一步, 我们还有理由预期它蕴藏重要的算术信息.

猜想 5.4.5 (R. P. Langlands)　函数 $L^S(s, \pi, \rho)$ 具有到整个复平面的亚纯延拓和相对于 $s \leftrightarrow 1 - s$ 的函数方程.

例 5.4.6　取 $G = \mathrm{GL}_n$, 则 $\check{G} = \mathrm{GL}_n(\mathbb{C})$, 带平凡的 Gal_F 作用. 取 ρ 为 GL_n 的标准 n 维表示. 此时 $L^S(s, \pi, \rho)$ 无非 π 的 Godement–Jacquet 标准 L-函数的 S-部分.

5.4.4 Langlands 函子性

仍然选定整体域 F 上的约化群 G, 取 S 充分大以确保 G 在 S 之外有好的模型, 具如上述. 若 $G(\mathbb{A})$ 的自守表示 π 在 S 外非分歧, 则其佐武参数记为 $c_\pi^S \in \mathcal{C}^S(G)$; 它在 $\mathcal{C}(G)$ 中的像记为 c_π. 表示的自守性质对可能的佐武参数施加了严格的限制. 定义

$$\mathcal{C}^S_{\mathrm{aut}}(G) := \left\{ c_\pi^S \in \mathcal{C}^S(G) : \pi \text{ 是 } G(\mathbb{A}) \text{ 的自守表示, 在 } S \text{ 外非分歧} \right\}$$

$$\mathcal{C}_{\mathrm{aut}}(G) := \left\{ c_\pi \in \mathcal{C}^S(G) : \pi \text{ 是 } G(\mathbb{A}) \text{ 的自守表示} \right\}$$

Langlands 洞察到随着 G 变化, 这些佐武参数构成的空间具有紧凑的结构, 线索来自 L-群.

首先需要一些定义. 设 H, G 为 F 上的约化群, 而同态 $f : {}^L H \to {}^L G$ 与向 W_F 的投影交换. 按照佐武参数的定义, 它诱导 $f_* : \mathcal{C}^S(H) \to \mathcal{C}^S(G)$. 以下不妨假设 G 拟分裂, 换言之, 它有定义在 F 上的 Borel 子群.

猜想 5.4.7 (Langlands 函子性)　上述之 f_* 诱导 $\mathcal{C}^S_{\mathrm{aut}}(H) \to \mathcal{C}^S_{\mathrm{aut}}(G)$.

(1) 如果 $\rho : {}^L G \to \mathrm{GL}_N(\mathbb{C})$, 而 $H(\mathbb{A})$ 和 $G(\mathbb{A})$ 的自守表示 σ, π 如此联系, 按定义立见

$$L^S(s, \sigma, \rho \circ f) = L^S(s, \pi, \rho)$$

(2) 进一步猜想: 应当可以将 H 的自守表示通过 f 提升到 G 的自守表示, 或更精确地说, 提升为自守表示的 "包".

Langlands 演示了如何从 f 为对称幂 $\mathrm{Sym}^k : \mathrm{GL}_n \to \mathrm{GL}_{\binom{n+k-1}{k}}$ 时的函子性推导 Ramanujan 猜想.

5.4.5 Langlands 对应

对局部域 E, 定义 Weil–Deligne 群为

$$\mathrm{WD}_E := \begin{cases} W_E, & E = \mathbb{R}, \mathbb{C} \\ W_E \times \mathrm{SL}_2(\mathbb{C}), & \text{其他情形} \end{cases}$$

在局部域 E 上, 定义

$$\Pi(G) := \left\{ G(E) \text{ 的不可约光滑表示} \right\} / \simeq$$

定义 L-参数集为

$$\Phi(G) := \left\{ \mathrm{WD}_E \xrightarrow{\phi} {}^L G \searrow \underset{W_E}{} \swarrow + \text{连续等条件} \right\} \Big/ \check{G}\text{-共轭}$$

猜想 5.4.8 (局部 Langlands 对应) 存在满足种种相容性的满射 $\Pi(G) \to \Phi(G)$, 其纤维 Π_ϕ 称为 L-包; 这些有限集的结构猜想可由 $\mathrm{Cent}_{\check{G}}(\mathrm{im}(\phi))$ 来描述.

对于 G 和 π 非分歧的情形, 这一对于应当回归佐武一郎对应.

猜想 5.4.9 (整体 Langlands 对应的初步版本) 在整体域 F 上, 自守表示同样用 $\phi : L_F \to {}^L G$ 的共轭类来描述, 此处涉及的 Langlands 群 L_F 理当是 W_F 的某个扩张.

在数域情形, L_F 的存在性或是 Langlands 纲领最深的内容之一.

• Arthur (1989, 1990) 对局部–整体的关系和自守表示的重数有更精细的猜想, 他还提出了 Arthur 包的概念.

• 如果只考虑 $G = \mathrm{GL}_1 = \mathbb{G}_m$, 一切归结为局部和整体类域论. 这时 L_F 的角色可用 W_F 代替.

• 对于一般的 GL_n, Langlands 对应可以视作一种非交换互反律. 这将是初等数论中的二次互反律的深远推广.

5.4.6 几何、算术与分析

设 ℓ 为素数. 取定 $\mathbb{Q}_\ell$ 的代数闭包 $\overline{\mathbb{Q}_\ell}$ 和 $\iota : \overline{\mathbb{Q}_\ell} \tilde{\to} \mathbb{C}$. 极其粗略地说

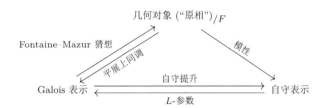

几何对象和 Galois 表示这两部分涉及系数在 $\overline{\mathbb{Q}_\ell}$ (而非 $\mathbb{C}$) 中的构造. 这些箭头应当和三边的各种结构相容; 最低限度, 至少要使各种 L-函数相对应:

(1) 原相①的 L-函数, 这是 Hasse-Weil ζ-函数的推广;

(2) Galois 表示的 Artin L-函数;

(3) 自守表示的种种 L-函数.

往细处说, 这里还涉及对应的 ℓ-无关性、p-进 Langlands 纲领、局部–整体兼容性等等面向, 可谓千头万绪.

以下举一个特定的几何对象为例, 说明三者如何互动. 设 $\mathcal{E}$ 为 $\mathbb{Q}$ 上椭圆曲线, 其 "原相" 分解为 $\mathcal{E} = h^0 \oplus h^1 \oplus h^2$. 对应 h^1 的 ℓ-进 Galois 表示来自 Tate 模 $T_\ell(\mathcal{E}) = \varprojlim_r \mathcal{E}[\ell^r]$. 适当地选取 $\mathcal{E}$ 的方程, 可确保方程是整系数的, 并且满足某种极小性质. 如果此方程 mod 素数 p 之后仍然定义 $\mathbb{F}_p$ 上的椭圆曲线, 记为 $\overline{E}_{\mathbb{F}_p}$, 则称 $\mathcal{E}$ 在 p 处有好约化.

由此定义 $\mathcal{E}$ 的 Hasse-Weil ζ-函数为

$$\zeta(\mathcal{E}, s) := \prod_{p:\text{有好约化}} Z\left(\mathcal{E}_{\mathbb{F}_p}, p^{-s}\right) \cdot (\text{其他有限多项}), \quad \Re(s) \gg 0$$

$$\log Z(\mathcal{E}_{\mathbb{F}_p}, t) = \sum_{r \geq 1} |\mathcal{E}(\mathbb{F}_{p^r})| \cdot \frac{t^r}{r}$$

$$\zeta(\mathcal{E}, s) = \underbrace{\zeta(s)}_{h^0} \underbrace{L(\mathcal{E}, s)^{-1}}_{h^1} \underbrace{\zeta(s-1)}_{h^2}$$

好约化之外的项其定义稍微棘手, 按下不表.

今考虑带复乘的椭圆曲线 $\mathcal{E}_{/\mathbb{Q}} : Y^2 = X^3 - X$, 则 $L(\mathcal{E}, s) = \sum_{n \geq 1} a_n n^{-s}$ 等于

---

① 此处采取黎景辉老师建议的译名.

下述模形式的 L-函数

$$\sum_{n\geqslant 1} a_n q^n = q \prod_{n\geqslant 1} (1 - q^{4n})^2 (1 - q^{8n})^2$$

$$= \left(\eta(4\tau)\eta(8\tau)\right)^2 \in S_2(\Gamma_0(32))$$

其中 $q = e^{2\pi i\tau}$, $\tau \in \mathcal{H}$,

$$\Gamma_0(N) := \left\{ \gamma \in \mathrm{SL}_2(\mathbb{Z}) : \gamma \equiv \begin{pmatrix} * & * \\ & * \end{pmatrix} \pmod{N} \right\}$$

而 $\eta(\tau)$ 是 Dedekind η-函数

$$\eta(\tau) = e^{2\pi i\tau/24} \prod_{n=1}^{\infty} (1 - q^n)$$

注意到 $\eta^{24} = \Delta \in S_{12}(\mathrm{SL}_2(\mathbb{Z}))$, 即模判别式函数.

Langlands 函子性猜想提出已有半个世纪, 相关的技巧和思想屡有突破. 尽管如此, 离猜想的完整形式即便对 $G = \mathrm{GL}_n$ 也还有一大段距离. 在近来涌现的许多新成果中, 我们且举出一则与几何、表示和数论都直接相关的例子 (2017 年).

(1) 作者群: Allen, Calegari, Caraiani, Gee, Helm, Le Hung, Newton, Scholze, Taylor, Throne.

(2) 成果: 复乘域 $F \supset \mathbb{Q}$ 上满足若干条件的 n 维 Galois 表示的模性 (涵摄来自椭圆曲线 $\mathcal{E}_{/F}$ 的 Galois 表示), 不需要表示的自对偶条件.

(3) 若干应用

- 非复乘椭圆曲线 $\mathcal{E}_{/F}$ 的佐藤–Tate 猜想;

- $\mathrm{GL}_2(\mathbb{A}_F)$ 的上同调 (平凡系数) 尖点自守表示的 Ramanujan 猜想, 其手法是证明 Galois 表示的对称幂具有 "潜在自守性".

5.5 函数域情形: Weil 的见解

5.5.1 Dedekind-Kronecker-Weil 的洞见

以下所谓的 "曲线" 默认为几何连通的光滑射影代数曲线.

从 19 世纪以来, Dedekind、Kronecker 等就已经察觉数域里的代数整数环和曲线的几何有许多性质相通. 然而, 直到 A. Weil 才明确指出有限域 $\mathbb{F}_q$ 上的曲线理论可以充当两者的中介.

A. Weil 以古埃及留下的 Rosetta 石碑来解释数论与几何之间的类比. 一如 Rosetta 石碑铭刻有希腊文字、象形文字和埃及草书三种文字, Weil 的类比也包括三种语言 (图 5.6).

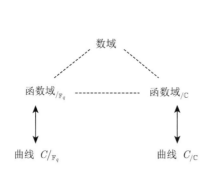

图 5.6

所谓的函数域, 指该曲线上的有理函数构成的域. 对于复数域 $\mathbb{C}$, 其上的曲线无非是连通紧 Riemann 曲面, 而函数域无非是亚纯函数域. 曲线 $C_{/\mathbb{F}_q}$ 的函数域是之前介绍的正特征整体域.

另有一种思路是将数域和三维流形的几何作类比, 本文不讨论.

相较于数域情形, 曲线上有更多的几何结构, 譬如正特征函数域上的 Frobenius 自同构, 以及 Riemann 曲面上的微分算子. 举例言之, Riemann 假设在函数域上的类比已经被由几何方法证明了, 这是 A. Weil、P. Deligne 等的深刻工作.

许多数学家的梦想是发展一套绝对几何学, 它涉及所谓 "只有一个元素的域" $\mathbb{F}_1$ 及其上的几何; 人们还期望 $\mathbb{Z}$ 上的算术–几何对象能下降到 $\mathbb{F}_1$ 上, 或者说期望某种自然态射 $\mathrm{Spec}(\mathbb{Z}) \to \mathrm{Spec}(\mathbb{F}_1)$. 这一切猜想的目的在于用类似的几何论证来处理数域上的问题, 例如经典版本的 Riemann 假设. 截至目前, 此套理论尚不能自圆其说.

5.5.2   挠子的模空间

取定有限域 $\mathbb{F}_q$ 并考虑 $\mathbb{F}_q$ 上的曲线 C 及其函数域 $F := \mathbb{F}_q(C)$. 定义 F 的 adèle 环的紧开子环

$$\mathbb{A}^{\circ} := \prod_v \mathfrak{o}_{F_v} \subset \mathbb{A} = \mathbb{A}_F$$

Weil 注意到

$$\mathrm{GL}_n(F) \backslash \mathrm{GL}_n(\mathbb{A}) / \mathrm{GL}_n(\mathbb{A}^{\circ}) \xleftrightarrow{1:1} \{C \text{ 上的秩 } n \text{ 向量丛}\} / \simeq$$

- 秩 n 向量丛相当于 GL_n-挠子, 亦即 GL_n-主丛, 此对应由 $V \mapsto \underline{\mathrm{Isom}}(\mathcal{O}_C^{\oplus n}, V)$ 确定.

- 对一般的分裂约化群 G, 曲线 C 上的 G-挠子的模空间 Bun_G 是 $\mathbb{F}_q$ 上的一个光滑代数叠. 双射的右式无非 $\mathrm{Bun}_{\mathrm{GL}_n}(\mathbb{F}_q)$, 在此简单地视为由 GL_n-挠子的同构类组成的集合.

- 更进一步, 给定 C 的有限闭子概型 N, 对挠子加入 N 结构, 亦即挠子限制在 N 上的平凡化, 便得到模空间 $\mathrm{Bun}_{G,N}$; 作为特例, $\mathrm{Bun}_{G,\varnothing} = \mathrm{Bun}_G$.

在处理这类和挠子有关问题的当代进路中, 最基本的工具是 Beauville-Laszlo 下降法.

注记 5.5.1　分裂群的好处在于它自动 "摊开" 为曲线 C 上的群概型, 在每一点都有好约化. 然而数论中涉及许多非分裂约化群, 例如整体域上的酉群, 对于这些 G, 对应的几何构造应取为 C 上的 Bruhat-Tits 群概型.

考虑 Galois 上同调 $H^1(F, G)$ 及其在每个 F_v 上的局部版本. 对 Shafarevich 群

$$\mathrm{ker}^1(F, G) := \left\{\alpha \in H^1(F, G) : \forall v,\ \alpha \text{ 在 } H^1(F_v, G) \text{ 中的像平凡}\right\}$$

里的每个 α, 选定代表元 $a \in Z^1(F, G)$ 以构作一个和 G 在许多方面都非常相似的约化群 G_α, 称为 α 给出的纯内形式; 再对每个 v 取

$$b \in G(F_v^{\mathrm{sep}}), \quad \text{使得 } \forall \sigma \in \mathrm{Gal}_{F_v},\ a_\sigma = b^{-1}\sigma(b)$$

由此可以推得同构 $G_\alpha(\mathbb{A}) \simeq G(\mathbb{A})$, 尽管 G 和 G_α 在 F 上未必同构.

定理 5.5.2　令 $K_N \subset G(\mathbb{A}^\circ)$ 为 $N \subset C$ 对应的同余子群, 则

$$\underbrace{\mathrm{Bun}_{G,N}(\mathbb{F}_q)}_{\text{只看同构类, 或取 } \pi_0} \overset{1:1}{\longleftrightarrow} \bigsqcup_{\alpha \in \mathrm{ker}^1(F,G)} G_\alpha(F) \backslash G_\alpha(\mathbb{A}) / K_N$$

对应到平凡 α 的恰好是 Zariski 局部平凡的 G-挠子. 若 G 分裂或 G 的导出子群单连通, 则 $\mathrm{ker}^1(F, G)$ 平凡. 双射对 Ξ 的自然作用等变.

关于 Ξ, 请回顾定义 5.3.1 及其上的论述.

当 N 扩大时 K_N 收缩至 $\{1\}$, 这说明在函数域上, 自守形式所居的 $G(F) \backslash G(\mathbb{A}) / \Xi$ 是几何对象 (模空间) 的某种影子. 注意到纯内形式 G_α 在经典框架下同样出现, 这是 R. P. Langlands 和 D. Vogan 等早有的观察.

5.5.3　数域上的一种类比

以下类比是 U. Stuhler 提出的. 定义

$$\mathrm{Vect}_n := \left\{ \mathcal{V} = (L, b) \,\middle|\, \begin{array}{l} L : \text{秩 } n \text{ 自由 } \mathbb{Z}\text{-模}, \\ b : L \otimes_{\mathbb{Z}} \mathbb{R} \text{ 上的内积} \end{array} \right\} + \text{自明的同构概念}$$

取 $\mathrm{GL}_n(\mathbb{A})$ 的极大紧子群 $K = \mathrm{O}_n(\mathbb{R}) \times \prod_p \mathrm{GL}_n(\mathbb{Z}_p)$, 则

$$\mathrm{GL}_n(\mathbb{Q}) \backslash \mathrm{GL}_n(\mathbb{A}) / K \simeq \mathrm{GL}_n(\mathbb{Z}) \backslash (\mathrm{GL}_n(\mathbb{R}) / \mathrm{O}_n(\mathbb{R}))$$

$$\simeq \mathrm{Vect}_n / \simeq$$

在此语境下, 如约定 $\mathcal{V}$ 的 "子丛" 为配备诱导内积的无挠 $\mathbb{Z}$-子模, 并且命

$$\deg(\mathcal{V}) := -\log \mathrm{vol}\left(L \otimes_{\mathbb{Z}} \mathbb{R} / L\right), \quad \mu(\mathcal{V}) := \frac{\deg \mathcal{V}}{\mathrm{rk}(L)}$$

则在 $\mathrm{GL}_n(\mathbb{Q}) \backslash \mathrm{GL}_n(\mathbb{A}) / K$ 上可以开展类似于 Harder-Narasimhan 滤过的理论.

5.5.4　函数域上实现整体 Langlands 对应的思路

以下选定函数域 $F \supset \mathbb{F}_q$, 其中 q 是某素数的幂.

(1) 函数域上的表示理论和 Langlands 对应本质上是代数的: 它们可以适当地表述, 使得一切只依赖表示的系数域 (先前取为 $\mathbb{C}$) 的代数结构, 而不涉及其拓扑. 为了引入几何工具, 我们另取素数 $\ell \nmid q$. 以 $\mathbb{Q}_\ell$ 表示 ℓ-进数域; 选定代数闭包 $\overline{\mathbb{Q}_\ell}$. 代数中的一则事实是存在域的同构 $\overline{\mathbb{Q}_\ell} \simeq \mathbb{C}$. 因此我们可以考虑系数域为 $\overline{\mathbb{Q}_\ell}$ 的表示或自守形式.

(2) 取定系数域 $\overline{\mathbb{Q}_\ell}$ 如上. 来自函数域 (或其完备化) 上的自守形式理论 (或群表示论) 的另一则事实是: 所有自守形式 (或不可约表示) 实际上都能够定义在 $\mathbb{Q}_\ell$ 的某个有限扩张上, 而不必用到整个 $\overline{\mathbb{Q}_\ell}$.

(3) 综上, 在表示和对偶群 $\check{G}$ 的定义中可用 $\overline{\mathbb{Q}_\ell}$ 或 $\mathbb{Q}_\ell$ 的有限扩张来取代 $\mathbb{C}$.

(4) 在 ℓ-进情形, 进一步定义 L-参数为连续同态 $\sigma : W_F \to {}^L G$, 其中 ${}^L G$ 被赋予来自 $\overline{\mathbb{Q}_\ell}$ 的拓扑, 并且要求 σ 透过 ${}^L G(E)$ 分解, 其中 E 是 $\mathbb{Q}_\ell$ 的某个有限扩张.

以 $G = \mathrm{GL}_n$ 为例, $\check{G} = \mathrm{GL}_n(\overline{\mathbb{Q}_\ell})$. 此时 L-参数转译为 n 维的 ℓ-进 Galois 表示, 或更确切地说是 Weil 群的表示. 它们对应到曲线 C 的开集上的秩为 n 的 ℓ-进光滑 Weil 层, 相关的理论框架可见 [4, §1.1] 的说明.

注记 5.5.3　来自几何, 亦即 ℓ-进平面上同调的表示也遵从类似的哲学: 它们取值在 $\mathbb{Q}_\ell$ 或其有限域扩张上.

一个经典想法是寻觅合适的几何对象 $\mathcal{X}$ 使得 $H^\bullet(\mathcal{X}_{\bar{F}}; \overline{\mathbb{Q}_\ell})$ 带有 $\mathrm{Gal}_F \times G(\mathbb{A})$-作用, 透过作为 $\mathrm{Gal}_F \times G(\mathbb{A})$-表示的不可约分解 (假设存在!)

$$H^\bullet(\mathcal{X}_{\bar{F}}, \overline{\mathbb{Q}_\ell}) = \bigoplus_{\sigma, \pi} \sigma \boxtimes \pi$$

在 Gal_F 和 $G(\mathbb{A})$ 的表示之间建立某种对应. 在数域情形下, 相对照的几何对象是志村簇.

运用初等的表示论论证, 可说明对于 $G = \mathrm{GL}_2$ 此路不通, 但可考虑 $\mathrm{Gal}_F \times \mathrm{Gal}_F \times G(\mathbb{A})$ 的作用来实现之. 这是 Drinfeld 的功绩.

定义 5.5.4 称自守形式 f 是尖点形式, 如果对任意抛物子群 $P = MU \subsetneq G$ 和 $x \in G(\mathbb{A})$, 积分 $\displaystyle\int_{U(F)\backslash U(\mathbb{A})} f(xu)du = 0$. 由尖点形式生成的自守表示称为尖点表示.

尖点表示是离散自守谱的基本构件: 我们有 $L^2_{\mathrm{cusp}} \subset L^2_{\mathrm{disc}}$, 而一般的离散谱则由 Levi 子群的尖点表示先作 Eisenstein 级数, 再取留数而得. 对于函数域上的情形, V. Lafforgue 对尖点形式给出了代数的刻画: f 是尖点形式当且仅当它在所有 Hecke 算子作用下张成有限维空间.

迄今为止, 对函数域上的 Langlands 对应的重要突破包括但不限于:

(1) Drinfeld (1978) 对 GL_2 证明了 Langlands 猜想. 这里起作用的 $\mathcal{X}$ 是所谓两爪 ($r = 2$) 的 shtuka 的模空间.

(2) L. Lafforgue (2002) 发展了这一思路, 结合分析学工具证明了 GL_n 的整体 Langlands 对应.

(3) Abe[1] 用等晶体 (不妨设想为代数簇的 p-进上同调的系数) 取代 ℓ-进 Galois 表示.

(4) 对一般 G 的情形, V. Lafforgue [10] 对尖点表示得到了 Langlands 猜想的自守 $\to$ Galois 方向. 他考虑了具有 r 个爪的 shtuka. 此方法也可以给出局部 Langlands 对应在正特征情形的部分结果.

5.6 Lafforgue 工作的概述

5.6.1 Hecke 叠和 shtuka

考虑函数域 $F = \mathbb{F}_q(C)$, 其中 C 是 $\mathbb{F}_q$ 上的曲线. 考虑以下要素:

(1) G: 在 F 上的分裂约化群;

(2) $I = I_1 \sqcup \cdots \sqcup I_k$: 有限集;

(3) $N \subset C$: 有限子概型.

定义 Hecke 叠 为 ind-代数叠

$$
\mathrm{Hecke}_{N,I}^{(I_1,\cdots,I_k)} = \left\{
\begin{array}{l}
(x_i)_{i \in I} \in (C \setminus N)^I : \\
((\mathcal{G}_j, \psi_j) \in \mathrm{Bun}_{G,N})_{j=0}^k \\
\phi_j : \underbrace{\mathcal{G}_{j-1} \longrightarrow \mathcal{G}_j}_{\text{仅定义在 } C \backslash \bigcup_{i \in I_j} x_i \text{ 上}}
\end{array}
\middle|\ \phi_j \text{ 保级结构 } \psi_{j-1}, \psi_j
\right\}
$$

更确切地说, 我们对每个概型 $S_{/\mathbb{F}_q}$, 我们在 $C \times S$ 和 $C \times S \setminus \bigcup_{i \in I_j} \Gamma_{x_i}$ 上指定上述要素, 其中 Γ_{x_j} 是 $x_j : S \to (C \setminus N)$ 的态射图像. 所有这些要素构成一个广群. 当 S 变动, 这赋予 $\mathrm{Hecke}_{N,I}^{(I_1, \cdots, I_k)}$ 叠的结构.

如在 $N = \varnothing$ 情形另加平凡化 $\theta : \mathcal{G}_k \xrightarrow{\sim} G \times C$ 作为资料的一部分, 便得到 ind-概型 $\mathrm{Gr}_I^{(I_1, \cdots, I_k)}$, 称为 Beilinson–Drinfeld 仿射 Grassmann 空间.

再用叠的拉回图表定义叠 $\mathrm{Cht}_{N,I}^{(I_1, \cdots, I_k)}$:

$$
\begin{array}{ccc}
\mathrm{Cht}_{N,I}^{(I_1, \cdots, I_k)} & \longrightarrow & \mathrm{Hecke}_{N,I}^{(I_1, \cdots, I_k)} \\
\downarrow & & \downarrow {\scriptstyle (\mathcal{G}_0, \mathcal{G}_k)} \\
\mathrm{Bun}_{G,N} & \xrightarrow[(\mathrm{id}, \mathrm{Fr})]{} & \mathrm{Bun}_{G,N} \times \mathrm{Bun}_{G,N}
\end{array}
$$

这就是带 N 级结构的 shtuka 的模空间.

(1) 施加 $\mathcal{G}_0$ 的稳定性条件 μ (类似 Harder–Narasimhan) 和每个 ϕ_j 的 "相对位置" $\underline{\omega}$, 可以截出子叠 $\mathrm{Cht}_{N,I,\underline{\omega}}^{(I_1, \cdots, I_k) \leqslant \mu}$ 和 $\mathrm{Gr}_{I,\underline{\omega}}^{(I_1, \cdots, I_k)}$ 等等.

(2) 自然态射 $\mathrm{Cht}_{N,I}^{(I_1, \cdots, I_k)} \to (C \setminus N)^I$ 给出所谓的 $r := |I|$ 只 "爪".

(3) 和经典的化约理论类似, 若 G 非半单群, 在此还应当考虑某些格 $\Xi \subset Z_G(F) \backslash Z_G(\mathbb{A})$ 的作用.

5.6.2 上同调

V. Lafforgue 在其工作中的观点是改用 $W \in \mathrm{Rep}(\check{G}^I)$ 替代 $\underline{\omega}$ 来作截断. 此处以 $\mathrm{Rep}(\check{G}^I)$ 代表代数群 $\check{G}^I$ 的有限维代数表示构成的范畴.

我们有光滑态射

$$
\epsilon : \mathrm{Cht}_{N,I,W}^{(I_1, \cdots)} \longrightarrow \mathrm{Gr}_{I,W}^{(I_1, \cdots)} / G_{\sum_i \infty x_i}
$$

几何佐武一郎对应对 W 给出反常层 $\mathcal{S}_W$, 对 $(C \setminus N)^I$ 适当地归一化后将 $\mathcal{S}_W$ 用 ϵ 拉回 Cht/Ξ, 得到 $\mathcal{F}_W$. 限制到 $\leqslant \mu$ 部分, 再作 !-推出到 $(C \setminus N)^I$, 得到 $\mathcal{H}_W^{\leqslant \mu} \in \mathsf{D}_c^b((C \setminus N)^I)$.

另一方面, 我们有对角态射 $\Delta : C \to C^I$. 取 C 的

$$
\eta : \text{泛点}, \quad \bar{\eta} \mapsto \eta : \text{几何点}
$$

以及几何点 $\overline{\eta^I} \mapsto \eta^I$; 注意到 $\Delta(\eta) \in \overline{\{\eta^I\}}$, 选定 "特殊化" $\mathfrak{sp} : \overline{\eta^I} \to \Delta(\bar{\eta})$ (以及相应的严格 Hensel 化之间的态射). 我们遂有

$$
H_{I,W} := \left(\varinjlim_\mu \mathcal{H}_W^{0, \leqslant \mu} \Big|_{\Delta(\bar{\eta})} \right)^{\text{Hecke 有限}} \xrightarrow[\sim]{\mathfrak{sp}^*} \left(\varinjlim_\mu \mathcal{H}_W^{0, \leqslant \mu} \Big|_{\overline{\eta^I}} \right)^{\text{Hecke 有限}}
$$

上标 0 代表取相对于寻常 t-结构的上同调 H^0.

以下是 $(I, W) \mapsto H_{I,W}$ 的一些性质.

(1) $H_{I,W}$ 带有 $\mathrm{Gal}_F^I = \pi_1(\eta, \bar{\eta})^I$ 作用, 它无关 $\mathfrak{sp}^*$, $\overline{\eta^I}$ 的选取.

(2) 任意映射 $\zeta : I \to J$ 诱导 $\check{G}^J \to \check{G}^I$, 从而有拉回 $W \mapsto W^\zeta \in \mathrm{Rep}(\check{G}^J)$; 存在自然同构 $\chi_\zeta : H_{I,W} \xrightarrow{\sim} H_{J,W^\zeta}$. 这里起实质作用的是 BD-Grassmann 空间理论里的融合积.

(3) $H_{I,W}$ 对 $W \in \mathrm{Rep}(\check{G}^I)$ 具有函子性.

(4) 记 $\mathbf{1}$ 为平凡表示, $\zeta : \varnothing \to \{0\}$, 则

$$H_{\varnothing, \mathbf{1}} = C_c^{\mathrm{cusp}}\left(\mathrm{Bun}_{G,N}(\mathbb{F}_q)/\Xi\right) \underset{\chi_\zeta}{\xrightarrow{\sim}} H_{\{0\}, \mathbf{1}}$$

细节需要较深的知识. 粗略地说, 基本要素包括

(1) 用 Drinfeld 引理制造 $\pi_1(\eta, \bar{\eta})^I$-作用;

(2) 透过 Varshavsky 的结果将此联系到 $C_c(\mathrm{Bun}_{G,N}(\mathbb{F}_q)/\Xi)$, 从而接上经典理论;

(3) 某种 Eichler–志村关系式 (导致有限性), 这是 Lafforgue 的工作中技术性较强的部分.

5.6.3 巡游算子或 S-算子

设 $W \in \mathrm{Rep}(\check{G}^I)$, $x \in W^{\check{G}\text{-inv}}$, $\xi \in W^*_{\check{G}\text{-coinv}}$, $\vec{\gamma} \in \mathrm{Gal}_F^I$. 上标 inv (或下标 coinv) 代表取相应的不变量 (或余不变量).

引入符号 0 以考虑独点集 $\{0\}$. 记 $\zeta_I : I \to \{0\}$; 相应地 $\check{G} = \check{G}^{\{0\}} \to \check{G}^I$ 是对角嵌入. 定义算子 $S_{I,W,x,\xi,\vec{\gamma}}$ 为合成图 5.7.

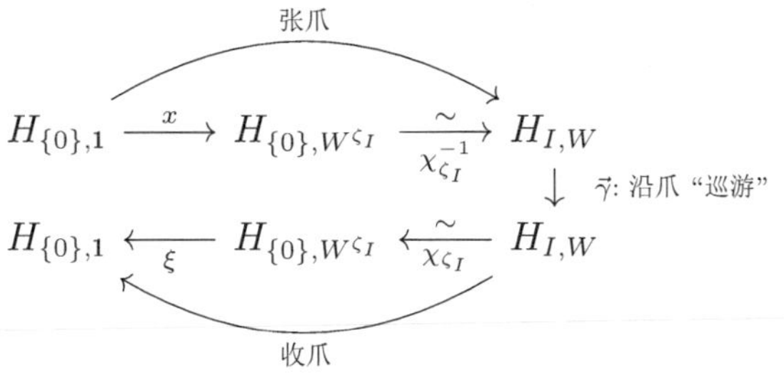

图 5.7

巡游算子也称为 S-算子. 它包含 Hecke 算子作为特例.

例 5.6.1 取 $I = \{1, 2\}$, 不可约表示 $V \in \mathrm{Rep}(\check{G})$, 自明的

$$x : \mathbf{1} \to V \boxtimes V^*, \quad \xi : V \boxtimes V^* \to \mathbf{1}$$

以及 $\vec{\gamma} = (\gamma, 1)$, 其中 $\gamma \in \mathrm{Gal}_{F_v}$ 满足 $\deg(\gamma) = 1$. 相应的巡游算子即是经典 Hecke 算子 $h_{V,v}$; 这里用经典版本的佐武一郎同构来定义 $V \mapsto h_{V,v}$.

巡游算子可进一步改编成 $S_{I,f,\vec{\gamma}}$, 其中 f 是 $\check{G}^I$ 上的双边 $\check{G}$-不变正则函数.

(1) 此诸算子构成 $\mathrm{End}\left(C_c^{\mathrm{cusp}}\left(\mathrm{Bun}_{G,N}(\mathbb{F}_q)/\Xi\right)\right)$ 的一个有限维交换子代数, 其作用和 $C_c(K_N \backslash G(\mathbb{A})/K_N)$ 的卷积作用交换. 因而

$$C_c^{\mathrm{cusp}}\left(\mathrm{Bun}_{G,N}(\mathbb{F}_q)/\Xi\right) = \bigoplus_{\nu:\mathcal{B}^{\mathrm{red}} \text{ 的特征标}} \left(\mathfrak{H}_\nu: \text{广义特征子空间}\right)$$

(2) 运用一些几何不变量理论, 主要依赖 Richardson 的结果, V. Lafforgue 证明 ν 对应到 L-参数 $\sigma : \mathrm{Gal}_F \to \check{G}$, 满足种种相容性条件. 从而给出了 Langlands 对应的一个方向.

(3) 对于 $G = \mathrm{GL}_n$, 巡游算子归结为 Hecke 算子, 而 ν 和 σ 的对应归结为伪特征标理论 (Taylor); 上述结果化为 L. Lafforgue 早先结果的弱版本.

正特征情形下的局部 Langlands 对应能由受限 shtuka 的模空间得到部分的实现, 这是 Genestier-Lafforgue 的工作.

此外, 几何方法也能处理零特征情形的局部 Langlands 对应, 这是 Fargues-Scholze 纲领的内容, 它是局部 Langlands 纲领近年来的热点方向之一. 除了延续 Genestier-Lafforgue 的思想, 此纲领主要基于 p-进 Hodge 理论的技术.

5.7 几何 Langlands 纲领

5.7.1 几何化的线索

几何 Langlands 纲领的起源可以追溯至 Deligne、Drinfeld、Laumon 等在 20 世纪七八十年代的工作. 考虑有限域 $\mathbb{F}_q$ 上的曲线 C (特征 p) 或连通紧 Riemann 曲面 C (特征零). 取 F 为相应的函数域. 设 G 为分裂约化群. 为了简化, 我们仅考察非分歧的情形.

几何化的总体图像如下.

欲知详情, 可选的参考材料是 D. Gaitsgory 的 Bourbaki 报告[7]. 注意到 D-模和层的类比是透过 Riemann-Hilbert 对应来实现的.

5.7.2 范畴化

以上猜测的还只是一个简单而粗暴的双射. 现代数学的一个重要思想是范畴化, 相当于用范畴, 甚至是高阶范畴之间的等价来替代双射, 意在探明更丰富的结构. 出于技术细节的考虑, 今后仅讨论特征零的情形.

(1) C 上的全体 $\check{G}$-局部系统构成一个导出代数叠 $\mathrm{LocSys}_{\check{G}}$.

(2) Bun_G 上的全体 D-模给出 DG-范畴 (即微分分次范畴) $D(\mathrm{Bun}_G)$.

现在可以勾勒范畴化的几何 Langlands 对应的大致形式.

猜想 5.7.1 *存在典范的 DG-范畴等价 $\mathbb{L}_G$*

$$\mathrm{IndCoh}_{\mathcal{N}}(\mathrm{LocSys}_{\check{G}}) \xrightarrow{\ \mathbb{L}_G\ } D(\mathrm{Bun}_G)$$

$$\text{子范畴} \Big\uparrow$$

$$\mathrm{QCoh}(\mathrm{LocSys}_{\check{G}}) \xleftrightarrow[\text{(摩天大厦层)}]{\text{作为对象}} \{\check{G}\text{-局部系统}\}$$

它必须服从于种种相容性条件. 特别地, $\mathbb{L}_G$ 保持 Hecke 作用.

Hecke 作用的相容性是通过几何佐武一郎对应来表述的, 后者是 Lusztig–Drinfeld–Ginzburg–Mirković–Vilonen–朱歆文–Richarz 等的工作. 几何 Langlands 纲领的其他基本陈述莫不如是. 理解几何佐武一郎对应应当是学习几何 Langlands 纲领的第一步.

5.8 量子 Langlands 纲领概述

一些学者认为, Weil 的 Rosetta 石碑上应当还有第四种语言——量子场论. 奠基性质的文献包括:

(1) Kapustin-Witten [9]: 量子场论中的 S-对偶性可以由几何 Langlands 纲领诠释.

(2) 较近的工作则有 Aganagic-Frenkel-Okounkov [2].

(3) 亦可参考 E. Frenkel 关于几何 Langlands 纲领与共形场论的讲义 [5].

以下大致按照 [7], 但只能作极粗略的勾勒. 我们在复数域 $\mathbb{C}$ 上操作. 首先, 记 G 的 Lie 代数为 $\mathfrak{g}$, 取 Cartan 子代数 $\mathfrak{h} \subset \mathfrak{g}$.

(1) 量子 Langlands 对应涉及一个形变参数, 这是 $\mathfrak{h}$ 上的非退化 Weyl-不变二次型 κ; 它对应到 $\check{G}$ 上一组类似的资料, 记为 $-\kappa^{-1}$.

(2) 在量子框架下, G 和 $\check{G}$ 的地位是对等的. 下为 Gaitsgory 在 [6] 提出的 Conjecture 4.2:

$$\mathrm{D}_\kappa\left(\mathrm{Bun}_G\right) \overset{?}{\simeq} \mathrm{D}_{-\kappa^{-1}}\left(\mathrm{Bun}_{\check{G}}\right)$$

上式两边都是自守的, 分别由被 κ 和 $-\kappa^{-1}$ 所 "扭曲" 的 D-模组成.

(3) 当二次型 $\kappa \to 0$ 时, 量子 Langlands 对应退化到范畴化的几何 Langlands 对应.

Gaitsgory 认为这样一族形变解释了 Langlands 对应如何可能, 它应当比 $\mathbb{L}_G$ 更为根本.

量子 Langlands 纲领还可以和约化群 G 的某些覆叠群搭上线, 详见 Gaitsgory-Lysenko 最近的工作 [8].

值得指出的是高阶范畴和导出代数几何已经逐渐成为此方向的标准语言. 不熟悉这一思维工具, 对几何 Langlands 纲领便难以入门.

参 考 文 献

[1] Abe T. Langlands correspondence for isocrystals and the existence of crystalline companions for curves. J. Amer. Math. Soc., 2018, 31(4): 921-1057.

[2] Aganagic M, Frenkel E, Okounkov A. Quantum q-Langlands correspondence. Trans. Moscow Math. Soc., 2018, 79.

[3] Buzzard K, Gee T. The conjectural connections between automorphic representations and Galois representations. Automorphic forms and Galois representations. vol. 1: 135-187, London Math. Soc. Lecture Note Ser., 414, Cambridge Univ. Press, Cambridge, 2014: 135-187.

[4] Deligne P. La conjecture de Weil. II. Inst. Hautes Études Sci. Publ. Math., 1980, 52: 137-252.

[5] Frenkel E. Lectures on the Langlands Program and Conformal Field Theory. arXiv:hep-th/0512172

[6] Gaitsgory D. Quantum Langlands Correspondence. arXiv:1601.05279.

[7] Gaitsgory D. Progrès récents dans la théorie de Langlands géométrique. Séminaire Bourbaki. Vol. 2015/2016. Exposés Astérisque, 2017, 390: 1104-1119.

[8] Gaitsgory D, Lysenko S. Parameters and duality for the metaplectic geometric Langlands theory. Selecta Math., 2018, 24(1): 227-301.

[9] Kapustin A, Witten E. Electric-magnetic duality and the geometric Langlands program. Commun. Number Theory Phys., 2007, 1(1): 1-236.

[10] Lafforgue V. Chtoucas pour les groupes réductifs et paramétrisation de Langlands globale. J. Amer. Math. Soc., 2018, 31(3): 719-891.

[11] 李文威. 模形式初步. 北京: 科学出版社, 2020.

6 几何与表示掠影

付保华[①]

过去几十年, 人们发现几何与表示有着十分深刻的联系, 由此带来了丰富的成果并开辟了很多新的研究方向. 在这个联系中, 几何中的奇点扮演着突出的角色, 看似特殊的 McKay 对应和 Springer 解消都对后来的发展起了巨大的推动作用. 本报告将以这个对应和解消为主题, 浮光掠影式地展示几何与表示的奇妙联系.

6.1 引子: 正多面体

几何是研究形的一种科学, 其产生是随着人类自身的进步而自然出现的. 欧几里得的《几何原本》基本囊括了几何学从公元前 7 世纪的古埃及, 一直到公元前 4 世纪 (欧几里得生活时期) 前后总共近 400 年的数学发展历史, 乃是一部不朽之作. 该书的最后一章证明了正多面体只有五类: 正四面体、正方体、正八面体、正十二面体以及正二十面体. 有理由相信, 这个漂亮的结果也是促使欧几里得写《几何原本》的原因之一.

古希腊伟大的哲学家柏拉图也对正多面体的分类结果着迷. 他在其晚期著作《蒂迈欧篇》中提出世间万物都是由火、土、气、水四种元素构成的, 这四种元素分别对应于正四面体、正方体、正八面体以及正二十面体 (正十二面体对应于宇宙的模型). 这些元素还被给予了以三角形为基础的形式结构, 从而使得相互间可以发生化学反应. 比如, 1 等量的水加 1 等量的火可以转化为 3 等量的气, 这也符合我们的生活常识. 与之类似地, 在我国的远古道教的哲学中, 有五行一说. 在《五帝》篇中写道: "天有五行, 水火金木土, 分时化育, 以成万物."

1596 年, 开普勒在其《神秘的宇宙》一书中用正多面体构造了宇宙的模型. 当时仅发现了六颗行星: 金星、木星、水星、火星、土星以及地球. 当时大家认为这些行星的轨道都在某个球面上. 他发现若把土星轨道放在一个正方体的外接球上, 则木星轨道便在这个正方体的内切球上; 确定木星轨道的球内接一个正四面

---

① 中国科学院数学与系统科学研究院.

体, 火星轨道便在这个正四面体的内切球上; 火星轨道所在的球面再内接一个正二十面体, 便可确定地球轨道. 确定地球轨道的球内接一个正二十面体, 这个正二十面体的内切球决定金星轨道所在的球面; 在金星轨道所在的球内接一个正八面体, 水星轨道便落在这个正八面体的内切球上. 由此完美地解释了为何只有六颗行星 (而第七颗行星: 天王星, 直到 1781 年才被发现). 图 6.1 是开普勒书中宇宙模型的原图.

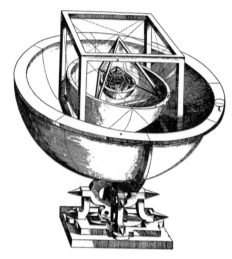

图 6.1

6.2   SL$(2,\mathbb{C})$ 中有限子群的表示

欧氏空间 $\mathbb{R}^n$ 上所有保距保定向的变换构成特殊正交群 SO$(n,\mathbb{R})$. 在 $\mathbb{R}^2$ 中任何正多边形的对称群都是一个循环群, 反之, 任何 SO$(2,\mathbb{R})$ 的有限子群都是一个循环群, 从而都可以实现为某个正多边形的对称群. 那么 SO$(3,\mathbb{R})$ 中的有限子群有哪些呢? 首先这些有限子群包括 SO$(2,\mathbb{R})$ 的有限子群, 即循环群. 同时 $\mathbb{R}^2$ 中正多边形在 $\mathbb{R}^3$ 中的对称群 (即多了空间中的反射) 也是 SO$(3,\mathbb{R})$ 的有限子群, 称为二面体群. 那么是否还有别的有限子群呢?

正多面体的旋转对称群称为多面体群. 容易得到, 正四面体群同构于 4 次交错群 A_4, 正方体群与正八面体群都同构于 4 次对称群 S_4, 而正十二面体群与正二十面体群都同构于 5 次交错群 A_5. 这些群都自然是特殊正交群 SO$(3,\mathbb{R})$ 的有限子群.

欧拉的一个定理说特殊正交群 SO$(3,\mathbb{R})$ 中任何非平凡元素都是沿 $\mathbb{R}^3$ 中某个直线轴的旋转, 特别地, 它恰好固定单位球面 S^2 上的两个点. 对于 SO$(3,\mathbb{R})$ 中的

任何有限子群 H, 容易看到其所有非平凡元素在 S^2 上的固定点的集合 P 是在 H 的作用下不变的. 由此我们可以得到一个关于 H 在 P 上的轨道个数 r, 稳定子群阶数 $a_i(i = 1, \cdots, r)$ 以及 H 的阶数 d 的如下不定方程

$$2 - \frac{2}{d} = \sum_{i=1}^{r} \left(1 - \frac{1}{a_i} \right)$$

注意到 a_i 可以整除 d, 由此方程可以解出 d, r, a_i, 进而可以得到:

命题 6.2.1 $\mathrm{SO}(3, \mathbb{R})$ 中的所有有限子群都同构于: 循环群、二面体群或正多面体群.

回忆一下 2 阶特殊酉群

$$\mathrm{SU}(2) = \left\{ \begin{pmatrix} a & b \\ -\bar{b} & \bar{a} \end{pmatrix} \middle| a, b \in \mathbb{C}, |a|^2 + |b|^2 = 1 \right\}$$

它自然地同构于三维单位球面 S^3. 李群 $\mathrm{SU}(2)$ 的李代数 $\mathfrak{su}(2)$ (即 S^3 在单位点的切空间) 同构于 $\mathbb{R}^3$, 其上有一个自然的内积 $\langle U, V \rangle = \frac{1}{2} \mathrm{Tr}(U \bar{V}^t)$. 注意到任一元素 $g \in \mathrm{SU}(2)$ 在 $\mathfrak{su}(2)$ 上的共轭作用保持该内积, 从而得到一个自然的群态射:

$$p : \mathrm{SU}(2) \to \mathrm{SO}(3, \mathbb{R})$$

可以验证 p 是一个满同态, 其核 $\mathrm{Ker}(p)$ 同构于 $\pm Id$. 如果我们把 $\mathrm{SO}(3, \mathbb{R})$ 等同于三维实射影空间 $\mathbb{RP}^3$, 则映射 p 就是 $S^3 \to \mathbb{RP}^3$ 的自然态射. 由于 $\mathrm{SO}(3, \mathbb{R})$ 中的所有有限子群都已经清楚 (命题 6.2.1), 我们可以借助态射 p 来得到 $\mathrm{SU}(2)$ 中的所有有限子群的分类.

更进一步, $\mathrm{SL}(2, \mathbb{C})$ 中的任何有限子群都同构于 $\mathrm{SU}(2)$ 中的一个有限子群, 从而我们得到克莱因在 1884 年证明的如下分类:

命题 6.2.2 $\mathrm{SL}(2, \mathbb{C})$ 中的任一有限子群都同构于下列群之一:

- 循环群: $C_n = \langle a | a^n = 1 \rangle$;
- 二元二面体群: $BD_{4n} = \langle a, b | a^2 = b^2 = (ab)^n \rangle$;
- 二元四面体群: $BT_{24} = \langle a, b | a^2 = b^3 = (ab)^3 \rangle$;
- 二元八面体群: $BO_{48} = \langle a, b | a^2 = b^3 = (ab)^4 \rangle$;
- 二元二十面体群: $BI_{120} = \langle a, b | a^2 = b^3 = (ab)^5 \rangle$.

设 Γ 为一个有限群, 记 $\mathrm{Conj}(\Gamma)$ 为 Γ 的所有共轭类所构成的集合. Γ 的一个表示是指 Γ 在某个向量空间 V 上的一个线性作用, 等价地, 是指一个群同态 $\rho : \Gamma \to \mathrm{GL}(V)$. 我们记此表示为 (V, ρ) (或 V_ρ 或更简单的 V). 本文只讨论有限

维的复表示 (即 V 是一个有限维的复向量空间). 如果 V 中没有非平凡的 Γ 不变子空间, 则称 (V, ρ) 为不可约表示. 可以证明 Γ 的任何表示都可以写成一些不可约表示的直和, 所以不可约表示是最基本的. 我们记 $\mathrm{Irr}(\Gamma)$ 为 Γ 的所有不可约表示 (此处不区分同构的表示) 所构成的集合. 可以证明 $\mathrm{Irr}(\Gamma)$ 是一个有限集合, 其阶等于集合 $\mathrm{Conj}(\Gamma)$ 的阶, 但这两个集合之间没有一个自然的双射 (仅有一个自然的对偶关系).

记 $\Gamma \subset \mathrm{SL}(2, \mathbb{C})$ 为一有限子群. 记 V_{stand} 为其在 $\mathbb{C}^2$ 上的自然表示, 记 Γ 的所有不可约表示为

$$\mathrm{Irr}(\Gamma) = \{V_0, V_1, \cdots, V_r\}$$

其中 V_0 为平凡表示. 对任一 i, 张量积 $V_{\mathrm{stand}} \otimes V_i$ 仍然为 Γ 的一个表示, 所以它可以写成不可约表示的直和形式:

$$V_{\mathrm{stand}} \otimes V_i = \oplus_j V_j^{\oplus a_{ij}}, \quad a_{ij} \in \mathbb{N}$$

可以证明 $a_{ij} = a_{ji}$. 由此我们可以构造 Γ 所对应的 McKay 图: 顶点为所有不可约表示 $V_0, \cdots, V_r$, 两个顶点 V_i, V_j 之间由 a_{ij} 条边连接. 我们在每个顶点上标记出相应不可约表示的维数.

例 6.2.3 假设 $\Gamma = C_n = \langle a | a^n = 1 \rangle$. 由于 Γ 是阿贝尔群, 其所有不可约表示都是一维的. 记 $\xi = e^{\frac{2\pi\sqrt{-1}}{n}}$, 则 Γ 的所有不可约表示为

$$\rho_k : \Gamma \to \mathrm{GL}(1) \simeq \mathbb{C}^*, a \mapsto \xi^k, \ k = 0, \cdots, n-1$$

注意到 Γ 在 $\mathbb{C}^2$ 上的自然表示 V_{stand} 同构于 $V_1 \oplus V_{n-1}$. 由此可得 $V_{\mathrm{stand}} \otimes V_i = V_{i-1} \oplus V_{i+1}$. 从而 Γ 的 McKay 图就是一个有 n 个顶点的圈图.

McKay 在文献 [13] 中给出了所有 $\mathrm{SL}(2, \mathbb{C})$ 中有限子群所对应的 McKay 图 (图 6.2), 得到如下结果 (我们标记出了平凡表示).

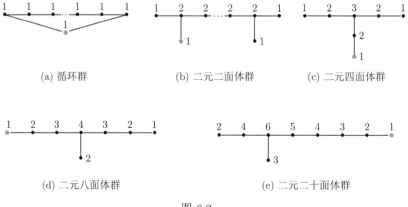

(a) 循环群   (b) 二元二面体群   (c) 二元四面体群

(d) 二元八面体群   (e) 二元二十面体群

图 6.2

这是一个让人吃惊的发现, 因为这些图正好是 ADE-型仿射 Dynkin 图! 如果我们把平凡表示去掉, 则得到的是 ADE 型 Dynkin 图. 而众所周知的是 Dynkin 图对应于复单李代数, 所以一个自然的问题就是:

问题 6.2.4 SL(2,$\mathbb{C}$) 中有限子群怎么与 ADE 型的复单李代数联系起来?

另外一个有意思的观察是每个顶点标注的维数正好是相应李代数中最长根在对应单根前的系数. 这又有什么背后的意义呢?

插曲 6.2.5 复李代数就是一个复向量空间 $\mathfrak{g}$ 及其上的一个反对称的双线性运算 (称为李括号): $[\cdot, \cdot] : \mathfrak{g} \times \mathfrak{g} \to \mathfrak{g}$ 使得如下的 Jacobi 等式对于任意 $x, y, z \in \mathfrak{g}$ 都成立:

$$[[x, y], z] + [[y, z], x] + [[z, x], y] = 0$$

如果 $\mathfrak{g}$ 没有非平凡的理想且李括号非平凡, 则称 $\mathfrak{g}$ 为复单李代数. 复单李代数的分类最先由 Killing 得到 (其证明的缺陷由 E. Cartan 补上), 而后 Dynkin 在 20 世纪 60 年代引入了 Dynkin 图来标记单李代数. A_n 型 Dynkin 图对应于矩阵代数 $\mathfrak{sl}(n+1, \mathbb{C})$, D_n 型 Dynkin 图对应于 $\mathfrak{so}(2n, \mathbb{C})$, 而 E_6, E_7, E_8 型 Dynkin 图则对应于三个例外单李代数.

6.3 克莱因奇点及其极小解消

让我们再回到几何. 固定一个有限子群 $\Gamma \subset \text{SL}(2, \mathbb{C})$, 记 $\mathbb{C}^2 / \Gamma$ 为群 Γ 在 $\mathbb{C}^2$ 上作用的所有轨道构成的商空间. 所有 $\mathbb{C}^2$ 上 Γ-不变的多项式组成一个代数 $\mathbb{C}[u, v]^\Gamma$, 商空间 $\mathbb{C}^2 / \Gamma$ 其实有一个自然的代数簇结构, 就是同构于 $\text{Spec}(\mathbb{C}[u, v]^\Gamma)$. 由于 Γ 在 $\mathbb{C}^2$ 上的作用限制到开集 $\mathbb{C}^2 \setminus \{(0, 0)\}$ 上都是自由的, 由此可以得到商空间 $\mathbb{C}^2 / \Gamma$ 具有一个孤立奇点 o, 称之为克莱因奇点.

例 6.3.1 假设 $\Gamma = C_n = \langle a | a^n = 1 \rangle$. 记 $\xi = e^{\frac{2\pi\sqrt{-1}}{n}}$, 则 Γ 在 $\mathbb{C}[u, v]$ 上的作用为

$$a \cdot u = \xi u, \quad a \cdot v = \xi^{-1} v$$

从而所有 Γ-不变的多项式为

$$\mathbb{C}[u, v]^\Gamma = \mathbb{C}[uv, u^n, v^n] \simeq \mathbb{C}[x, y, z] / (x^n + yz)$$

由此得到 $\mathbb{C}^2 / \Gamma$ 同构于 $\mathbb{C}^3$ 中由方程 $x^n + yz = 0$ 所定义的超曲面.

克莱因在其 1884 年出版的《二十面体及五次方程求解讲义》中发现所有的 $\mathbb{C}^2 / \Gamma$ 都同构于 $\mathbb{C}^3$ 中的一个超曲面. 这些曲面方程可以具体写出来:

- $\Gamma = C_{n+1}$: $x^{n+1} + yz = 0$, 称为 A_n 型克莱因奇点;
- $\Gamma = BD_{4n}$: $xy^2 - x^{n-1} + z^2 = 0$, 称为 D_n 型克莱因奇点;

- $\Gamma = BT_{24}$: $x^4 + y^3 + z^2 = 0$, 称为 E_6 型克莱因奇点;
- $\Gamma = BO_{48}$: $x^3 + xy^3 + z^2 = 0$, 称为 E_7 型克莱因奇点;
- $\Gamma = BI_{120}$: $x^5 + y^3 + z^2 = 0$, 称为 E_8 型克莱因奇点.

由广平中佑的大定理我们知道任何复代数簇都有解消 (resolution), 即可以通过一些代数的操作替换掉奇点, 从而使之变成光滑的. 一般而言, 给定代数簇都有许多不同的解消. 在二维的情况, 可以证明存在唯一一个极小解消, 即别的任何解消都是在此解消之上再做操作得到的. Du Val 在 1934 年构造出了所有克莱因奇点的极小解消. 他发现对于这个解消 $\pi: Z \to \mathbb{C}^2/\Gamma$, 其例外纤维 $\pi^{-1}(o)$ 是一串的 $\mathbb{P}^1$. 这些不同分支之间的相交数正好构成 ADE-型的嘉当矩阵. 换言之, $\pi^{-1}(o)$ 的对偶图 (即每个分支为一个顶点, 两个分支如果相交则相应顶点之间连一条线) 恰好就是相应的 ADE-型 Dynkin 图.

图 6.3 为 D_4 型克莱因奇点的极小解消的示意图. 可以看到极小解消的例外纤维有四个分支 (图中紫红色部分), 它们的对偶图正好是 D_4 的 Dynkin 图.

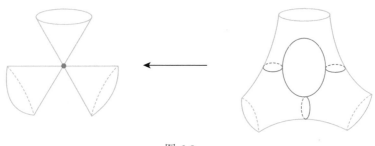

图 6.3

6.4 McKay 对应及其发展

对于 $\mathrm{SL}(2, \mathbb{C})$ 中的有限子群 Γ, 由前面两节的介绍我们知道 Γ 所对应的 McKay 图 (去掉平凡表示) 与 $\mathbb{C}^2/\Gamma$ 极小解消 $\pi: Z \to \mathbb{C}^2/\Gamma$ 的例外纤维的对偶图完全一样, 特别地, 这两个图的顶点有个一一对应 (图 6.4). 翻译过来, 我们得到如下的表示与几何之前的一个对应, 称为 McKay 对应.

$$\boxed{\Gamma\text{ 的非平凡不可约表示}} \longleftrightarrow \boxed{\text{例外纤维}\pi^{-1}(o)\text{的不可约分支}}$$

图 6.4

这个对应是基于一个巧妙的观察, 但是其对于后面相关方向的发展起了先导作用. 一个自然的问题是: 怎么用几何方法来实现该对应?

Gonzalez-Springberg 及 Verdier 在其 1983 年的文章中 [11] 给出了 McKay 对应的几何构造. 主要想法是 $\mathbb{C}^2/\Gamma$ 的基本群就是 Γ, 所以任一 Γ 的不可约非平凡

表示 V 都诱导出光滑开集 $(\mathbb{C}^2 \setminus 0)/\Gamma$ 上的一个向量丛 F. 他们注意到 F 通过极小解消 $\pi : Z \to \mathbb{C}^2/\Gamma$ 的拉回 (只是定义在 Z 的一个开集上面) 可以延拓为 Z 上的一个向量丛, 记为 F_V. 他们的主要结果是不可约表示 V 对应于向量丛 F_V 的第一陈类的对偶, 而这个对偶就是 π 的例外纤维的某个分支.

McKay 对应能否推广到高维呢? 一般地, 给定有限子群 $\Gamma \subset \mathrm{SL}(n, \mathbb{C})$, 商空间 $W := \mathbb{C}^n/\Gamma$ 也是一个仿射代数簇 $\mathrm{Spec}(\mathbb{C}[x_1, \cdots, x_n]^\Gamma)$. 由于 Γ 在 $\mathrm{SL}(n, \mathbb{C})$ 中, 所以 $\mathbb{C}^n$ 上的体积元在 Γ 作用下是不变的, 从而诱导出 W 光滑部分上的一个体积元. 换言之, W 是一个奇异的卡拉比-丘簇, 特别地, 其典范因子 K_W 是平凡的.

之前提到过的极小解消是二维代数簇所特有的, 一般高维代数簇没有极小解消. 作为替代, 我们引入无差解消 (crepant resolution), 即满足 K_Z 平凡的解消 $\pi : Z \to W$, 换言之, 保持典范因子的解消. 在二维情况, 无差解消就是极小解消. 值得注意的是, 无差解消不一定存在 (比如 $\mathbb{C}^4/(\pm\mathrm{Id})$ 就没有无差解消), 而且即使存在也不一定是唯一的. McKay 对应在高维情况就是说如果 $\pi : Z \to W$ 是一个无差解消, 则 Z 的很多拓扑性质都由 Γ 所决定. 特别地, 这些拓扑性质是不依赖于无差解消 π 的选取的. 当然从意识到这一点到正确叙述以及证明还是花了很长的时间的.

早在 1986 年左右, 物理学家 Vafa 等定义了 $\mathbb{C}^n/\Gamma$ 的弦论欧拉数 (stringy Euler number) 并猜测该数就是 $\mathbb{C}^n/\Gamma$ 的无差解消的欧拉数. 在 1992 年左右, Reid 正式提出了高维的 McKay 对应的叙述.

猜想 6.4.1 设 $\Gamma \subset \mathrm{SL}(n, \mathbb{C})$ 为一有限子群. 假设 $Z \to \mathbb{C}^n/\Gamma$ 为一个无差解消. 则有一自然对应

$$\mathrm{Irr}(\Gamma) \longleftrightarrow H^*(Z, \mathbb{Z}) \text{ 的一组基}$$

$$\mathrm{Conj}(\Gamma) \longleftrightarrow H_*(Z, \mathbb{Z}) \text{ 的一组基}$$

特别地, Z 的欧拉数等于 Γ 的共轭类的个数.

$\mathrm{SL}(3, \mathbb{C})$ 中的有限子群早在 20 世纪初已经被 Miller、Blichfeldt、Dickson 等分类 (有四个无穷序列以及八个零散的子群). 为了验证前面的猜想, 需要知道 $\mathbb{C}^3/\Gamma$ 是否有无差解消. 经过多位代数几何学家的努力 (Itǒ、Markushevich、Nakamura、Reid、Roan 等, 见 [14] 及其参考文献), 最后发现对于所有 $\Gamma \subset \mathrm{SL}(3, \mathbb{C})$, 其商空间 $\mathbb{C}^3/\Gamma$ 都有无差解消 (这是三维所特有的). 进一步地, 他们对于这些无差解消验证了上述猜想.

在高维的情况, 猜想 6.4.1 关于欧拉数的部分被 Batyrev 用 p-进非欧积分的方法证明 [2], 而其余部分最终是由 Denef 和 Loeser[7] 于 2002 年完全证明, 其关键

之处在于 Kontsevich 提出的母题积分 (motivic integration). 猜想 6.4.1也激发了更多的类似猜想, 比如导范畴意义下的对应: $D^b(\mathrm{Coh}(Z)) \sim D^b(\mathrm{Coh}(\mathbb{C}^n)^\Gamma)$, 该猜想在三维时被 Bridgeland-King-Reid 所证明 [4], 而高维类似猜想迄今还没有被完全证明. 现在只对于 $\Gamma \subset \mathrm{Sp}(2n, \mathbb{C})$ 的情况有证明 [3]. 猜想 6.4.1 只确定了无差解消的同调群的加法结构, 那么是否能够确定其环结构呢? 这是当前非常热门的一个方向, 其主导猜想是阮勇斌提出的无差解消猜测: $\mathbb{C}^n/\Gamma$ 的轨形 (orbifold) 上同调 [6] 是 Z 的量子上同调在某个参数的取值. 但是该猜想及其各种变形只对于很少的情况得到了验证.

时至今日, 还有不少与 McKay 对应相关的问题亟待有志之士去解决.

6.5 幂零轨道

让我们再回到初始的问题 6.2.4: $\mathrm{SL}(2, \mathbb{C})$ 中的有限子群 Γ 的 McKay 图就是 ADE-型仿射 Dynkin 图, 那么 Γ 或 $\mathbb{C}^2/\Gamma$ 又与 ADE 型的复单李代数有什么联系呢? 为了回答这个问题, 我们先介绍复单李代数中的一些有趣的代数簇: 即幂零轨道.

记 $\mathfrak{g}$ 为一个复单李代数 (例如 $\mathfrak{sl}(n+1, \mathbb{C})$), G 为 $\mathfrak{g}$ 的伴随李群 (例如 $\mathrm{PGL}(n+1, \mathbb{C})$). 群 G 在 $\mathfrak{g}$ 上有个自然的伴随作用 (在经典李代数时, 这就是矩阵的共轭作用). 给定元素 $v \in \mathfrak{g}$, 记 $\mathcal{O}_v$ 为 v 在此作用下的轨道, 则 $\mathcal{O}_v \simeq G/G_v$ 为一光滑流形, 其在 v 点的切空间自然地同构于 $[\mathfrak{g}, v]$. Kostant、Kirillov 及 Souriau 等发现可以用 $\mathfrak{g}$ 上的 Killing 形式 κ 来定义 $\mathcal{O}_v$ 在 v 点切空间的一个非退化二次形式:

$$\omega_v : T_v\mathcal{O}_v \times T_v\mathcal{O}_v \to \mathbb{C}, \quad ([u, v], [u', v]) \mapsto \kappa([u, u'], v)$$

我们再用 G-作用把这个二次形式推到 $\mathcal{O}_v$ 的所有切空间上, 从而得到 $\mathcal{O}_v$ 上的 G-不变的非退化二次闭形式, 换言之, $\mathcal{O}_v$ 是一个全纯辛流形. 特别地, $\mathcal{O}_v$ 的维数一定是偶数且其典范因子一定是平凡的.

根据若尔当分解, $\mathcal{O}_v$ 的几何可以分为两种情况: v 为半单的 (即 ad_v 在 $\mathfrak{g}$ 上的线性变换 $u \mapsto [v, u]$ 可以对角化) 或幂零的 (即 ad_v 是幂零的线性变换). 对于前者, $\mathcal{O}_v$ 在 $\mathfrak{g}$ 中是闭的, 所以它自然成为一闭子代数簇, 称为半单轨道. 而对于幂零情况, $\mathcal{O}_v$ 在 $\mathfrak{g}$ 中不是闭的 (除了 $v = 0$). 记 $\overline{\mathcal{O}_v}$ 为其在 $\mathfrak{g}$ 中的闭包, 称为幂零轨道闭包. 容易证明 $\overline{\mathcal{O}_v}$ 一定是奇异的代数簇, 从而带来了许多有意思的几何.

在经典李代数的情况, 幂零轨道就是幂零元素的共轭类. 特别地, 它们唯一地由其若尔当标准形中若尔当块的大小所决定. 比如 $\mathfrak{g} = \mathfrak{sl}(n+1, \mathbb{C})$, 则幂零轨道一一对应于数 $n+1$ 的剖分. 其他经典李代数中的幂零轨道一一对应于满足某些条件的数的剖分. 可以证明任何复单李代数中幂零轨道的个数都是有限的, 且其闭包由一些幂零轨道组成.

记 $\mathcal{N}$ 为 $\mathfrak{g}$ 中所有幂零元素组成的集合, 称为 $\mathfrak{g}$ 的幂零锥. 则 $\mathcal{N}$ 为 $\mathfrak{g}$ 中所有幂零轨道的并. 据前所述, 这是一个有限并, 从而一定有一个开轨道, 记之为 $\mathcal{O}_{\mathrm{prin}}$, 称为主轨道 (principal orbit). 可以证明 $\mathcal{N}$ 的边界 $\mathcal{N} \setminus \mathcal{O}_{\mathrm{prin}}$ 仍然为一个轨道 (称为次主轨道, 记为 $\mathcal{O}_{\mathrm{sub}}$) 的闭包. 次主轨道 $\mathcal{O}_{\mathrm{sub}}$ 在 $\mathcal{N}$ 中的余维数为 2.

例 6.5.1 让我们看一个简单的例子 $\mathfrak{g} = \mathfrak{sl}(2, \mathbb{C})$, 其上元素 $v = \begin{pmatrix} a & b \\ c & -a \end{pmatrix}$ 是幂零的当且仅当 $a^2 + bc = 0$. 从而 $\mathfrak{g}$ 中所有幂零元素组成的集合 $\mathcal{N}$ 同构于 $\mathbb{C}^3$ 中的超曲面 $x^2 + yz = 0$. G 在 $\mathcal{N}$ 上的作用有两个轨道: 主轨道以及零轨道 (也是次主轨道), 它们分别对应于 2 的剖分 [2] 及 [1,1].

回忆一下, $x^2 + yz = 0$ 正好是之前我们讲到的 A_1 型克莱因奇点. 也就是说, 子群 $\Gamma = \pm \mathrm{Id} \subset \mathrm{SL}(2, \mathbb{C})$ 的 McKay 图就是一个点, 作为 Dynkin 图, 它代表的就是 A_1 型李代数, 即 $\mathfrak{sl}(2, \mathbb{C})$. 而刚才的例子说明在 $\mathfrak{sl}(2, \mathbb{C})$ 中的幂零锥 $\mathcal{N}$ 就是 A_1 型的克莱因奇点 $\mathbb{C}^2 / \Gamma$! 这是一个惊奇的巧合, 是不是对所有别的子群都对呢? 从而我们就得到了 Γ 与其对应的李代数 $\mathfrak{g}_{\Gamma}$ 的联系了呢?

遗憾的是, 事实不是这么简单, 原因是 $\mathcal{N}$ 的维数除了 A_1 型李代数之外都至少是 4 维的, 所以不可能成为某个克莱因奇点. 那么究竟 Γ(或 $\mathbb{C}^2 / \Gamma$) 与李代数 $\mathfrak{g}_{\Gamma}$ 有没有直接的联系呢?

6.6 Springer 解消

记 $\mathfrak{g}$ 为一复单李代数, G 为其伴随李群, $\mathcal{O} \subset \mathfrak{g}$ 为一个幂零轨道. 如前所述, $\mathcal{O}$ 在 $\mathfrak{g}$ 中的闭包 $\overline{\mathcal{O}}$ 虽然是奇异的, 但是其典范因子是平凡的. 类似于之前 $\mathbb{C}^n / \Gamma$ 的情况, 我们称双有理射影态射 $\pi : Z \to \overline{\mathcal{O}}$ 为无差解消, 如果 Z 是光滑的且其典范因子也是平凡的. 可以验证, 此时 $\mathcal{O}$ 上的辛形式延拓到 Z 上的一个全纯辛形式, 从而 Z 成为一个全纯辛代数流形. 与之前类似地, 一个基本问题是 $\overline{\mathcal{O}}$ 是否有无差解消? 如果有, 那么一共有多少个呢?

对于幂零锥 $\mathcal{N}$, Springer 构造出了一个无差解消: 取 G 中的一个 Borel 子群 $B \subset G$, 则 G/B 为一射影旗簇. G 在 G/B 上的自然作用诱导一个在其余切丛 $T^*(G/B)$ 上的哈密顿作用, 从而得到一个动量映射 (moment map):

$$\pi : T^*(G/B) \to \mathfrak{g}^* \simeq \mathfrak{g}$$

可以证明, π 的像就是 $\mathcal{N}$, 且映射 $\pi : T^*(G/B) \to \mathcal{N}$ 是一个解消. 由于 $T^*(G/B)$ 具有平凡的典范因子, 所以 π 是一个无差解消.

对于 G 的一个抛物子群 $P \subset G$, 商簇 G/P 也是射影的. 与前类似, G 作用于 $T^*(G/P)$ 从而得到一个动量映射

$$\pi : T^*(G/P) \to \mathfrak{g}^* \simeq \mathfrak{g}$$

Richardson 证明了其像一定是 $\mathfrak{g}$ 中的某个幂零轨道闭包 $\overline{\mathcal{O}_P}$ (这样的轨道叫 Richardson 轨道). 与之前不同的是, 映射 $\pi : T^*(G/P) \to \overline{\mathcal{O}_P}$ 不一定是双有理的: $\mathcal{O}_P$ 中每个点的原像都是有限多个点 (个数就称为 π 的映射度). 当 π 是双有理时, 称之为 $\overline{\mathcal{O}_P}$ 的 Springer 解消, 此时得到 $\overline{\mathcal{O}_P}$ 的一个无差解消. 在 [8] 中, 我证明了 $\overline{\mathcal{O}}$ 的任一无差解消一定是 Springer 解消. 特别地, 如果 $\overline{\mathcal{O}}$ 有无差解消, 则 $\mathcal{O}$ 一定是 Richardson 轨道. 这个结论反过来是不对的. 由此出发, 我们可以得到具有无差解消的幂零轨道的分类.

让我们看 $\mathfrak{g} = \mathfrak{sl}(n, \mathbb{C})$ 的例子. 此时 G/B 同构于旗流形

$$\mathrm{Flag} := \{V_\bullet | V_0 = 0 \in V_1 \subset V_2 \subset \cdots V_{n-1} \subset V_n = \mathbb{C}^n, \dim V_i = i\}$$

由此可以得到余切空间的描述

$$T^*(\mathrm{Flag}) \simeq \{(V_\bullet, A) \in \mathrm{Flag} \times \mathfrak{sl}(n, \mathbb{C}) | A(V_i) \subset V_{i-1}, \ i = n, \cdots, 1\}$$

在此同构下, Springer 解消 $\pi : T^*(G/B) \to \mathcal{N}$ 就是 $T^*(\mathrm{Flag}) \to \mathcal{N}$ 的自然映射 $(V_\bullet, A) \mapsto A$(注意到 $A^n = 0$, 所以 $A \in \mathcal{N}$), 从而态射 π 是射影的. 根据定义可得

$$\mathcal{O}_{\mathrm{prin}} = \{A \in \mathcal{N} | rk(A) = n-1\}, \quad \mathcal{O}_{\mathrm{sub}} = \{A \in \mathcal{N} | rk(A) = n-2\}.$$

让我们来看看这两个轨道上的点的原像是什么. 注意到对于任一给定 $A \in \mathcal{N}$,

$$\pi^{-1}(A) = \{V_\bullet \in \mathrm{Flag} | A(V_i) \subset V_{i-1}, i = n, \cdots, 1\}$$

如果 $rk(A) = n-1$, 则由维数原因必然有 $V_i = \mathrm{Ker}(A^i)$, 所以 π 是双有理的, 从而得到 $\mathcal{N}$ 的一个无差解消.

考察 $rk(A) = n-2$ 的情况. $V_\bullet \in \pi^{-1}(A)$ 当且仅当 $A(V_i) \subset V_{i-1}, i = n, \cdots, 1$. 注意到 $A^i(V_i) = 0$ 以及 $\mathrm{Im}(A^{n-i}) = A^{n-i}(V_n) \subset V_i$, 从而有

$$\mathrm{Im}(A^{n-i}) \subset V_i \subset \mathrm{Ker}(A^i)$$

由于 $rk(A) = n-2$, 我们有

$$\dim(\mathrm{Im}(A^{n-i})) = i-1, \quad \dim(\mathrm{Ker}(A^i)) = i+1$$

由此容易得到 $\pi^{-1}(A)$ 其实由如下的 $n-1$ 个不可约分支构成:

$$L_k = \{\mathrm{Im}(A^{n-2}) \subset \mathrm{Im}(A^{n-3}) \cdots \subset \mathrm{Im}(A^k) \subset V_{n-k} \subset \mathrm{Ker}(A^{n-k})$$
$$\subset \mathrm{Ker}(A^{n-2}) \subset \mathbb{C}^n\}$$

注意到每个分支都同构于 $\mathbb{P}^1$, 并且 $L_i \cap L_j \neq \varnothing$ 当且仅当 $|i-j|=1$, 此时两个分支相交于一个点. 换言之, $\pi^{-1}(A)$ 的对偶图就是由 $n-1$ 个顶点连成的 A_{n-1} 型 Dynkin 图.

　　回忆一下, A_{n-1} 型的克莱因奇点的极小解消的例外纤维正好也是 $n-1$ 条 $\mathbb{P}^1$, 且其对偶图就是 A_{n-1}-型 Dynkin 图. 更进一步, 是不是 $\mathcal{N}$ 沿其余 2 维的边界 $\mathcal{O}_{\mathrm{sub}}$ 的奇点就是克莱因奇点呢? 这就是 Grothendick 的一个猜想. 该猜想最后被 Brieskorn 所证明 [2]. 综上所述, 我们得到下面的联系, 从而回答了我们之前一直在探索的问题.

$\Gamma \subset \mathrm{SL}(2,\mathbb{C})$ **有限子群** $\longleftrightarrow$ **McKay 图所对应的复单李代数** $\mathfrak{g}_\Gamma \longleftrightarrow$ $\mathfrak{g}_\Gamma$ **的幂零锥** $\mathcal{N}$ **沿** $\mathcal{O}_{\mathrm{sub}}$ **的奇点就是** $\mathbb{C}^2/\Gamma$

　　更进一步地, 我们可以问 $\mathcal{N}$ 沿着更小一些轨道的奇点又长什么样子呢? 这个问题迄今还没有被人深入研究过, 主要问题是这些奇点越来越复杂, 也不是我们通常遇到的奇点. 当然从另一方面看, 这些奇点也是非常好的奇点, 因为它们都具有无差解消 (由 Springer 解消限制得到). 这可能是一个值得继续深入研究的方向. 另外一个问题是如果把 $\mathcal{N}$ 换成别的幂零轨道闭包呢? 即研究 $\overline{\mathcal{O}}$ 的一般奇点. 该问题在 Brieskorn 的结果之后就被不少数学家所研究过. 经典李代数的情况最后由 Kraft-Procesi [12] 所完全解决. 而例外李代数的情况最近才被我们所解决 [10].

　　插曲 6.6.1　我们解释一下 $\overline{\mathcal{O}}$ 沿着某一轨道 $\mathcal{O}'$ 的奇点含义. 任取 $x \in \mathcal{O}'$, 根据 Jacobson-Morozov 的定理, 可以找到 $y \in \mathcal{O}', h \in \mathfrak{g}$ 使得 $\mathbb{C}\langle x,y,h\rangle$ 作为李代数同构于 $\mathfrak{sl}(2,\mathbb{C})$. 过 x 点的仿射空间

$$S_x := \{z \in \mathfrak{g} | [z-x,y]=0\}$$

被称为 x 点的 Slodowy 截面 (Slodowy slice). 可以证明, $\mathcal{N}$ 在 x 点附近同构于 $\mathcal{O}'$ 与 $S_x \cap \mathcal{N}$ 的乘积, 所以 $S_x \cap \mathcal{N}$ 包含了 $\mathcal{N}$ 在 x 点附近的奇点信息. 类似地, $S_x \cap \overline{\mathcal{O}}$ 则包含了 $\overline{\mathcal{O}}$ 在 x 的奇点信息, 从而我们称 $S_x \cap \overline{\mathcal{O}}$ 的奇点类型为 $\overline{\mathcal{O}}$ 沿轨道 $\mathcal{O}'$ 的奇点.

　　例 6.6.2　设 $\mathfrak{g} = \mathfrak{sl}(3,\mathbb{C})$. 考察 $\mathcal{O}_{\mathrm{sub}}$ 中的如下元素 x,y 以及 $h \in \mathfrak{g}$:

$$x = \begin{pmatrix} 0 & 1 & 0 \\ 0 & 0 & 0 \\ 0 & 0 & 0 \end{pmatrix}, \quad y = \begin{pmatrix} 0 & 0 & 0 \\ 1 & 0 & 0 \\ 0 & 0 & 0 \end{pmatrix}, \quad h = \begin{pmatrix} 1 & 0 & 0 \\ 0 & -1 & 0 \\ 0 & 0 & 0 \end{pmatrix}$$

则 x, y, h 张成一个 $\mathfrak{sl}(2, \mathbb{C})$. 从而得到 x 点的 Slodowy 截面:

$$
S_x = \left\{ \begin{pmatrix} \dfrac{a}{2} & 1 & 0 \\ b & \dfrac{a}{2} & c \\ d & 0 & -a \end{pmatrix} \middle| a, b, c, d \in \mathbb{C} \right\}
$$

经过简单计算可以得到

$$
S_x \cap \mathcal{N} = \left\{ \begin{pmatrix} \dfrac{a}{2} & 1 & 0 \\ \dfrac{-3a^2}{4} & \dfrac{a}{2} & c \\ d & 0 & -a \end{pmatrix} \middle| a, c, d \in \mathbb{C}, a^3 = cd \right\}
$$

这说明 $S_x \cap \mathcal{N}$ 同构于 $\mathbb{C}^3$ 中由方程 $x^3 = yz$ 所定义的超曲面. 这正正好就是 A_2 型的克莱因奇点, 由此我们直接证明了此时的 Grothendieck 猜测. 类似计算可以对所有经典李代数进行, 这是一个有趣的高等代数的练习题!

而我们之前关于 Springer 解消在 $\mathcal{O}_{\text{sub}}$ 上某点 x 的纤维的计算就说明了 $\pi^{-1}(S_x \cap \mathcal{N}) \to S_x \cap \mathcal{N}$ 就是克莱因奇点的极小解消.

总结一下, 我们迄今为止所讲的东西如图 6.5 所示.

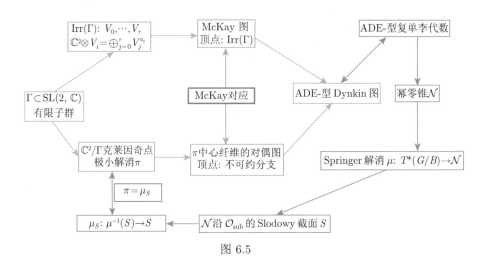

图 6.5

6.7 Springer 对应

固定复单李代数 $\mathfrak{g}$ 及其伴随李群 G. 考察 $\mathcal{N}$ 的 Springer 解消 $\pi: T^*(G/B) \to \mathcal{N}$. 对于 $x \in \mathcal{N}$, 称 $\mathcal{B}_x := \pi^{-1}(x)$ 为 x 点的 Springer 纤维. 因 $\mathcal{N}$ 是正规的, 由

Zariski 主定理知道 $\mathcal{B}_x$ 是连通的. 由 Spaltenstein 的一个定理知道, $\mathcal{B}_x$ 的每个不可约分支的维数都是 $\frac{1}{2}\mathrm{codim}_{\mathcal{N}}(\mathcal{O}_x)$. 一般而言, $\mathcal{B}_x$ 有许多分支, 而且分支之间的构形可以非常复杂, 迄今为止只对很特殊的 x 我们知道得比较清楚. 现在还有不少人试图从各个方面增加对 $\mathcal{B}_x$ 的了解.

例 6.7.1 由于 π 是双有理的, 当 x 在主轨道 $\mathcal{O}_{\mathrm{prin}}$ 时, $\mathcal{B}_x$ 就是一个点. 上节我们提到的 Brieskorn 定理就说明了当 $x \in \mathcal{O}_{\mathrm{sub}}$ 时, $\mathcal{B}_x$ 是由一堆树状的 $\mathbb{P}^1$ 构成的, 其对偶图就是 $\mathfrak{g}$ 的 Dynkin 图. 另外一个简单情况是 $x = 0$, 则 $\mathcal{B}_x$ 就是 G/B.

记 $H(\mathcal{B}_x) = H^0(\mathcal{B}_x, \mathbb{C})$ 为由 $\mathcal{B}_x$ 的各个不可约分支所张成的 $\mathbb{C}$-向量空间. 这是一个有限维的向量空间. G 在 x 点的稳定子群 G_x 自然地作用在 $\mathcal{B}_x$ 上. 记 A_x 为 G_x 的分支群 (component group), 即 $A_x = G_x/G_x^\circ$, 可以证明这是一个有限群. 注意到

$$H(\mathcal{B}_x) = H^0(\mathcal{B}_x, \mathbb{Z}) \otimes_{\mathbb{Z}} \mathbb{C}$$

而 $H^0(\mathcal{B}_x, \mathbb{Z})$ 是个离散群, 从而连续群 G_x° 在其上 (及 $H(\mathcal{B}_x)$ 上) 的诱导作用是平凡的. 这样我们就得到 A_x 在 $H(\mathcal{B}_x)$ 上的作用, 这个作用从几何上看就是所谓的单换作用 (monodromy action). 换言之, $H(\mathcal{B}_x)$ 是有限群 A_x 的一个有限维复表示. 从而可以写成一些不可约表示的直和形式:

$$H(\mathcal{B}_x) = \oplus_{\rho \in \mathrm{Irr}(A_x)} V_\rho \otimes H(\mathcal{B}_x)_\rho$$

这里 V_ρ 指 A_x 的不可约表示 ρ 所对应的向量空间, 而 $H(\mathcal{B}_x)_\rho$ 是该分解的 ρ-同型分量 (isotypical component), 即一个向量空间, 其维数为 ρ 在 $H(\mathcal{B}_x)$ 中重数. 如何确定/理解这个向量空间呢?

记 $\mathcal{W}$ 为 G 的 Weyl 群. 这是一个有限群, 但是它没有在 $\mathcal{B}_x$ 上的作用. Springer 在 [16] 中发现了如下令人惊叹不已的事实: Weyl 群 $\mathcal{W}$ 在 $H(\mathcal{B}_x)$ 上有个自然的作用使得 $H(\mathcal{B}_x)_\rho$(如若非零) 是一个 $\mathcal{W}$ 的不可约表示. 反之, 每个 $\mathcal{W}$ 的不可约表示都是某个 $H(\mathcal{B}_x)_\rho$. 由此我们得到如下的 Springer 对应 (图 6.6), 这是几何表示的一个奠基性工作.

$$\boxed{\text{Weyl 群 } \mathcal{W} \text{ 的不可约表示}} \longleftrightarrow \boxed{\{(\mathcal{O}_x, \rho) \mid \rho \in \mathrm{Irr}(A_x),\ H(\mathcal{B}_x)_\rho \neq 0\}}$$

图 6.6

例 6.7.2 当 $\mathfrak{g} = \mathfrak{sl}(n, \mathbb{C})$ 时, Weyl 群 $\mathcal{W} \simeq \mathcal{S}_n$ 为 n 次对称群. 此时 $A_x = 1$, 从而 Springer 的定理说明 $H(\mathcal{B}_x)$ 就是 $\mathcal{S}_n$ 的一个不可约表示. 换言之, $\mathrm{Irr}(\mathcal{S}_n)$ 一一对应于 $\mathfrak{sl}(n, \mathbb{C})$ 中的幂零轨道, 而后者对应于数 n 的剖分. 注意到数 n 的剖分

也一一对应于 $\mathcal{S}_n$ 的共轭类, 从而我们得到一个自然的对应

$$\mathrm{Irr}(\mathcal{S}_n) \longleftrightarrow \mathrm{Conj}(\mathcal{S}_n)$$

回忆一下, 在 6.2 节中我们提到对于一般有限群, 这两个集合的阶数一样, 但其间没有一个自然的双射. 但是对于对称群 $\mathcal{S}_n$, 我们通过 Springer 对应得到了一个自然的双射.

我们来看看例 6.7.1 中提到的情况: $x \in \mathcal{O}_{\mathrm{prin}}$ 时, $H(\mathcal{B}_x)$ 对应于群 $\mathcal{S}_n$ 的平凡表示. 当 $x = 0$ 时, $H(\mathcal{B}_x)$ 对应于群 $\mathcal{S}_n$ 的符号表示 (sign representation). $x \in \mathcal{O}_{\mathrm{sub}}$ 时, $H(\mathcal{B}_x)$ 对应于群 $\mathcal{S}_n$ 的反射表示 (reflection representation).

那么 Weyl 群在 $H(\mathcal{B}_x)$ 上的作用是怎么来的呢? Springer 在文献 [16] 中的构造比较复杂, 我们下面介绍后来 Ginzburg 所给出的一个几何构造.

考察如下的 Steinberg 簇

$$Z = T^*(G/B) \times_{\mathcal{N}} T^*(G/B)$$

可以证明

$$Z = \bigsqcup_{w \in \mathcal{W}} T^*_{Y_w}(G/B \times G/B)$$

为一些余切法丛的无交并, 这里 $Y_w \subset G/B \times G/B$ 是 G 在 $G/B \times G/B$ 上的轨道, 特别地, Z 的不可约分支的个数与 Weyl 群 $\mathcal{W}$ 的阶数相同. 与前类似地, 记 $H(Z) = H^0(Z, \mathbb{C})$ 为 Z 的不可约分支所张成的 $\mathbb{C}$-向量空间, 其维数为 $\mathcal{W}$ 的阶数. 定义如下沿 i, j 分量的投射:

$$p_{ij} : T^*(G/B) \times_{\mathcal{N}} T^*(G/B) \times_{\mathcal{N}} T^*(G/B) \to T^*(G/B) \times_{\mathcal{N}} T^*(G/B)$$

我们定义 $H(Z)$ 上的如下卷积:

$$\forall \alpha, \beta \in H(Z), \quad \alpha * \beta = (p_{13})_*(p_{12}^*\alpha \cdot p_{23}^*\beta)$$

这使得 $H(Z)$ 成为一个 $\mathbb{C}$-代数. 记 $\mathbb{C}[\mathcal{W}]$ 为 $\mathcal{W}$ 的群代数, 这也是一个 $\mathbb{C}$-代数. Ginzburg 的结果 [5] 说明存在一个自然的 $\mathbb{C}$-代数同构: $\mathbb{C}[\mathcal{W}] \simeq H(Z)$.

定义如下沿第 $(1, 3)$ 分量以及 $(2, 3)$ 分量的投射:

$$q_{13}, q_{23} : T^*(G/B) \times T^*(G/B) \times pt \to T^*(G/B) \times pt$$

类似地定义 q_{12}. 我们可以在 $H(\mathcal{B}_x)$ 上定义一个 $H(Z)$-模结构:

$$\forall \alpha \in H(Z), u \in H(\mathcal{B}_x), \quad \alpha * u = (q_{13})_*(q_{12}^*\alpha \cdot q_{23}^*u)$$

这里把 $T^*(G/B) \times pt$ 等同于 $T^*(G/B)$. 而由前所述, $H(Z) \simeq \mathbb{C}[\mathcal{W}]$, 所以这样得到 $H(\mathcal{B}_x)$ 是 Weyl 群 $\mathcal{W}$ 的一个表示.

插曲 6.7.3 用深刻的分解定理 (decomposition theorem), 我们可以把上述构造推广到非常一般的情况: $\pi: X \to Y$ 是半小 (semi-small) 的双有理映射 (即纤维的维数小于轨道的余维数的一半的映射). 此时定义 $Z = X \times_Y X$, 则类似可以得到如下的代数同构

$$H(Z) \simeq \oplus_{\phi=(\alpha,\rho)} \mathrm{End}(H(F_\alpha)_\rho)$$

这里 F_α 为 π 在 $\alpha \in Y$ 的纤维. 从而可以得到 $H(Z)$ 是半单的, 其所有有限维不可约表示都可以用 π 的纤维的几何来实现. 关键问题是怎么选取好的 π 使得 $H(Z)$ 成为我们熟悉的代数 (比如群代数). 我们可以把类似构造应用到一般的 Springer 解消 $T^*(G/P) \to \overline{\mathcal{O}}_P$ 上或者更一般地应用到辛解消上面. 这些解消都是半小的.

6.8 McKay 遇见 Springer?

回顾一下, McKay 对应说的是对于任何 $\Gamma \subset \mathrm{SL}(n,\mathbb{C})$, 如果 $\pi: X \to \mathbb{C}^n/\Gamma$ 是一个无差解消, 则 $\pi^{-1}(0)$ 的拓扑都是由 Γ 所唯一确定的 (因为 $\mathbb{C}^n$ 上的 $\mathbb{C}^*$ 作用把 X 同伦等价到其中心纤维). 特别地, $\pi^{-1}(0)$ 中的每个不可约分支代表了 Γ 的一个不可约表示. 我们用 $\mathrm{Irr}_0(\Gamma) \subset \mathrm{Irr}(\Gamma)$ 来记所有这些表示的集合, 其阶正好为 $H(\pi^{-1}(0))$ 的维数.

而 Springer 对应是对于 Springer 解消: $\mu: T^*(G/B) \to \mathcal{N}$, 任一点 $x \in \mathcal{N}$ 的纤维的最高同调 $H(\mathcal{B}_x)$ 都是 G 的 Weyl 群 $\mathcal{W}$ 的一个表示. 这两个对应看上去非常相似, 但又有本质的不同: 因为这两种解消是完全不同的. 问题是: 它们有没有可能一样? McKay 能遇见 Springer 吗?

考察最原始的例子 $\Gamma \subset \mathrm{SL}(2,\mathbb{C})$ 及其极小解消 $\pi: X \to \mathbb{C}^2/\Gamma$. 由最初 McKay 的结果, 我们知道 $\mathrm{Irr}_0(\Gamma)$ 是 Γ 所有非平凡的不可约表示的集合. 由 Brieskorn 的定理我们知道: 在 Γ 所对应的复单李代数 $\mathfrak{g}_\Gamma$ 中, 记 S_x 为点 $x \in \mathcal{O}_{sub}$ 的 Slodowy 截面, 则 $S_x \cap \mathcal{N} \simeq \mathbb{C}^2/\Gamma$. 特别地, 把 Springer 解消 $\mu: T^*(G/B) \to \mathcal{N}$ 限制到 $S_x \cap \mathcal{N}$ 上, 我们得到 $\mathbb{C}^2/\Gamma$ 的极小解消, 即 Springer 解消与极小解消可以联系起来! 换言之, 我们有 $\pi^{-1}(0) = \mathcal{B}_x$, 容易验证此时 $A_x = 1$, 所以 $H(\mathcal{B}_x) = H(\pi^{-1}(0))$ 是 $\mathcal{W}$ 的一个不可约表示! 从而 McKay 对应与 Springer 对应结合, 我们得到新的 Γ 与 $\mathfrak{g}_\Gamma$ 的 Weyl 群 $\mathcal{W}$ 的直接联系:

$\mathrm{Irr}_0(\Gamma)$ 所张成的向量空间是 $\mathfrak{g}_\Gamma$ 的 Weyl 群 $\mathcal{W}$ 的一个不可约表示!

注意到 $\mathrm{Irr}(\Gamma)$ 就是 $\mathrm{Irr}_0(\Gamma)$ 并上平凡表示, 所以如果我们把平凡表示作为 $\mathcal{W}$ 的平凡表示, 则我们得到 $\mathrm{Irr}(\Gamma)$ 张成的 $\mathbb{C}$-向量空间是一个 $\mathcal{W}$-模, 为两个不可约的 $\mathcal{W}$-表示的直和!

这个观察能否推广到高维呢？为此，我们需要在 $\mathcal{N}$ 的某些 Slodowy 截面中找出同构于 $\mathbb{C}^n/\Gamma$ 的例子。第一个这样的例子是我在 2007 年首先发现的 [9]。这里取 $\mathfrak{g} = \mathfrak{sp}(6, \mathbb{C})$ 及 $x \in \mathcal{O}_{[2,2,2]}$. 我们证明了 Slodowy 截面与 $\mathbb{C}^4$ 的某些有限商的同构：

$$S_x \cap \overline{\mathcal{O}_{[4,2]}} \simeq \mathrm{Sym}^2(\mathbb{C}^2/\pm 1) \simeq \mathbb{C}^4/\Gamma,$$

这里 Γ 为一个八阶的有限群。$\mathbb{C}^4/\Gamma$ 有两个无差解消

$$\pi_i : Z_i \to \mathbb{C}^4/\Gamma,$$

它们由一个 Mukai 复络 (flop) 所联系起来。而幂零轨道闭包 $\overline{\mathcal{O}_{[4,2]}}$ 恰好有两个 Springer 解消：

$$\mu_i : T^*(G/P_i) \to \overline{\mathcal{O}_{[4,2]}},$$

这两个 Springer 解消限制到 Slodowy 截面正好给出 $\mathbb{C}^4/\Gamma$ 的两个无差解消。此时 π 的中央纤维 $\pi_i^{-1}(0) = \mathbb{P}^2 \cup F_4$，这里 F_4 为一个 Hirzebruch 曲面，从而得到 $\mathrm{Irr}_0(\Gamma) \simeq \mathbb{Z}_2$。而 P_i 的 Weyl 群是 $\mathcal{W}_{P_i} \simeq \mathbb{Z}_2 \times \mathbb{Z}_2$，由此得到它的一个二维表示。由于 $\mathcal{W}_{P_i}$ 是阿贝尔群，所以它的所有不可约表示都是 1 维的，从而该表示是两个 1 维表示的直和。

在 [10](以及后续文章) 中我们还发现了多个类似的例子。当然更多的例子还亟待大家的发现！

致谢　席南华院士对本文初稿提出了宝贵的修改意见，在此特别感谢！

参 考 文 献

[1] Batyrev V V. Non-Archimedean integrals and stringy Euler numbers of log-terminal pairs. J. Eur. Math. Soc., 1999, (1): 5-33.

[2] Brieskorn E. Singular elements of semi-simple algebraic groups. Actes du Congrès International des Mathématiciens, Tome 2, Nice, 1970, Paris: Gauthier-Villars, 1971: 279-284.

[3] Bezrukavnikov R V, Kaledin D B. McKay equivalence for symplectic resolutions of quotient singularities. Proc. Steklov Inst. Math., 2004, 246(3): 13-33.

[4] Bridgeland T, King A, Reid M. The McKay correspondence as an equivalence of derived categories. J. Amer. Math. Soc., 2001, 14(3): 535-554.

[5] Chriss N, Ginzburg V. Representation Theory and Complex Geometry. Boston: Birkhäuser Inc, 1997.

[6] Chen W M, Ruan Y B. A new cohomology theory of orbifold. Comm. Math. Phys., 2004, 248(1): 1-31.

[7]　Denef J, Loeser F. Motivic integration, quotient singularities and the McKay corre-spondence. Compositio Math., 2002, 131: 267-290.

[8]　Fu B. Symplectic resolutions for nilpotent orbits. Invent. Math., 2003, 151: 167-186.

[9]　Fu B. Wreath products, nilpotent orbits and symplectic deformations. Internat. J. Math., 2007, 18(5): 473-481.

[10]　Fu B, Juteau D, Levy P, et al. Generic singularities of nilpotent orbit closures. Adv. Math., 2017, 305(1): 1-77.

[11]　Gonzalez-Sprinberg G, Verdier J L. Construction géométrique de la correspondance de McKay. Ann. Sci., 1983, 16: 409-449.

[12]　Kraft H, Procesi C. On the geometry of conjugacy classes in classical groups. Comment. Math. Helv., 1982, 57: 539-602.

[13]　McKay J. Graphs, singularities, and finite groups. Proc. Sympos. Pure Math., 37, Amer. Math. Soc., Providence, R.I., 1980: 183-186.

[14]　Reid M. La correspondance de McKay. Séminaire Bourbaki (novembre 1999), Astérisque, 2002, 276: 53-72.

[15]　Ruan Y B. The cohomology ring of crepant resolutions of orbifolds. Gromov-Witten theory of spin curves and orbifolds, volume 403 of Contemp. Math., Amer. Math. Soc, Providence, RI, 2006, 403: 117-126.

[16]　Springer T A. Trigonometric sums, Green functions of finite groups and representations of Weyl groups. Invent. Math., 1976, 36: 173-207.

7 量子克隆

骆顺龙[①]

量子信息主要探索利用量子系统进行信息处理的极限能力和达到或逼近极限能力的方法, 是经典信息的自然延伸和革命性发展, 是数学、物理与信息等相融合而产生的新兴交叉学科, 为信息的表示、储存、传输和处理提供全新的原理和方法. 量子信息与经典信息的根本区别在于叠加原理, 这导致一般情形时量子信息不可克隆, 与经典信息可以任意拷贝形成鲜明对照. 量子不可克隆是量子信息的一个基本原理, 与光速不可逾越原理及 Heisenberg 测不准原理都有着深刻的联系. 我们在这个半通俗讲座中将回顾量子克隆的来源背景、数学刻画及物理应用, 介绍量子信息这个近三十年来飞速发展的领域, 强调数学与物理交叉的丰富内涵和深远影响.

7.1 两朵乌云

在以伟大先驱 Aristotle (公元前 384—前 322)、Archimedes(公元前 287—前 212)、Galileo(1564—1642)、Kepler(1571—1630)、Descartes(1596—1650)、Huygens (1629—1695)、Newton(1643—1727)、Euler(1707—1783)、Lagrange(1736—1813)、Fourier (1768—1830)、Gauss (1777—1855)、Faraday (1791—1867)、Hamilton (1805—1865)、Helmholtz (1821—1894)、Thomson (1824—1907)、Maxwell (1831—1879)、Gibbs (1839—1903)、Boltzmann(1844—1906)、Hertz(1857—1894) 等为代表的无数人的推动下, 到 19 世纪末, 经典力学、热力学、电磁学、光学等已近完善. 飞沙走石、日月星辰、行云流水, 莫不遵循其规律. 欢庆之极, 很多人认为物理学的大厦已经建成, 其壮丽辉煌闪耀在天清气朗之中.

1874 年, 慕尼黑大学数学系一年级学生 Planck (1858—1947) 觉得数学并非自己强项, 决定转到物理系. 物理教授 von Jolly (1809—1884) 极力劝他继续留在数学系, 不要改学物理浪费才华:

"In dieser Wissenschaft schon fast alles erforscht sei, und es gelte, nur noch einige unbedeutende Lücken zu schließen."(这门学科中的一切都已经被研究了, 只有一些不重要的空白需要被填补.)

[①] 中国科学院数学与系统科学研究院.

这是当时的普遍观点, 但年少的 Planck 答道:

"Ich hege nicht den Wunsch, Neuland zu entdecken, sondern lediglich, die bereits bestehenden Fundamente der physikalischen Wissenschaft zu verstehen, vielleicht auch noch zu vertiefen."(我并不期望发现新大陆, 只希望理解已经存在的物理学基础, 或许能将其加深.)

传说世纪之交的 1900 年, Kelvin 勋爵 (即 William Thomson) 在 Royal Institution of Great Britain 对英国科学促进会的新年致辞中宣称:

"There is nothing new to be discovered in physics now. All that remains is more and more precise measurement."

1901 年, Kelvin 发表在 *Philosophical Magazine* 的讲演稿 "Nineteenth century clouds over the dynamical theory of heat and light" (《笼罩在热和光的动力学理论上的 19 世纪之乌云》) 如下开场 [1]:

"The beauty and clearness of the dynamical theory, which asserts heat and light to be modes of motion, is at present obscured by two clouds."

这两朵不祥乌云是

I. The first came into existence with the undulatory theory of light, and was dealt with by Fresnel and Dr. Thomas Young; it involved the question, how could the earth move through an elastic solid, such as essentially is the luminiferous ether?

II. The second is the Maxwell-Boltzmann doctrine regarding the partition of energy.

乌云 I 涉及光与以太的关系, 没能检测到以太, Michelson-Morley 实验结果不支持以太假说. 乌云 II 涉及 Maxwell-Boltzmann 能量均分定律在气体比热和热辐射能谱的理论解释中得出与实验不符的结果, 导致 "紫外灾难".

Kelvin 作为英国皇家学会会长 (1890–1895), 举世闻名的科学巨匠, 众多领域例如热力学和电磁学的先驱, 绝对温标的提出者, 大西洋海底电缆的缔造者, 晚年竟认为自己一生的事业可以用 "失败" 来形容! 莫非 "千丈之堤以蝼蚁之穴溃, 百尺之室以突隙之烟焚" 的深切忧虑盈满其心怀? 莫非从这两朵恼人的乌云中预感到为之奋斗一生的物理大厦根基不稳, 哗啦将倾?

倏忽间, 这两朵乌云兴风作浪, 其掀起的暴风骤雨催生了现代物理学的两大支柱: 相对论和量子物理, 而由其中的两个基本原理——相对论中的光速不变原理和量子物理中的 Heisenberg 测不准原理——催生的量子不可克隆原理则成了点燃量子信息燎原之势的一个火花, 成为量子信息的一个标志. 正是那位 "并不期望发现新大陆" 的 Planck 于 1900 年发现了量子新大陆!

让我们从物理学演化的背景中去探究量子克隆之源, 了解量子信息之貌.

7.2 机械观之兴衰

机械观源于古希腊, 兴于近代科学革命. 其要点为机械位移是物体的唯一运动形式, 一切事物都受机械运动原理的支配, 因果联系是机械的, 空间和时间都是绝对的且相互独立, 只有依赖于距离 (位置) 的作用力. Helmholtz 这样概述机械观:

"物理学的任务, 在我看来, 归根结底在于把物理现象都归结于不变的引力或斥力, 而这些力的强度只与距离有关. 要完全了解自然, 就得要解决这个问题."

机械观成就骄人, 其基本观念和假设的缺漏也难掩. 机械观在 19 世纪后期受到挑战, 20 世纪初渐趋衰微, 被现代物理所取代.

Newton 力学是机械观的顶峰.

Newton 创立了微积分和经典力学体系, 且在光学等其他众多领域贡献杰出. Newton 是个传奇的集大成者: 数学家、物理学家、皇家学会主席、国会议员、皇家造币局局长、炼金术士、单身汉. 经典力学即 Newton 力学, 其中著名的 Newton 第二定律为: 力 = 质量 × 加速度, 其中加速度为轨道路径关于时间的二次微分. 经典力学的基本出发点是

状态 =(位置, 速度), 或者等价地, 用相空间的语言来说: 状态 =(位置, 动量).

注意动量 = 质量 × 速度, 而质量在经典力学里是不变常量, 这样描述运动轨道的方程是二阶微分方程, 初始条件即为运动开始时的位置和速度. 经典力学的基本观念是状态可用 (位置, 速度) 来描述.

对于 Newton 来说, 宇宙就像一个在创世之初由上帝紧了发条的巨大钟表, 从那时起就按照他的三大定律, 以完全精确预计的方式走向永恒, 而其中时间和空间都是独立的、绝对的、均匀的、数学的存在. Laplace(1749–1827) 总结道 [2]:

"Nous devons donc envisager l'état présent de l'universe comme l'effet de son état antérieur, et comme la cause de celui qui va suivre. Une intelligence qui pour un instant donné connaîtrait toutes les forces dont la nature est animée et la situation respective des êtres qui la composent, si d'ailleurs elle était assez vaste pour soumettre ces données à l'analyse, embrasserait dans la même formule les mouvements des plus grands corps de l'universe et ceux du plus léger atome; rien ne serait incertain pour elle, et l'avenir comme le passé serait présent à ses yeux." (我们可以把宇宙现在的状态视为其过去的果以及未来的因. 假使有一位智者的智慧巨大到足以使自然界的数据得到分析, 他就能将宇宙最大的天体和最小

的原子的运动统统纳入单一的公式中; 对这样的智者来说, 没有什么是不确定的, 未来同过去一样历历在目.)

Laplace 这里所说的 "智者" 被后人称为 Laplace 妖 (Démon de Laplace). 物理学中还有 Maxwell 妖, 被假想为能探测并控制单个分子的运动, 从而导致熵减, 违反热力学第二定律. 当然二妖实际上都不存在.

经典力学虽然在 19 世纪末达到鼎盛, 却受到 Kelvin 所说的 "两朵乌云" 的困扰而黯然无奈: 不能描述高速世界, 不能描述微观运动.

问题出在哪里?

出在我们习以为常的基本观念上, 出在我们认为无懈可击的起点上! 对这些基本观念的变革把物理学引向相对论和量子物理.

Weisskopf(1908–2002) 既是理论物理学家, 也是实验物理学家, 曾任美国艺术与科学院院长, 美国 Manhattan 工程理论部副主任和欧洲 CERN(Conseil Européenn pour la Recherche Nucléaire) 主任. 他说:

"在科学上几乎每件事情都是超过你直接经验的, 世间人往往仅以自己的见闻和经验来评判事物, 但他不知道, 我们的感觉和经验经常在欺骗自己."

物理理论都有起点和基石. 试想分别具有经典力学、相对论、量子物理观点的三个信徒关于空间、时间、地点和运动的对话.

经典: 我不给空间、时间、地点和运动下定义, 这些都是不言自明的!

相对: Newton 的 (空间, 时间) 是经验 "幻觉", 需要修正.

量子: Newton 的 (地点, 运动) 是经验 "幻觉", 需要修正.

可叹的正是经典力学的这些原始基石不可靠.

为什么 (空间, 时间) 是绝对而又独立的呢?

经典: 这是众所周知, 不言自明的!

相对: 空间和时间不是绝对的, 不是独立的, 而是相对的, 是统一不可分的.

1908 年, Minkowski(1864–1909) 用诗一般的语言宣告:

"Henceforth space by itself, and time by itself, are doomed to fade away into mere shadows, and only a kind of union of the two will preserve an independent reality."

在前人特别是 Lorentz(1853–1928) 和 Poincaré(1854–1912) 重要工作的基础之上, Einstein(1879–1955) 抛弃 Newton 的绝对时空观, 依据以下两条原理建立了狭义相对论: 其一是光速不变原理 (光在真空中以确定不变的速度传播, 与光源的运动状况无关. 光速在所有的坐标系中都是相同的). 其二是物理规律在惯性系都有同样的形式 (即不变性). 真空中光速每秒约 30 万公里, 这是传递信息的速率上界 (光速不可逾越原理). 现代加速器可以把粒子加速到很接近光速, 但从没超过光速. 有人可能会觉得很奇怪, 为什么速率会有上界? 我在高速运动的飞船上向前发射一个同样高速运动的小飞船, 小飞船的速度不是翻倍了吗? 再在小飞船上类似发射小小飞船, 小小飞船的速度不是又翻倍了吗? 如此递推, 速率不应有界啊! 这不是最浅易的常识吗? 但是请注意我们的日常成长学习环境是宏观低速, 并从中学习和掌握了 Newton 力学, 这对我们的日常场景和实用的角度来说是够用的优美的理论, 但并不表示 Newton 力学能适用所有场景. 光速不变原理和相应的光速不可逾越原理是建立在观测和实验基础之上的.

为什么状态可由 (位置, 动量) 精确描述?

经典: 这是众所周知, 不言自明的!

量子: 舍弃其一, 要么位置, 要么动量. 位置和动量 (速度) 互为对偶, 就像同一枚硬币的正反面. 特别地, 位置和动量无法**同时**被精确测量, 这是 Heisenberg 测不准原理的一种体现:

"··· , the position and velocity of an object cannot both be measured exactly at the same time, and that the concepts of exact position and exact velocity together have no meaning in nature."(*Britannica Concise Encyclopedia*)

1900 年, Planck 引进基本作用量子 (Planck 常数). 量子化概念的提出标志着量子理论的诞生. Planck 因此获得了 1918 年 Nobel 物理学奖 ("in recognition of the services he rendered to the advancement of Physics by his discovery of energy quanta."). 他回忆当时就 "一个纯公式的假说, 我其实并没有为此思考很多." 在旧量子论的基础上, Heisenberg(1901–1976) 创立量子物理时是基于这样的思想: 只谈能测量的东西, 不能测量的东西就不谈, 如果谈的话, 肯定带偏见. 这使人想起 Kelvin:

"I often say that when you can measure what you are speaking about, and express it in numbers, you know something about it; but when you cannot measure it, when you cannot express it in numbers, your knowledge is of a meagre and unsatisfactory kind."

Heisenberg 发现用矩阵 (算子) 表示物理量是非常自然的. 矩阵的乘积运算一般不可交换, 奇异的量子特性就可用不可交换这个数学特性来描述. 测不准原理是 Heisenberg 在创立量子物理以后于 1926 年提出来的, 粗略地说是指某些共轭的观测量 (例如位置和动量) 不能同时被精确测量, 这是量子物理的一个基本出发点、一个标志性的原理. 量子理论很大一部分内容就是基于 Heisenberg 测不准原理的. 你或许奇怪, 测不准的东西, 这是个负面的东西啊, 怎么会有正面的作用? 令人惊叹的是从测不准原理出发可以推出很多奇妙有用的结论, 正如从永动机不存在可以推出热力学中很多重要结果, 从光速不可逾越原理可以推出相对论的很多基本结果, 以及下面将要看到的从量子不可克隆原理可以演绎出量子信息中的很多结果. 量子信息的历史发展从某种意义上说正是起源于测不准原理的应用. 特别地, 用方差来量化时, 位置的不确定性与动量的不确定性的乘积有一个下界. 但这个下界非常小, 对我们描述宏观运动来说, 这个测不准原理所起的宏观作用可以忽略不计, 但是到微观世界原子层面的时候, 这个测不准原理是本质的支撑点, 决定了物质的稳定性.

这里有关于测不准原理的一个 (或许是臆造的) 传说. Heisenberg 先生驾车狂驶, 被警察截住. 警察: 先生, 您超速了, 这是罚单. Heisenberg: 我在哪儿超速了?! 警察: 那边测速点. Heisenberg: 荒唐! 根据我发现的测不准原理, 如果你知道任何东西的确切位置, 你就对他的速度一无所知! 警察: ?!?(抓狂).

谈到测不准原理, 就牵涉测量这个核心概念. 什么是量子测量? 量子物理可以看成是描述自然的一种语言体系, 其和客观实在及经典世界相联系的桥梁是测量. 我们先回忆量子物理的数学基础中的若干概念 [3,4]:

态: 由 Hilbert 空间上的密度算子 (自共轭、非负、迹为 1 的线性算子) 表示.

测量: 由 Hilbert 空间上的自共轭算子表示. 进一步, von Neumann 测量 $\Pi = \{\Pi_i : i = 1, 2, \cdots\}$ 由秩为 1 的完备的正交投影算子构成, 与 Hilbert 空间上的完备正交基对应. 一般测量由正算子测度 (positive-operator valued measure, or resolution of identity) 来描述, 而量子操作由态空间之间的完全正 (completely positive) 的线性映射表示. 能实验实现的物理过程在数学上都由量子操作来描述.

演化: Schrödinger 方程、Heisenberg 方程、von Neumann-Landau 方程.

量子物理极简词汇表

物理	数学
物理系统的纯态	Hilbert 空间上向量
观测量	自伴算子
观测量的值	算子的谱 (特征值)
可同时观测的量	可交换算子
测量	单位算子的分解
量子操作	完全正线性映射

von Neumann (1903–1957) 在 1932 年出版了书 *Mathematische Grundlagen der Quantenmechanik* (《量子力学的数学基础》)[3], 把量子力学严格地建立在 Hilbert 空间理论和算子谱分解基础上.

机械观的问题在于其基本观念和出发点的不可靠, 其兴起和鼎盛的光芒虽与日月同在、与万物同辉, 但科学的发展已把机械观送入了历史. 世界图景不是机械观所能完全描述的. 通常, 把量子物理之外的全部物理学称为经典物理学, 即 Newton 力学、热力学、Maxwell 电磁场论、Einstein 相对论等构成经典物理学. 另一方面, 取代衰落的机械观的相对论和量子物理一起也通常称为现代物理学.

7.3 量子克隆之前世

克隆是生命繁衍的基础, 是信息传播的手段.

经典世界里, 信息是可克隆的. 这个世界上如果没有克隆的话, 通知都没法群发吧? 文件都没法统一吧? 甚至知识理论都没法传承吧?

经典世界里信息可以克隆, 那么量子世界里所谓的量子信息可以克隆吗? 这个简单又深刻的问题有着有趣的历史. 先回忆几件事.

- **Wigner**, 1961

Wigner (1902–1995) 在 1961 年写了文章 *The probability of the existence of self-reproducing unit*[5], 探讨生物存在的可能性和概率. 你或许觉得奇怪, 生命随处可见, "鹰击长空, 鱼翔浅底, 万类霜天竞自由", 繁殖是生命延续的手段, Wigner 自己不就是生物吗? 不管怎样, Wigner 当时从量子物理的基本原理计算, 发现自繁殖单位存在的概率是零:

"···, the chances are nil for the existence of a set of "living" states for which one can find a nutrient of such nature that the interaction always leads to multiplication."

用数学语言来表述, Wigner 实际上得到如下结论 [6]: 设 H_1 和 H_2 是有限维 Hilbert 空间, $H = H_1 \otimes H_1 \otimes H_2, U(H)$ 为 H 上的酉算子全体. 令 $R(H) = \{R \in U(H) : 存在 L \subset H_1, 0 \neq w \in H_1 \otimes H_2 使得 R : L \otimes \mathbb{C}w \to L \otimes L \otimes H_2\}$. 若 $\dim H_1 - \dim L$ 充分大, 则 $R(H)$ 为 $U(H)$ 中的零测集. 直观地说, $L =$ "生物", $w =$ "食物", 注意这里一个生物 L 被克隆成两个生物, 即 $L \otimes L$.

难道生物的存在与量子理论是矛盾的?

Wigner 是个数学和物理都极强的奇才, 是把群论引到物理上的旗手, 获得 1963 年 Nobel 物理学奖 ("for his contributions to the theory of the atomic nucleus and the elementary particles, particularly through the discovery and application of fundamental symmetry principles"). 他跟 von Neumann 是中学同学, 他自己有时候自嘲说普林斯顿大学聘他是为了给 von Neumann 找个伴. Wigner 不但惊奇于生命的存在, 还惊奇于数学在自然科学中有用 (*The unreasonable effectiveness of mathematics in the natural sciences*)[7]: 在这文章中他实际还期望 "establish a theory of the phenomena of consciousness, or of biology, which would be as coherent and convincing as our present theories of the inanimate world." 这是提倡生命科学的物理化啊!

- **Wisener**, 1969

造钱 (制钞) 是非常重要的事情. Newton 任英国皇家造币局局长的时候, 充分利用他出色的逻辑推理能力破了不少伪造钞票的案子, 亲自把不少人送上断头台.

1969 年, Wisener(1942—2021) 突发奇想, 提出了量子钞票的概念和设计方案: 一种刻上若干量子态的无法伪造的钞票 ("money that is physically impossible to counterfeit"). 这实际上是一种基于测不准原理的无法破译的量子加密. 其文 "Conjugate coding" 首次用到量子不可克隆原理, 虽然他没有证明. 这是量子密码的开山之作, 十多年后到 1983 年才发表 [8]. 且看其文章前几行:

"The uncertainty principle imposes restrictions on the capacity of certain types of communication channels. This paper will show that in compensation for this "quantum noise", quantum mechanics allows us novel forms of coding without analogue in communication channels adequately described by classical physics."

这文章开篇就点出了量子密码的精神实质, 文章名字也起得非常精妙. 共轭 (对偶) 正是 Heisenberg 测不准原理中的共轭观测量的核心特征. Wisener 在这篇文章中还引进了茫然传输 (oblivious transfer) 协议和构造了一类互相无偏基, 这些都是非常重要的成果.

人们希望做一个不可伪造的钞票, 这样的想法正是量子信息的一个原始起点. 这种钞票编码了量子信息, 是不能伪造的. 现在量子密码是量子信息的主要内容之一, 也发展成了一个产业, 不论在经济上还是在国家战略的层面上都有巨大前景.

你可能奇怪, Wisener 在 1969 年就提出了量子钞票的概念和设计, 1983 年才发表出来, 这中间经历了什么事情呢? 这个 Wisener, 其父为 MIT 校长. 他原来在 Brandeis 大学读本科 (Bennett, 量子密码协议 BB84 和 BBM92 中的 B, 是其同学好友), 读的可能 "不好", 就退学, 后转到 Columbia 大学读研究生. 这个短文章实际上是他读研究生的时候写的, 投来投去被多家拒稿了, 卖不出去, 不, 送不出去, 十多年后才发表.

- **Park**, 1970

Park 在 1970 年曾在由其导师刚创办的期刊 *Foundations of Physics* 上发表文章 [9]: *The concept of transition in quantum mechanics*, 其中已实际严格从数学上证明了量子不可克隆: 不存在酉算子 T 满足 $T(|\psi\rangle \otimes |\alpha\rangle) = |\psi\rangle \otimes |\psi\rangle$, $\forall$ 纯态 $|\psi\rangle$. 可惜这结果埋没在一篇反主流文章中, 超越了时代十多年, 被视而不见. Park 宣称 [9]:

"$\cdots$, the idea of transition, or quantum jump, can no longer be rationally comprehended with the framework of contemporary physical theory."

"In short, the concept of quantum jump is no longer a part of quantum physics."

Park 认为量子物理中的量子跃迁是不对的, 不存在量子跃迁, 这类文章恐怕几乎没人当真啊.

这是 *Foundations of Physics* 创刊号上的第三篇文章, 紧随其后的第四篇文章是 Wigner 的 *Physics and the explanation of life*. Park 的导师认为当时美国物理学发展太功利了, 使得物理学过于重计算轻概念, 所以他另外创办一个杂志讨论物理基础问题, 探究 "fundamental inquiries into the nature of physics." 发表的文章不一定符合当时主流, 但是能够引起讨论和探索. 半个世纪后看其创刊时的主题, 依然动人:

"equivalence of matrix mechanics and wave mechanics、 measurement in quantum relativity physics、the nature of observables、the strange role of variational principles、time and space、axiomatization of statistical mechanics、unified field theory、field versus corpuscle concepts、topological contributions to individual physical disciplines."

● **Herbert**, 1981

自从相对论创立以来, 超光速通信就成了某些专业或民间人士孜孜探索的一个主题. 1981 年, Herbert 提出了一种基于 EPR、激光和一种 "新的量子测量" 的超光速传递信号的装置—FLASH (First Laser-Amplified Superluminal Hookup, 第一个激光放大的超光速仪), 投稿到 *Foundations of Physics* (就是上面 Park 发表文章的那个刊物), 还取了个耸人听闻的名字[10]: *FLASH—superluminal communicator based upon a new kind of quantum measurement.*

何谓 EPR?

EPR(Einstein-Podolsky-Rosen) 关联是一种超越经典世界的量子纠缠 (关联), 在一定意义上可以看成量子信息最原始的起点. 1935 年, Schrödinger(1887–1961) 提出纠缠的概念[11], 并深深地忧虑量子纠缠或许会给量子基础带来困惑[12,13]. 确实, 纠缠是量子物理中怪异的东西. 同年, 对量子物理颇为恼烦的 Einstein 等三人合写了一篇文章, 利用量子纠缠 (EPR 关联) 来反诘测不准原理, 从而诘难量子物理的完备性[14]: *Can quantum-mechanical description of physical reality be considered complete?* 他们利用量子关联构造了同时准确测量位置和动量的方案, 说明 Heisenberg 测不准原理不对. 对垒阵营的 Bohr(1885–1962) 写了一篇文章反驳[15]: "Can quantum-mechanical description of physical reality be considered complete?"

你看文章题目都一样: 针尖对麦芒!

始于 1927 年 Solvay 会议, 延续十几年的 Bohr-Einstein 论战是量子物理发展史乃至人类科学哲学史上的奇观[16]:

"Bohr was inconsistent, unclear, willfully obscure and right. Einstein was consistent, clear, down-to-earth and wrong."(John Stewart Bell, quoted in Graham Farmelo, *Random Acts of Science*, The New York Times, June 11, 2010)

主流观点认为在这场世纪论战中, Bohr 胜出, Einstein 落败. 究其根本原因,在于 Einstein 的实在论出发点与量子物理相悖, 而 Bohr 的认识论观点与现代的信息观点相符. 正如 Jaynes 所言 [17]:

"Einstein's thinking is always on the ontological level traditional in physics; trying to describe the realities of Nature. Bohr's thinking is always on the epistemological level, describing not reality but only our information about reality."

从信息 (而非实在论) 的观点看世界正是量子信息的精神实质.

此后近三十来年, EPR 并没产生相应影响, 也几乎没引起多少人的注意. 直到 1964 年, Bell(1928–1990) 首次利用 EPR 纠缠提出了后来人们通称为 Bell 不等式的判据 [18,19], 为判定局域隐变量理论的预测与量子物理的预测提出了可供实验检验的方案, 从而可实验验证纠缠这一量子物理的预测是否实际存在. 事实上, Bell 常称 Bohr 为 "obscurantist," 是心向 Einstein 的. 大致说来, 这个所谓的 Bell 不等式判据经 CHSH 改进后 [20], 可通俗地描述如下:

"To recap, I had four numbers to add together. If the total came to under 2, then Einstein's version of quantum reality was correct and the world is deterministic, rather than probabilistic, with quantum entities existing prior to being observed. But if the total came to over 2, then Niels Bohr was right and there is no objective reality out there in the absence of measurement and the subatomic world is ruled by chance and probability." (Jim Al-Khalili, *Einstein's Nightmare*, December 14, 2014)

1981 年 Aspect 等的著名实验以及之后很多其他实验都证实了基于纠缠的量子物理预测, 而与 Einstein 等的局域实在论观点不符 [21]. "So, sorry Einstein, victory goes to Bohr."

20 世纪 80 年代初期, Herbert 企图利用 EPR 建立超光速通信, 他先是极力推销 QUICK[22], 被 Ghirardi 等指出漏洞 [23], 后于 1982 年又推销 FLASH[10], 投稿发表后还去申请专利. 众所周知, 超光速通讯会破坏因果关系和导致时间倒流. 这篇文章肯定不对啊! 这个 FLASH 是基于一种 Herbert 称为 "新的量子测量"(实际上即量子克隆) 来构造的. 按 Pauli(1900–1958) 的分类 [24], 量子测量通常分为两种: 第一种测量和第二种测量. 现在 Herbert 却提出一种新的测量 (第三种测量)[10]:

"We deal here with a third kind of measurement—a measurement which duplicates the measure state exactly."

然后他用这种新的测量来建立超光速通信:

"It is hoped that studies of the Third kind measurements—a type of gentle natural xerography—will be spurred by the possibility of a practical faster-than-light communicator and/or an extended quantum theory."

因为 Herbert 引用了 Peres 的文章, 也引用了 Ghirardi 的文章, 这两个人都是有名的物理学家, 所以主编请他们审稿.

Peres 明知其文错, 但不知错在何处, 推荐发表! 奇怪?

Ghirardi 一看以后, 指出 (初级) 错误所在: Herbert 用了一个数学上可行但物理上无法实现的量子克隆! 这文章是错的, 建议拒稿!

到了主编那里, 居然批准发表!

错误的论文传开了, 物理学家讨论, 明显是错的, 但又不知道错误在哪里. Peres 的观点是, 一看就知道结论是错的, 超光速是不可能的, 但是他找不到具体错误在哪里, 那就推荐发表, 让别人去找错误, 把问题推给别人. Ghirardi 说根本是初级的错误, 向主编说清就行了, 不值得跟别人说, 不值得去发表.

但是 Wootters 和 Zurek 看了 Herbert 的文章后把错误找出来了, 利用量子力学的线性叠加原理证明了未知的量子态是不能克隆的, 文章发表在 Nature 上 [25]. 几乎同时, Dieks[26], Milonni 和 Hardies[27], 都证明了量子不可克隆定理, 而 Mandel 实际构造了第一个最优渐近量子克隆机器 [28]. 这些文章开始也默默无闻, 躺在那儿无人青睐, 岂料十几年后突然名噪天下, 影响颇大.

Herbert 是何许人?

物理出身, 打工为生, 嬉皮士 (hippies).

20 世纪 60 年代, 西方出现一批反抗当时习俗和政治的年轻人 (嬉皮士), 无意于传统的生活和工作, 反主流, 探索自己的路. 当时美国加利福尼亚大学一些人组织基础物理讨论班 ("Fundamental Fysiks Group", 名字已够嬉皮了), 其思想种子后来发芽了, 其中一个就是量子信息学. Kaiser(MIT 物理教授, 科学史系主任) 曾写过一本书 *How the Hippies Saved Physics: Science, Counterculture, and the Quantum Revival*(嬉皮士如何拯救了物理学: 科学、反主流文化和量子复兴) 记录那段历史 [29].

量子物理的开创者们在发展理论的过程中特别注重于基本概念, 且经常从哲学的观点看问题. 直到 20 世纪 50 年代, 人们在学习量子物理时也喜欢花很多时间研讨推敲基本概念. 但是第二次世界大战后的功利主义, 特别是美国 Manhattan 原子弹工程, 使得民众和政治家知道了物理学的威力. 他们就极力把物理学变成一个为技术服务的学科. 于是主流物理学对基础物理的基本概念和哲学问题丧失了兴趣, 形成了这样的态度: 不要讨论基础问题, 这有何用处? "shut up and calculate"(快闭嘴, 去计算), 计算得出结果就做实验, 造产品就行了. 一个典型的后果是 Shiff 的教科书 *Quantum Mechanics*, 这一时期美国大学广泛采用的教材, 没有此前量子物理教科书中大量的关于基本概念的解释和哲学的长篇讨论, 却加入了大量难度相当高的计算问题.

到 2002 年, 量子信息已经兴起十多年了, 已经非常火热了, Peres 就写了一个文章, 承认他自己是 Herbert 文章的审稿人, 公开为自己推荐发表 Herbert 的错误文章辩解, 其得意之情溢于言表 [30]:

"I recommended to the editor of Foundations of Physics that this paper be published. I wrote that it was obviously wrong, but I expected that it would elicit considerable interest and that finding the error would lead to significant progress in our understanding of physics."

...

"Nick Herbert's erroneous paper was a spark that generated immense progress. There also are many wrong papers that have been published in reputable journals, some of them by renowned scientists. Their bad influence may last for years. For these, I decline all responsibility."

错误并不可怕, 或许并不一定是坏事, 或许能刺激出很好的东西.

可怕的是连错误都不是! "It's not even wrong," Pauli.

Peres 是何许人?

一个非常出色的物理学家, 于 1959 年在 Rosen 指导下获得博士学位 (Technion–Israel Institute of Technology), 是量子远程传态 (quantum teleportation) 的开创者之一 [31], 提出纠缠的 PPT(positive partial transpose) 判据 [32], 其书 *Quantum Theory: Concept and Methods* 对量子信息的发展推动很大 [33]. 这个 Rosen 是谁呢? 就是 EPR 关联之 R.

量子不可克隆产生了巨大而深远的影响. 其物理意义、数学刻画、实验应用都得到了很大发展. 量子不可克隆原理是量子理论中基本、简单而又深刻的原理! 既然又重要又简单, 何以在量子理论诞生后 80 多年, 在其成熟后半个多世纪, 才由偶然的事件催生?! 我们看看期间失去的若干机会:

- Einstein, A-B 系数;
- von Neumann, 自繁殖机;
- Towens, 激光;
- Wigner, 生物产生的概率;
- Wiesner, 量子钞票;
- Park, 否定量子跃迁;
- Ghirardi, 审稿报告.

Einstein 开创了受激辐射和自发辐射关系的研究. 受激辐射就像拷贝, 但不能单独存在, 总是伴随有自发辐射. 否则, 可以用受激辐射来克隆光子的状态. Einstein 首次发现受激辐射与自发辐射的比率关系. 有趣的是这个比率正好使得最优渐近克隆无法满足利用量子非局域性进行超光速通信, 且这个关系正好可由他如此厌恶的量子非局域性 (不能进行超光速通信) 导出!

von Neumann 花了很多精力研究复制和克隆, 讨论用机械的办法能不能复制系统. 要复制系统, 首先要复制信息指令, 这跟克隆是密切相关的. 他在 1948 年和 1949 年做了 *Conceptual proposal for a physical non-biological self-replicating system* 的演讲 [34], 后来还出版了书 *The Theory of Self-Replicating Automata*[35].

激光的发明者 Towens (1964 年 Nobel 物理学奖获得者) 等在 1957 年的文章中关于 Maser 的唯象方程描述中隐含渐近克隆的最优保真度 [36].

Wigner 在 1961 年研究了克隆 [5], 发表了文章 *The probability of the existence of a self-reproducing unit.* 但是很奇怪, 他没有明确提出量子克隆的定义, 他是最应当、最容易、最自然提这个的.

Wisener 于 1970 年在其开创量子密码的文章中 [8], 已实际应用了量子不可克隆原理. 但是他没有明确用数学表达出来, 或许他认为这个是不言自明的. 可惜超越了时代十多年, 无人搭理.

Park 在 1970 年已实际从数学上表述和证明了一个量子不可克隆定理 [9], 可惜没人注意. 具讽刺或纳闷意味的是, Wootters 参与了证明量子不可克隆, Peres 是 Herbert 文章的审稿人, 他们都曾引用过 Park 的文章 [31,37], 或许他们在引用时没有仔细读.

Ghirardi 恐怕最为郁闷 [38,39], 因为他在 1979 年就反驳过 Herbert 的超光速通信 QUICK[23], 他在 1982 年审 Herbert 的 FLASH 稿件时觉得 Herbert 的错误很初等, 没早点公开指出其错误所在. 他可能认为这个错误太简单了, 可能认为大家都知道这个事情, 在审稿意见里告诉主编就行了, 没有必要告诉大家: 量子一般是不可克隆的. Herbert 的 FLASH 文章发表后他还跟编辑抱怨, 我是拒稿的, 你为什么还发表? 2002 年, 在量子不可克隆名满天下后, van de Merwe(*Foundations of Physics* 主编) 终于公开了 1981 年 4 月 12 日 Ghirardi 致他的审稿报告, 人们一看就知道其中已证明了量子不可克隆, 比 Wootters 和 Zurek 那篇于 1982 年 10 月 28 日发表在刊物 Nature 上的一页文章 *A single quantum cannot be cloned* 早一年半啊.

量子在 1900 年就诞生了, 量子理论到 20 世纪 20 年代已经成为一个完整体系了. 而量子信息却偶然地由嬉皮士把它催生出来, 这是很奇怪的事情. 其实我们回过头来看, 量子不可克隆原理在很多时候都有可能产生, 很多人跟量子不可克隆原理擦肩而过. 原因是什么呢? 因为那个时代的物理学家以物理的眼光看问题, 很少有从信息的观点来看问题的. 量子不可克隆原理本质要从信息的观点看物理世界时才好理解和欣赏, 而信息与物理的深刻联系是在量子信息兴起后才逐步被人们所认识的.

量子克隆触犯了光速不可逾越原理. 如果量子可克隆, 则 Herbert 的 FLASH 装置就可以建造, 从而可进行超光速通信.

量子克隆触犯了 Heisenberg 测不准原理. Heisenberg 测不准原理的一种形式

是不可能精确测定一般的量子态 (量子测量一般总是扰动被测态). 如果存在量子克隆, 我们就可以制备很多的被测态, 从而可以无限精确地测定它.

量子世界不同于经典世界, 经典世界复印机可以复印相同的文件, 但是在量子世界却不存在复印机. 但经典可以看成量子的特例, 这里有矛盾吗? 从某种意义上来说经典世界的信息可克隆是不言自明的. 生物 DNA 利用大分子来编码信息 (约 50 个原子/比特), 是生物克隆 (繁殖) 的基础. 但 DNA 是不是量子克隆呢? 这里虽然牵涉到量子系统, 但克隆的不是量子态. DNA 大分子复制的只是部分信息, 不是量子克隆. Schrödinger 是量子物理的开创者之一, 从量子和热力学的角度写了一本书 *What is Life*[40]. 这本书有何影响? 传说有些生物学家, 你跟他说 Schrödinger 是物理学家他就很奇怪. 他说 Schrödinger 是我们生物学家, 怎么会是你们物理学家.

未知的量子信息不可克隆, 但若信息已知, 则可克隆, 制备就可以.

7.4 量子克隆之今生

前面回顾了量子克隆的来源背景. 实际上量子不可克隆原理可以从很多方面刻画, 现在看看其中的若干数学描述.

量子不可克隆定理 1 不存在非平凡复 Hilbert 空间 $H \otimes H$ 上的酉算子 U 使得对任意单位向量 $|\psi\rangle, |a\rangle \in H$, 都有 $U(|\psi\rangle \otimes |a\rangle) = \mathrm{e}^{i\lambda(\psi,a)}|\psi\rangle \otimes |\psi\rangle$, 其中 $\lambda(\psi, a)$ 为实值函数.

这是 1982 年 Wootters 和 Zurek 证明的量子不可克隆定理的一个版本 (推广)[25], 其证明依赖于叠加原理, 虽然发表在著名刊物 *Nature* 上, 其数学证明作为一个简单的线性代数习题, 只需几行. 在量子世界, 无法对未知量子态进行精确克隆 (复制), 即不存在物理过程使得其将每个量子态变成同样的两个量子态.

量子不可克隆定理 2 设 $\{\sigma_i = |\psi_i\rangle\langle\psi_i| : i = 1, 2, \cdots, n\}$ 是一族纯态 (即复 Hilbert 空间中单位向量), 任何两个不正交, $\{\rho_i : i = 1, 2, \cdots, n\}$ 是任意态 (即复 Hilbert 空间中迹为 1 的非负线性算子), 则存在量子操作 T 使得 $T(\sigma_i \otimes \rho_i) = \sigma_i \otimes \sigma_i, i = 1, 2, \cdots, n$, 当且仅当存在量子操作 S 满足 $S\rho_i = \sigma_i, i = 1, 2, \cdots, n$.

以上是 2002 年 Jozsa 证明的量子不可克隆定理版本 [41]. $S\rho_i = \sigma_i$ 表示 σ_i 已经可由 ρ_i 直接制备了.

量子不可克隆定理 3 设 $L(H^{(a)})$ 和 $L(H^{(b)})$ 分别为复 Hilbert 空间 $H^{(a)}$ 和 $H^{(b)}$ 上观测 (自共轭算子) 全体, $K : L(H^{(a)}) \otimes L(H^{(b)}) \to L(H^{(a)})$ 为量子操作. 则 $K(1^{(a)} \otimes B) \in \{A : K(A \otimes 1^{(b)}) = A\}', \forall B \in L(H^{(b)})$. 此处 ' 表示交换子, $1^{(a)}$ 和 $1^{(b)}$ 分别为 $H^{(a)}$ 和 $H^{(b)}$ 上单位算子.

以上是 Lindblad 在 1999 年证明的 Heisenberg 表象中的量子不可克隆定理 [42].

量子不可克隆定理 4 设 $\mathcal{B}$ 是有限维复 Hilbert 空间上的 *-代数, 则在 $\mathcal{B}$ 上存在克隆当且仅当 $\mathcal{B}$ 为交换 (Abel) 代数. 注意在 Heisenberg 表象中, 量子操作 $C : \mathcal{B} \otimes \mathcal{B} \to \mathcal{B}$ 称为克隆, 如果 $C(B \otimes \mathbf{1}) = C(\mathbf{1} \otimes B) = B, \forall B \in \mathcal{B}$. 其中 $\mathbf{1}$ 是单位算子.

以上是 Maassen 在 2010 年证明的 Heisenberg 表象中的量子不可克隆定理[43].

量子不可克隆定理 5 设 $\mathcal{A}$ 和 $\mathcal{B}$ 都是有限维 Hilbert 空间上的 *-代数. 若量子操作 $M : \mathcal{A} \otimes \mathcal{B} \to \mathcal{A}$ 满足 $M(A \otimes \mathbf{1}^{(b)}) = A, \forall A \in \mathcal{A}$, 则 $M(\mathbf{1}^{(a)} \otimes B) \in \mathcal{A} \cap \mathcal{A}'$, $\forall B \in \mathcal{B}$. 特别地, 若 $\mathcal{A}$ 是因子, 则 $M(\mathbf{1}^{(a)} \otimes B) = \omega(B)\mathbf{1}^{(a)}$, 其中 $\omega(B) \in \mathbb{C}$.

以上也可看成是 Heisenberg 测不准原理 "No disturbance, no information gain" 的表述[43].

由量子不可克隆定理可推出量子不可用经典来编码[43]: 设 $\mathcal{B}_1, \mathcal{B}_2$ 是有限维 Hilbert 空间上的 *-代数, 且存在量子操作 (编码)$C : \mathcal{B}_1 \to \mathcal{B}_2$, 量子操作 (解码)$D : \mathcal{B}_2 \to \mathcal{B}_1$, 使得 $DC = \mathbf{1}$. 如果 $\mathcal{B}_2$ 是交换代数, 则 $\mathcal{B}_1$ 也一定是交换代数. 事实上, 如果量子能用经典来编码, 则由于经典可克隆, 则量子也可克隆.

量子既然不可克隆, 那删除总是可以吧? 实际上在封闭系统中也删不掉[44].

量子不可删除定理 不存在复 Hilbert 空间 $H \otimes H \otimes H$ 上酉算子 U 使得 $U(|\psi\rangle \otimes |\psi\rangle \otimes |a\rangle) = |\psi\rangle \otimes |0\rangle \otimes |a'\rangle, \forall |\psi\rangle \in H$. 其中 $|0\rangle \in H$ 为某一固定向量, 而 $|a'\rangle$ 不依赖于 $|a\rangle$.

其实量子不可克隆和量子不可删除本质上是一样的[44]. 如果量子能删除, 则借助 EPR 也是能够进行超光速通信的.

量子态不能复制, 但远程转移行吗?

可以, 但必须破坏原有的量子态, 不留原件, 才能把其转移到另一系统上, 这就是所谓的量子远程传态[31].

既然量子不可克隆, 我们只好求其次: 量子是否可渐近 (近似) 克隆? 是否可概率克隆?

对于渐近克隆[45-47], Gisin 和 Massar 证明了对量子比特[46], 从 m 个量子比特到 $n > m$ 个量子比特的最优渐近克隆的保真度为 $F_{m \to n} = \dfrac{m + (m+1)n}{n + (m+1)n}$.

对于概率克隆, 段路明和郭光灿得到了一族量子态可概率克隆的条件[48]. 这是他们的 2003 年国家自然科学二等奖 "量子信息技术的基础研究" 中的一个理论成果.

量子克隆得到的态之间没有关联. 如果允许关联, 则是量子广播. 量子能广播吗?

回忆量子态 (通常为混合态)ρ 可用复 Hilbert 空间 H 上的迹为 1 的非负算子表示, 其全体记为 $S(H)$. 量子操作 E 可用量子态空间之间的完全正的线性映射表示. 量子态 ρ 称为可用量子操作 $E : S(H) \to S(H) \otimes S(H)$ 广播, 如果 $E(\rho)$

的两个边缘 (约化) 态都等于 ρ.

因为量子广播涉及关联, 我们先回忆量子信息中的这个重要概念.

两体量子态关联的分类通常基于以下两种方案:

方案 1. 可分/纠缠;

方案 2. 经典/量子.

1989 年, Werner 给出了关联的分类方案——可分/纠缠——的数学定义 [49]: 系统 a 和 b 组成的两体系统上的量子态 $\rho^{(ab)}$ 称为可分态, 如果它可表示为 $\rho^{(ab)} = \sum_j p_j \rho_j^{(a)} \otimes \rho_j^{(b)}$, 其中 $p_j \geqslant 0$ 为实数, $\sum_j p_j = 1$, $\rho_j^{(a)}$ 和 $\rho_j^{(b)}$ 分别为系统 a 和 b 上的态. 否则, 称为纠缠态. 这项工作引发了大量的关于纠缠判定和量化的工作 [50].

根据量子物理中经典性在测量下不会被扰动而量子性在测量下会被扰动的精神, 关联的分类方案——经典关联/量子关联——有如下数学刻画 [51]: 两体量子态 $\rho^{(ab)}$ 称为经典 (关联) 的, 如果存在局部 von Neumann 测量 $\{\Pi_i^{(a)} : i = 1, 2, \cdots\}$ 和 $\{\Pi_j^{(b)} : j = 1, 2, \cdots\}$, 使得该测量不扰动 $\rho^{(ab)}$, 即 $\rho^{(ab)} = \sum_{i,j} (\Pi_i^{(a)} \otimes \Pi_j^{(b)}) \rho^{(ab)} (\Pi_i^{(a)} \otimes \Pi_j^{(b)})$. 否则, 称为量子 (关联) 的. 两体量子态 $\rho^{(ab)}$ 称为经典-量子 (关联) 态, 如果存在局部 von Neumann 测量 $\{\Pi_i^{(a)}\}$, 使得该测量不扰动 $\rho^{(ab)}$, 即 $\rho^{(ab)} = \sum_i (\Pi_i^{(a)} \otimes \mathbf{1}^{(b)}) \rho^{(ab)} (\Pi_i^{(a)} \otimes \mathbf{1}^{(b)})$, 其中 $\mathbf{1}^{(b)}$ 为系统 b 上的单位算子.

两体量子态 $\rho^{(ab)}$ 称为完全关联的 (perfectly correlated), 如果存在局部 von Neumann 测量 $\{\Pi_i^{(a)} : i = 1, 2, \cdots\}$ 和 $\{\Pi_j^{(b)} : j = 1, 2, \cdots\}$, 使得测量结果的联合概率分布 $p_{ij}^{(ab)} = \text{tr}(\Pi_i^{(a)} \otimes \Pi_j^{(b)}) \rho^{(ab)} (\Pi_i^{(a)} \otimes \Pi_j^{(b)})$ 满足 $\rho_{ij}^{(ab)} = p_i^{(a)} \delta_{ij}, \forall i, j$, 其中 $p_i^{(a)} = \sum_j p_{ij}^{(ab)}$, δ_{ij} 为 Kronecker 函数, tr 为矩阵 (算子) 的迹.

量子不可广播定理 1 一族量子态可被同一量子操作广播当且仅当它们可交换.

以上是 Barnum 等证明的 [52]. 这表明不可交换的量子态是不能被广播的. 这是一个非常优美的数学定理: 一族算子, 如果它们不可交换, 你就没法找到物理操作来广播它们, 如果可以交换, 就可以广播. 这里数学和物理是非常精巧地吻合在一起: 交换性 (数学) 就是经典性 (物理), 不交换 (数学) 就是量子性 (物理).

量子不可广播定理 2 两体量子态 $\rho^{(ab)}$ 为经典态当且仅当其中的关联可被系统 a 和 b 局部广播.

以上是 Piani 等证明的 [53], 实际上用到了一个很深的数学定理: 量子相对熵的单调性. 这是由 Lieb 和 Ruskai 证明的 [54]. Lieb 是异常强的数学物理学家.

量子相对熵的单调性与量子熵的强次可加性等价, 是量子信息很根本的一个定理. 量子信息中的很多信息不等式都是由这个推出来的.

量子不可广播定理 3[55]　两体量子态 $\rho^{(ab)}$ 为经典-量子态当且仅当其可被子系统 a 局部广播.

以上三个形式不同的定理实际等价 [55].

量子广播的概念实际上比量子克隆概念更广. 在量子克隆中单体量子态被变成多体乘积态 (不存在关联), 在量子广播中单体量子态被变成多体量子态 (可能存在关联).

量子克隆和量子广播与多体关联有本质联系.

经典关联可在多个系统中任意分配, 一个人可以和任何多人去共享经典关联. 两个经典概率分布 $\{p_{ij}^{(ab)} : i, j = 1, 2, \cdots\}$(系统 ab 的联合概率分布) 和 $\{q_{jk}^{(bc)} : j, k = 1, 2, \cdots\}$(系统 bc 的联合概率分布) 只要满足最基本的相容性条件 $p_j^{(b)} = q_j^{(b)}, j = 1, 2, \cdots$, 就可粘在一起成为三体联合概率分布. 事实上, 定义 $p_{ijk}^{(abc)} = p_{ij}^{(a|b)} p_j^{(b)} q_{jk}^{(c|b)}$, 其中 $p_{ij}^{(a|b)} = p_{ij}^{(ab)}/p_j^{(b)}, q_{jk}^{(c|b)} = q_{jk}^{(bc)}/p_j^{(b)}$ 为条件概率, $p_i^{(a)} = \sum_j p_{ij}^{(ab)}$,

$p_j^{(b)} = \sum_i p_{ij}^{(ab)}$ 分别为系统 a 和 b 的边缘分布, $q_j^{(b)} = \sum_k q_{jk}^{(bc)}, q_k^{(c)} = \sum_j q_{jk}^{(bc)}$ 分

别为系统 b 和 c 的边缘分布, 则 $\{p_{ijk}^{(abc)} : i, j, k = 1, 2, \cdots\}$ 在系统 ab 的二体边缘概率分布正好为 $\{p_{ij}^{(ab)} : i, j = 1, 2, \cdots\}$, 在系统 bc 的二体边缘概率分布正好为 $\{q_{jk}^{(bc)} : j, k = 1, 2, \cdots\}$, 即 $p_{ij}^{(ab)} = \sum_k p_{ijk}^{(abc)}, q_{jk}^{(bc)} = \sum_i p_{ijk}^{(abc)}$.

在量子情形, 情况完全不同. 量子关联具有排他性, 不能共享, 这就是所谓的单婚性 (monogamy): 考虑任意三体量子态 $\rho^{(abc)}$, 如果 a 与 b 有很强的纠缠 (量子关联), 则 a 与 c 就不能有很强的纠缠 (量子关联).

von Neumann 熵的强次可加性 $S(\rho^{(abc)}) + S(\rho^{(b)}) \leqslant S(\rho^{(ab)}) + S(\rho^{(bc)})$ 也可解释为一种单婚性: 取 $\rho^{(abc)}$ 为纯态, 则 $I(\rho^{(ab)}) + I(\rho^{(bc)}) \leqslant 2S(\rho^{(b)})$, 虽然可能 $I(\rho^{(ab)}) > S(\rho^{(b)})$(系统 a 和 b 的关联超越经典), 也可能 $I(\rho^{(bc)}) > S(\rho^{(b)})$(系统 b 和 c 的关联超越经典), 但这两者不可能同时发生 (系统 b 不能同时和 a, c 的关联都超越经典), 这正是单婚性的一种表现. 此处 $I(\rho^{(ab)}) = S(\rho^{(a)}) + S(\rho^{(b)}) - S(\rho^{(ab)})$ 为量子互信息, $S(\rho^{(a)}) = -\text{tr}\rho^{(a)}\ln\rho^{(a)}$ 为量子 (von Neumann) 熵. 单婚性有很多数学刻画, 我们看两种简单情形.

单婚性定理 1[56]　考虑任意三体量子态 $\rho^{(abc)}$, 如果系统 a 与系统 b 有完全关联, 则 a 不能与 c 有任何量子关联.

单婚性定理 2[57]　两体量子态 $\rho^{(ab)}$ 是经典关联态, 当且仅当存在辅助系统

a' 和 b' 使得 a 与 a' 可完全关联, b 与 b' 可完全关联. 换言之, 如果态 $\rho^{(ab)}$ 是量子关联态, 则系统 a 和 b 不能同时与其他系统建立完全关联.

经典世界中, 经典粒子在某一时刻只能在一个地方, 经典关联很容易共存. 量子世界中, 量子粒子可同时在多个地方, 量子关联很难共存.

一般来说, 量子信息不可克隆、不可删除、不可广播、不可共享. 这诱导人去思考量子信息是否守恒, 量子信息是否永恒.

量子不可克隆原理有丰富的物理意义, 也有非常丰富的数学刻画 (各种量子不可克隆定理). 量子通信、量子密钥等的安全性的问题都是由这个原理来保证的.

让我们总结一下量子不可克隆原理之前世今生.

前世: 20 世纪 70 年代, 量子不可克隆原理已在无意中出生, 可惜生不逢时, 无人搭理, 湮灭几无迹! 20 世纪 80 年代, 再次由嬉皮士催生, 似乎还是生不逢时, 除了否定了一个嬉皮士的奇思怪想, 好像别无他用, 还是几乎无人搭理!

今生: 1996 年, 时来运转, 量子渐近克隆的思想引起了量子不可克隆原理的研究和应用的热潮! 究其原因, 其一是量子信息的兴起, 其二是量子不可克隆的量化研究.

量子克隆具有深刻普适的物理内涵, 优美丰富的数学结构, 为研究以下基本问题提供了新思路:

- 量子测量, 退相干, Quantum-to-classical transition;
- 信息守恒原理;
- 物质、能量与信息的关系;
- 量子物理与相对论的关系和融合;
- 生物起源的信息机制, 生物学与信息的关系与交叉;
- Marginal 问题. 如何将多个两体关联粘在一起? 各种关联如何共存? 什么是允许的? 什么是禁止的?
- 克隆的物理与数学理论.

量子不可克隆原理的很多刻画都具有数学美. 1951 年, Dirac(1902—1984) 在莫斯科大学演讲时被问及他的物理哲学, 他在黑板上写道 (这黑板至今仍被保存着): Physical law should have mathematical beauty(物理定律应当具有数学美 (图 7.1)). Dirac 是个集工程师、物理学家与数学家三位一体的传奇.

图 7.1

7.5 量子信息

量子信息是一个兴起于 20 世纪 80 年代, 只有三十来年历史, 却正在飞速发展的领域. 量子信息的根本问题是确定信息处理的极限能力以及达到或逼近极限能力的方法. 其中信息提取、信息存储、信息转移和信息处理都因利用量子系统而获得经典系统无可比拟的能力. 量子信息不仅充分显示了学科交叉的意义和成果, 为很多学科的发展开辟了新的领域, 而且会导致信息科学的观念和模式的重大变革. 量子信息技术已成为各国战略竞争的焦点之一, 对科技发展、经济发展、国家安全和未来社会都将会产生深远的影响.

量子信息利用量子系统的各种量子特性 (如量子叠加、相干性、量子关联、量子纠缠、量子不可克隆等) 以全新的方式进行信息处理. 事实上, 传统计算机也极大地依赖于量子力学, 它的某些器件如晶体管等也利用了诸如量子隧穿等量子效应, 但仅仅应用某些量子器件的技术, 并不等于现在所说的量子信息.

经典信息论的数学理论成型于 20 世纪 40 年代数学家兼工程师 Shannon (1916–2001) 关于通信的数学理论的开创性研究 [58], 其论文原文的标题是 *A mathematical theory of communication*, 稍后以书的形式出版, 标题改为 *The Mathematical Theory of Communication*[59], 这一从 "A" 到 "The" 看起来似乎甚小的文字改变, 实际上显示了 Shannon 的多么自信和该理论的多么重要和独特. 同期数学家 Wiener(1894–1964) 也在该领域做了重要的开创性工作 [60], 被称为信息时代的 "dark hero"[61]. 此后信息论在理论基础和应用技术上都得到了广泛的发展, 特别是结合计算机突飞猛进的应用, 推动了社会从电气时代向信息化时代的转变, 极大地改变了人类社会的生活和观念.

量子信息论是在将 Shannon 的经典信息论向量子 (非交换) 情形拓广时产生的, 其核心问题是研究用量子态进行信息的存储, 用量子信道进行信息的传输, 用量子操作 (量子逻辑门) 进行信息处理. 其核心内容除包含量子信息基础外, 还包含各种应用例如量子通信、量子密码、量子计算、量子控制等. 以下简介这些应用.

1) 量子通信

量子通信是利用量子关联等量子效应进行信息传递的一种新型通信方式. 量子通信的基本思想主要由 Bennett 等于 20 世纪 80 年代和 90 年代提出. 量子密钥分发可以建立安全的通信密码 [62], 通过一次一密的加密方式实现点对点的绝对安全通信. 量子远程传态是基于量子纠缠态的分发与量子联合测量实现量子态 (量子信息) 的空间传递 [31]. 其核心机制是将量子态的信息分成经典和量子两部分, 分别经由经典信道和量子信道传递. 经典信息是发送者对原物进行某种测量而提取的少量信息, 由经典信道传递, 量子信息是发送者在测量中未提取的大量信息, 由 EPR 量子信道传递. 接收者在获得这两种信息后, 经过处理就可以重构出原来的量子态. 人们还在研究利用量子纠缠效应打造量子互联网. 量子通信技术在安全性方面有着无与伦比的广阔前景.

2) 量子密码

密码的应用虽然可以追溯到古代几千年前, 但密码学作为一门严格的科学是 1949 年 Shannon 发表了 *Communication Theory of Secrecy Systems*(《保密系统的通信理论》) 以后才发展起来的. 此前因为信息的数学理论还未建立, 密码研究更像是一门艺术而非科学. 密码在社会特别是军事上的价值是众所周知的, 在很多重大事件中起了决定性的杠杆作用, 影响了历史的进程. 一个著名而又应用广泛的密码体制是 RSA 公钥密码, 它的安全性主要是基于经典计算机几乎无法完成大整数因子分解这个困难的数学问题. 然而, 由于 Shor 提出的基于叠加原理的量子算法理论上可以快速分解因子 [63], 人们已感觉到量子算法对传统密码体系的致命威胁和挑战.

量子密码是经典密码与量子结合的产物, 它利用物理系统的量子特性来构造理论上绝对安全的密码, 开启了密码通信的新时代. 量子密码始于 1970 年 Wiesner 提出的 Conjugate coding 概念 [8]. 1984 年, Bennett 和 Brassard 提出了 BB84 方案 [62]. 1991 年, Ekert 则提出了基于 Bell 非局域性的量子密码方案 [64]. 1992 年, Bennett 等又提出一种更简单的 BBM92 方案 [65]. 这些量子密码方案在量子密码学的发展和应用中起了重要的作用.

量子密码体系采用量子态作为信息载体, 经由量子信道传送密钥, 原则上提供了不可破译、绝对安全的保密通讯体系. 量子密码的安全性是由量子物理, 特别是 Heisenberg 测不准原理和量子不可克隆原理来保证的, 排除了窃听者通过监测或复制量子态来获取信息而不留痕迹的可能性.

3) 量子计算

经典信息的基本单元是比特 (bit), 由经典状态 0 和 1 表示. 量子信息的基本单元是量子比特 (qubit), 用 2 维复 Hilbert 空间中的向量表示, 其根本特性是除了对应于经典态 0 和 1 的两个正交态外, 还可以用它们的任意叠加态来作为信息的载体. 经典计算处理的是经典比特, 其值非 0 即 1, 具有确定的特征. 经典算法是通过经典计算机 (或经典 Turing 机) 的内部逻辑电路加以实现的. 量子计算处理的是量子比特, 其值可以处于相干叠加态, 这为计算提供了全新的潜力. 量子算法是通过量子逻辑门操作, 即各种幺正变换和量子测量来实现的.

数学家 Manin 在 1980 年就提出了利用量子物理原理处理经典计算问题 [66]. 量子计算机的概念由 Feynman 于 1982 年提出 [67], 其原始动机是模拟物理现象. Feynman(1918–1988) 认为经典计算机没法有效模拟量子现象, 而根据量子物理原理由量子系统构成的计算机可有效模拟量子现象. 1985 年, Deutsch 阐述了量子

Turing 机的概念 [68], 并且指出了量子 Turing 机可能比经典 Turing 机具有更强大的功能, 虽然其原始动机之一是企图验证 Everett 的多世界论 [69]. 值得注意的是量子物理的多世界诠释随着量子信息的发展其影响越来越大 [70].

量子计算依赖于叠加原理提供的量子并行性, 其中最著名的两个量子算法是 Shor 的因子分解和 Grover 的量子搜索 [63,71]. Shor 的因子分解完成一个 n 位大数的因子分解所用的计算步数只是 n 的多项式函数, 而不是像经典算法那样是 n 的指数函数, 这对基于大数因子分解的 RSA 公钥体系形成了严重威胁, 在多方面产生了极大的影响. Grover 的量子搜索算法在 n 个对象中搜索一个特定对象时, 量级上只需 $\sqrt{n}$ 步, 相比经典算法有一个平方根的加速. 目前已有的知名量子算法还非常少, 主要还是围绕 Shor 算法和 Grover 搜索的研究. 当然最近提出的用于求解线性方程组的 HHL 算法算是比较成功的一个, 它相对于经典算法可以达到指数加速. 量子程序的研究也还基本是处于起步.

真正意义上的量子计算机还有待于研发, 关键是对微观量子态的操纵和相干性的保持是极端困难的, 需要实验技术上的突破. 近年来基于拓扑原理来对抗退相干的拓扑量子计算正在研究中.

量子计算机不能独立于经典计算机, 不能完全来取代经典计算机, 实际上量子计算机与经典计算机一起才能发挥有效作用.

4) 量子控制

控制理论研究如何在一定的约束条件下有效及稳健地驱动初始态到目标态. 几乎所有科学理论的实际应用都离不开控制, 控制是连接科学理论与实际技术的重要手段, 在生产和工业技术中是不可或缺的. 经典控制理论向量子情形的推广自然产生量子控制理论, 其中物理状态和动力学都是由量子物理来描述的 [72]. 量子反馈控制及量子相干控制涉及利用量子相干性, 与经典控制既有密切的联系, 又有本质的不同. 量子控制也是精密量子测量所需要的.

量子模拟用可控的方式构造人造量子系统, 以便实现对某些困难问题的处理和求解. 量子控制是建造量子模拟器以及更一般的量子计算机的一个关键环节.

7.6 若干课题

量子信息与数学中很多分支有密切的联系, 并且发生越来越密切的相互作用和相互促进. 虽然量子理论及其预测的很多现象通常都是反直觉的, 但其数学基础和框架却是严密的, 因而从数学和逻辑的角度看又是必然和自然的.

量子信息理论中很多问题本质上是数学问题, 或与数学有着密切的联系, 极具挑战性, 需要深刻的数学方法. 量子信息实验通常也需要很多数学工具. 目前量子信息的研究课题非常广泛, 涉及数学、信息、物理、通信、计算机等众多领域,同时也涉及一些非常深刻的哲学和数学问题, 例如非局域性、多体关联、广义概率论等. 量子信息要用到很多数学分支, 例如算子代数、概率论、拓扑学、代数几何、群论、优化、算法理论、复杂性理论等. 若干重要课题包含量子相干、量子关联、量子测量、经典与量子的边界及关系、熵与 Fisher 信息、信道容量、量子随机数、量子行走、量子模拟、量子机器学习、量子信息与广义概率论、从信息的观点看世界. 量子信息已逐渐从理论走向实验, 向实用化方向发展, 并预示着激动人心的前景. 以下概述若干课题.

1) 量子相干

量子物理有别于经典物理的一个根本特征是叠加原理, 即任何量子态的叠加仍然是量子态, 可作为资源用于信息处理. 一个著名的量子叠加态是 Schrödinger 猫态. 量子计算本质上要利用量子相干性, 遗憾的是, 在实际系统中量子相干性很难保持. 一个核心问题就是克服退相干. 量子相干性在量子信息处理中的广泛应用还有待于技术上的类似于经典计算机中从电子管到晶体管和芯片的突破.

量子相干性的概念虽然是在量子物理创立时就处于核心位置, 但叠加原理及量子相干性的量化研究是近年来才兴起的热点课题, 这将为从更加定量的观点理解量子信息处理过程提供必要的理论基础和有力工具.

2) 量子关联

关联是自然科学, 特别是物理学中的重要概念, 其研究和应用越来越深刻和广泛. 经典关联与量子关联的研究对于量子物理基础的理解及很多量子技术的实现都有重要意义, 其早期研究甚至可追溯到 1956 年 Everett 的博士学位论文 [69]. 量子关联蕴涵着丰富的内容和奇异的结构, 特别地, 作为量子关联的纠缠是量子信息的核心内容, 是经典世界所不具备的, 是量子信息处理优于经典信息处理的主要原因. 量子纠缠的概念激起了物理、哲学和数学上关于关联和局域性的广泛研究和讨论. 1989 年, Werner 首次严格地对两体量子态进行分类 [49], 提出了纠缠与可分的分类方案, 这从数学上对混态的量子纠缠给出了严格的定义. 从此量子纠缠的判定、量化、应用等方面的研究形成了一个热潮, 在理论和实验上都取得了很多成果, 正为今后的量子通信、量子计算及其他量子技术创造条件. 在量子物理的数学框架内, 量子纠缠是自然和必然出现的, 即量子物理预言了量子纠缠的存在, 其物理实在性后来得到证实. 量子纠缠是许多著名的量子信息处理任务的关键要素, 例如量子远程传送、量子密集编码、量子保密通信等. 量子纠缠是信息处理的重要资源. 随着近三十年来量子信息的兴起和飞速发展, 量子纠缠已成为该理论中核心概念和量子实验中的基本资源, 展示着广阔而又深刻的应用前景.

随着研究的深入和理论及应用的发展需要, 人们发现量子纠缠仅仅是一种特殊的量子关联. Werner 将关联划分为纠缠与可分的方案, 虽然一直占据着量子信息理论特别是关联理论的中心地位, 却并没有完全刻画经典关联与量子关联的本质区别, 于是量子关联这一比量子纠缠更一般的现象的研究变得迫切起来. 特别地, Zurek, Vedral 等于 2001 年提出了量子失协 (quantum discord) 这个概念 [73,74], 用于量化量子关联. 这是个物理意义明显而又有重要价值的量子关联度量, 但其难以计算的特征一直阻碍着这方面的研究. 这方面第一个解析公式是关于 Bell 对角态的 [75]. 量子失协是一种比量子纠缠更广泛的量子关联, 量化了由量子测量导致的两体量子态的关联的最小损失. 量子纠缠与量子失协有着深刻的关系, 一方面, 量子纠缠是非常特殊的量子失协, 即具有某种非局域性的量子失协; 另一方面, 利用量子失协及态扩张, 可以定义纠缠的度量 [76], 但该度量的计算是个困难的问题, 有待于进一步探讨.

非局域性是量子理论的一个内在特征, 通常由各种类型的 Bell 不等式来刻画, 与量子纠缠等有密切的关系. 非局域性的数学刻画是量子关联中的一个基本课题. 如何把 Bell 不等式置于更加量化的框架? 如何从其他角度, 例如信息来刻画及量化非局域性? 关于经典关联、量子关联以及量子非局域性的关系, 因其在量子物理中的基本意义和核心作用, 是一个热点课题 [50,77].

量子关联理论中的一个著名问题是 Tsirelson 问题 [78,79]. 在非相对论量子力学中, 两体关联是由 Hilbert 空间张量积来描述的, 局域测量和局域操作则是由作用在局域系统空间上的算子来描述的. 在代数量子场论中, 不同的类空区域上的局域测量和局域操作则是由可相互交换的算子来描述. 这两种框架中产生的关联结构分别称为张量积诱导的关联和交换性诱导的关联. 它们的关系如何? 这正是 Tsirelson 问题. 关于这两个框架中的关联, Tsirelson 证明了在有限维 Hilbert 空间情形, 这两种关联理论是一样的 [78,79]. 在无穷维情形, 交换性诱导的关联是否可由张量积诱导的关联来逼近? 这是个困难的公开问题, 牵涉到 C^*-代数的有限逼近, 与 Connes 关于 C^*-代数的嵌入猜测本质上是等价的 [80-82].

多体关联是个极为基本、重要而又复杂的对象, 其分类与刻画本质上会加深对物质结构和相互作用的理解. 量子边际问题 (marginal problem) 是指若干量子态在什么条件下是某个整体量子态的边际 (约化) 态, 这是多体关联理论的核心问题 [83-87]. 多体关联的一个重要特征是单婚性, 这与 Heisenberg 测不准原理有深刻的联系, 是很多物理性质及物态的根源.

3) 量子测量

量子测量是个根本、重大而又复杂的问题. 自从量子力学诞生以来, 量子测量问题就一直吸引和困扰人们, 这牵涉到量子物理的诠释和哲学意义.

W. E. Lamb Jr.(1955 年 Nobel 物理学奖获得者) 讲授量子力学二十多年, 每次开讲的首堂课, 他都会说:

"You must first learn the rules of calculation in quantum mechanics, then I will tell you about the theory of measurement · · · "

结果每次课程时间用完后都还没讲到量子测量. 实际上他自己也认为很难讲清量子测量理论. 量子测量问题迄今仍是量子物理的一个基础、核心而仍然开放的问题: Can the "measurement problem" in quantum theory be resolved?

随着量子信息的发展, 人们开始探讨从信息的角度揭示和刻画量子测量的某些侧面和特征, 把量子测量视为一个信息提取和综合的过程, 从而也是一个建立关联的过程, 从量子关联、量子检测和量子推断的角度来刻画其信息表示、转换和综合. 围绕量子测量有很多困难的极具挑战性的数学问题, 例如量子层析术中的互相无偏基的个数问题, 即是个著名的公开问题 [88]. 已知 d 维复 Hilbert 空间中最多具有 $d+1$ 个互相无偏基, 并且当 d 是素数幂时, 可显式构造 $d+1$ 个互相无偏基. 现在问题是当 d 不是素数幂时, 到底有多少个互相无偏基? 这是个还没解决的公开问题, 特别当 $d = 6$ 时, 人们可以构造其中 3 个互相无偏基, 并且猜测这是 6 维复 Hilbert 空间中的互相无偏基的最大个数. 这个问题与复 Hadamard 矩阵的分类有关, 是个还没解决的数学问题, 可能与数论和代数几何有深刻的联系.

量子测量是科学实验和人类实践的基本工具, 利用量子技术以超过经典限制进行更为精密的对各种参数或信号的测量和检测构成了新型的量子度量学 (quantum metrology), 这在民用和军事上都有难以估量的重大意义. 原子钟、超灵敏磁场计、GPS、引力波探测等都用到量子精密测量. 特别地, LIGO 的引力波探测实验之成功极大地依赖于量子度量学.

4) 经典与量子的关系

量子世界与经典世界之间有着显著区别和无法割裂的联系, 量子物理与经典力学有着奇妙的联系和本质的不同. 量子物理既以经典力学作为其极限情形 (特例), 又建立在经典力学基础上 [89]. 通常量子物理中的物理量是经典部分和量子部分的混合体, 如何将其分解为经典部分与量子部分是个基本的理论问题. 例如, 在量子远程传态中, 量子态的信息被分解成经典信息和量子信息两部分, 分别利用经典信道和量子信道 (纠缠) 传递. 对于两体态, 其中的全部关联 (通常由量子互信息描述) 可分解成经典关联和量子关联 (量子失协). 量子系综是量子物理和统计力学中的基础概念, 同时在量子信息的理论与应用中扮演着重要的角色. 量子系综同时包含了经典不确定性和量子不确定性, 其量化是个有意思的问题 [90,91].

经典与量子的边界在哪里? 如何刻画量子向经典过渡的过程? 物理上经典性与量子性的关系对应于数学上交换与非交换的关系, 因而算子理论是研究经典与量子关系的基本工具.

5) 熵与 Fisher 信息

在信息中 (无论是经典信息还是量子信息), 熵都是基础而又核心的概念 [92,93]. 传统上人们通常谈热力学熵 (Gibbs-Boltzmann 熵)、Shannon 熵、量子熵. 实际上, 量子熵概念的引进 (von Neumann, 1927 年) 早于经典 Shannon 熵 (1948 年).

由于数学及物理研究的需要, 熵的概念得到了很大拓广. Rényi 熵、Tsallis 熵及广义熵等都在信息论中起着重要作用 [94,95].

Fisher 信息诞生于 1925 年 Fisher 在统计推断方面的开创性工作 [96], 在概率统计中起着重要作用, 例如, Cramer-Rao 不等式就是利用 Fisher 信息给出了参数估计误差的内在下界 [97]. Fisher 信息与微分几何中的 Riemann 度量也有内在的联系 [98], 近年来渗透到多个领域. 经典 Fisher 信息的概念晚于热力学中 Boltzmann-Gibbs 熵的概念, 但早于 Shannon 熵的概念. 经典 Fisher 信息与 Shannon 熵有着深刻的联系, 例如通过热方程, de Bruijin 公式就揭示了它们之间的一个重要关系. 进一步, Fisher 信息刻画了相对熵的无穷小变化. Fisher 信息在刻画光学中的 Malus 律和量子物理中的弱值都有有趣的应用 [99,100].

随着信息理论的深刻发展和广泛应用, Fisher 信息扮演着越来越重要的角色, 特别是在量子度量学中是个基本工具, 这是因为物理上 Fisher 信息刻画了状态所编码的参数信息, 数学上 Fisher 信息具有许多良好的性质和含义.

熵与 Fisher 信息的概念都被自然推广到了量子情形, 数学上相应地用算子上的泛函来刻画. 量子 Fisher 信息的诞生得益于 Wigner、Helstrom、Holevo、Yuen 等的开创性工作 [101-104], 而 Petz 在将量子 Fisher 信息推广到一般情形做出了重要贡献 [105]. 与经典情形不同的是, 量子熵与量子 Fisher 信息都不是唯一的, 它们有很多不同的版本, 例如对每一个算子单调函数都对应一个性质良好的量子 Fisher 信息, 在不同的条件下起着独特的作用. 特别地, Wigner 和 Yanase 于 1963 年引进的 skew 信息实际上可解释为一种特殊的量子 Fisher 信息 [106], 并且在更精细地描写 Heisenberg 测不准关系中得到了应用 [106]. 需要强调的是, 量子信息中广泛使用的量子熵的强次可加性 (等价于量子相对熵的单调性) 的第一个证明是由 Lieb 等借助于量子 Fisher 信息的凸性启发来完成的 [54,107], 这是量子熵理论发展过程中一个有趣的现象, 也蕴含了量子 Fisher 信息与量子熵的深刻联系和相互作用. 量子 Fisher 信息, 特别是 Wigner-Yanase skew 信息在量子信息理论中有众多的应用 [106−120].

围绕 Fisher 信息的若干重要课题包括: 量子不确定性的度量及测不准原理的信息刻画, 量子 Fisher 信息在量子测量中的应用, 量子 Fisher 信息在关联和统计物理中的应用, 量子 Fisher 信息与物理定律, 特别是 Fisher 信息与能量概念 (例如动能) 和作用量等之间的关系. 最小作用原理是否有信息论的含义或解释? 寻求某种信息守恒和信息极值原理来描述或解释量子物理中的某些基础问题也是很有意义的课题.

6) 信道容量

信道容量是指多次独立使用信道所能传输信息的最大能力, 通常由与熵有关的量来描述. 经典信道容量由输入态与信道决定的输出态之间的极大互信息给出,这是 Shannon 第二定理的内容. 量子信道既能传输量子信息, 也能传输经典信息, 或两者的混合, 因此量子信道具有很多不同的信道容量定义, 各自适用于不同的用途, 例如传递经典信息的容量, 传递量子信息的容量, 传递私密信息的容量. 由于量子相干性与量子关联, 量子信道容量与经典情形有本质的不同. 信道容量的计算通常是极端困难的, 有时只能得到一些粗糙的界. 刻画和量化量子信道传输信息的能力是非常重要和极具挑战性的.

7) 量子与随机数

随机数在模拟、计算、密码、设计等中扮演重要角色, 是非常宝贵的资源. 通常人们可将随机数分为三类, 伪随机数、"真"随机数、量子随机数. 伪随机数通常由某种数学算法产生, "真"随机数由难以预测的经典物理过程产生, 量子随机数 (真正的随机数) 由具有不确定性本质的量子过程产生. 前两类随机数经济适用但其随机性存疑, 最后一类才是真正的随机数. 经典物理本质上是基于决定论的, 因此在经典物理的框架无法产生真正的随机数, 而只能产生伪随机数. 量子理论本质是基于不确定性和概率论的, 利用量子理论和技术可以产生真正的随机数. 如何利用量子性有效地产生和验证随机数是个重要的基本课题.

8) 量子行走

随机行走是经典概率论中的基本概念和工具, 具有广泛的用途和深刻的理论. 量子行走是经典随机行走向量子世界的拓广, 由于行走者可处于叠加态, 干涉效应可使其扩散传播的速度要比经典世界快得多, 具有更加丰富的内涵、性质和用途 [121,122]. 例如可用量子行走构造通用量子计算模型. 著名的 Grover 搜索算法可被自然地解释为一种量子行走, 对于一些经典意义下困难的问题, 量子行走可提供指数倍的加速. 量子行走中很多理论和应用问题都有待于深入研究.

9) 量子模拟

人类模拟现实世界的能力随着计算机技术的发展日益强大, 无数的实验和测试现在都可以在计算机上完成, 而方兴未艾的人工智能就是计算机对人类思维和智力的模拟. 计算机能模拟现实世界的一切吗? Feynman 曾指出 [67]:

"Nature isn't classical, $\cdots$, and if you want to make a simulation of nature, you'd better make it quantum mechanical, $\cdots$"

物理世界本质上是由量子物理支配的, 而求解一般量子演化方程是超越经典计算机能力的. Feynman 建议建造人工的可控制的量子系统, 使得这个有效系统与我们想要探究的系统相似, 然后通过控制这个人工系统, 直接做实验读出实验结果, 作为要探究的结果的模拟. 这样就可直接在量子计算机上模拟很多实验, 例如耗费巨资的风洞实验和大型加速器实验.

相对于通用量子计算机而言, 量子模拟机是专门针对某类特殊问题的专用量子计算机, 用以解决特定问题, 因而其建造比通用量子计算机容易得多. 虽然量子计算机也许还较遥远, 但量子模拟器已是呼之欲出 [123]. 量子模拟将为科学研究和实验带来革命性变化, 为我们探究自然, 开发新材料和新能源, 推动新一代技术革命提供全新的威力巨大的手段.

10) 量子机器学习

科技和社会的发展把世界带到了大数据时代, 在此基础上人工智能正在飞速发展. 量子信息为信息处理提供了崭新的机会, 因而将在大数据和人工智能方面扮演重要角色. 近年来兴起的应用量子信息进行大数据的开发和研究的一个热点课题是量子机器学习, 这是数据科学和量子物理相结合的产物, 主要是利用量子叠加原理来处理目前机器学习中数据量大、训练过程慢的瓶颈问题, 并提供基于量子计算的新算法和新模型. Grover 搜索在量子机器学习中扮演重要角色, 若干概念例如量子流形嵌入、量子主成分分析等都与数学有深刻联系 [124,125]. 量子计算复杂性理论研究量子计算机的计算能力, 给出各种问题困难程度的分类, 特别是探讨相对于经典算法能加速的量子算法. 这为大数据的处理提供理论支持.

11) 量子信息与广义概率论

量子的本源和基础问题一直是个重要课题. 量子物理的数学框架本质上是一种非交换概率论. 从基础的角度, 人们可以问为什么量子物理这么精确地描述了自然, 是否还有更一般或广泛的数学框架包含量子物理为特殊情形, 并且在某些自然的公理约束下退化为量子物理. 这正是近十年来兴起的广义概率论所研究的课题, 将为从抽象公理的角度推导和理解量子物理提供帮助, 这也符合 Hilbert 第六问题关于物理公理化的精神.

12) 从信息的观点看世界

量子信息为我们探索、认识、理解和利用自然提供了新的概念、思想和方法, 特别是为从更加统一的观点处理各种科学理论提供了有益的工具. Wheeler 曾有一个著名的口号: It from bit(万物源于比特), 转换成量子信息的观点, 就是 It from qubit.

相对论与量子力学的不协调导致了引力量子化的困难, 用量子信息的方法研究量子引力、标准模型理论、乃至 M-理论都是值得探讨的. 量子信息可能为统一相对论与量子物理, 从而建立量子引力的完整理论提供思路和帮助.

量子物理的诞生是人类科学征程乃至人类历史上的革命性事件, 诸如激光、晶体管、电脑、核能等都是量子的产物. 100 年来量子物理极大地改变了人类的思维、技术和生活, 而今量子信息的兴起, 将会在这下一个 100 年内乃至更远的将来再次对人类产生深远影响, 难怪有人称之为二次量子革命.

参 考 文 献

[1] Lord K. Nineteenth-century clouds over the dynamical theory of heat and light. Philo-

sophical Magazine, 1901, 7: 1-40.

[2] Laplace P S. Essai Philosophique Sur Les Probabilités. 5th ed.. Paris, 1825: 3-4.

[3] von Neumann J. Mathematical Foundations of Quantum Mechanic. Princeton: Princeton University Press, 1932.

[4] Nielsen M A, Chuang I L. Quantum Computation and Quantum Information. Cambridge: Cambridge University Press, 2000.

[5] Wigner E P. The probability of the existence of self-reproducing unit. The Logic of Personal Knowledge, Essays Presented to Michael Polanyi on His Seventieth Birthday. London: Routledge & Kegan Paul, 1961: 231-238.

[6] Baez J C. Is life probable? Foundations of Physics, 1989, 19: 91-95.

[7] Wigner E P. The unreasonable effectiveness of mathematics in the natural sciences. Communications on Pure and Applied Mathematics, 1960, 13: 1-14.

[8] Wiesner S. Conjugate coding. ACM Signact News, 1983, 15: 78-88.

[9] Park J L. The concept of transition in quantum mechanics. Foundations of Physics, 1970, 1: 23-33.

[10] Herbert N. FLASH–A superluminal communicator based upon a new kind of quantum measurement. Foundations of Physics, 1982, 12: 1171-1179.

[11] Schrödinger E. Die gegenwärtige situation in der quantenmechanik. Die Naturwissenschaften, 1935, 23: 807-812.

[12] Schrödinger E. Discussion of probability relations between separated systems. Proceedings of the Cambridge Philosophical Society, 1935, 31: 555-563.

[13] Schrödinger E. Probability relations between separated systems. Proceedings of the Cambridge Philosophical Society, 1936, 32: 446-452.

[14] Einstein A, Podolsky B, Rosen R. Can quantum-mechanical description of physical reality be considered complete? Physical Review, 1935, 47: 777-780.

[15] Bohr N. Can quantum-mechanical description of physical reality be considered complete? Physical Review, 1935, 48: 696-702.

[16] Kumar M. Quantum: Einstein, Bohr, and the Great Debate about the Nature of Reality. New York: W. W. Norton & Company, 2011.

[17] Jaynes E T. Probability in quantum theory. Complexity, Entropy and the Physics of Information//Zurek W H. ed. New York: CRC Press, 1990: 381-404.

[18] Bell J S. On the Einstein-Podolsky-Rosen paradox. Physics, 1964, 1: 195-200.

[19] Bell J S. Speakable and Unspeakable in Quantum Mechanics: Collected Papers on Quantum Philosophy. Cambridge: Cambridge University Press, 2004.

[20] Clauser J F, Horne M A, Shimony A, Holt R A. Proposed experiment to test local hidden-variable theories. Physical Review Letters, 1969, 23: 880-884.

[21] Aspect A, Grangier P, Roger G. Experimental tests of realistic local theories via Bell's theorem. Physical Review Letters, 1981, 47: 460-463.

[22] Herbert N. QUICK—A new superluminal transmission concept, C-Life Institute. Report #3753, 1979.

[23] Ghirardi G C, Weber T. On some recent suggestions of superluminal communication through the collapse of the wave function. Lettere al Nuovo Cimento, 1979, 26: 599-603.

[24] Pauli W. General Principles of Quantum Mechanics. Berlin: Springer, 1980.

[25] Wootters W K, Zurek W H. A single quantum cannot be cloned. Nature, 1982, 299: 802-803.

[26] Dieks D. Communication by EPR devices. Physics Letters, 1982, 92: 271-272.

[27] Milonni P W, Hardies L. Photons cannot always be replicated. Physics Letters, 1982, 92: 321-322.

[28] Mandel L. Is a photon amplifier always polarization dependent? Nature, 1983, 304: 188.

[29] Kaiser D. How the Hippies Saved Physics: Science, Counterculture, and the Quantum Revival. New York: W. W. Norton, Inc., 2011.

[30] Peres A. How the no-cloning theorem got its name. Fortschritte der Physik, 2003, 51: 458-461.

[31] Bennett C H, Brassard G, Crépeau C, et al. Teleporting an unknown quantum state via dual classical and Einstein-Podolsky-Rosen channels. Physical Review Letters, 1993, 70: 1895-1899.

[32] Peres A. Separability criterion for density matrices. Physical Review Letters, 1996, 77: 1413-1415.

[33] Peres A. Quantum Theory: Concepts and Method. Berlin: Springer, 1995.

[34] von Neumann J. Conceptual proposal for a physical non-biological self-replicating system. Lectures delivered in 1948 and 1949.

[35] von Neumann J. The Theory of Self-Replicating Automata. Champaign: University of Illinois Press, 1966.

[36] Shimoda K, Takahasi H, Townes C H. Fluctuations in amplification of quanta with application to maser amplifiers. Journal of Physical Society of Japan, 1957, 12: 686-700.

[37] Peres A. Neumark's theorem and quantum inseparability. Foundations of Physics, 1990, 20: 1441-1453.

[38] Ghirardi G C, Weber T. Quantum mechanics and faster-than-light communication: methodological considerations. Nuovo Cimento, 1983, 78B: 9-20.

[39] Ghirardi G C, Romano R. On a proposal of superluminal communication. Journal of Physics A, 2012, 45: 232001.

[40] Schrödinger E. What is Life? Cambridge: Cambridge University Press, 1944.

[41] Jozsa R. A stronger no-cloning theorem. arXiv: quant-ph/0204153v2 (2002).

[42] Lindblad G. A general no-cloning theorem. Letters in Mathematical Physics, 1999, 47: 189-196.

[43] Maassen H. Quantum probability and quantum information theory//Benatti F. et al. ed. Quantum Information, Computation and Cryptography. Berlin: Springer, 2010: 65-108.

[44] Pati A K, Braunstein S L. Impossibility of deleting an unknown quantum state. Nature, 2000, 44: 164-165.

[45] Buzek V, Hillery M. Quantum copying: Beyond the no-cloning theorem. Physical Review A, 1996, 54: 1844-1852.

[46] Gisin N, Massar S. Optimal quantum cloning machines. Physical Review Letters, 1997, 79: 2153-2156.

[47] Scarani V, Iblisdir S, Gisin N, et al. Quantum cloning. Reviews of Modern Physics, 2005, 77: 1225-1256.

[48] Duan L M, Guo G C. Probabilistic cloning and identification of linearly independent quantum states. Physical Review Letters, 1998, 80: 4999-5002.

[49] Werner R F. Quantum states with Einstein-Podolsky-Rosen correlations admitting a hidden-variable. Physical Review A, 1989, 40: 4277-4281.

[50] Horodecki R, Horodecki P, Horodecki M, et al. Quantum entanglement. Reviews of Modern Physics, 2009, 81: 865-942.

[51] Luo S. Using measurement-induced disturbance to characterize correlations as classical or quantum. Physical Review A, 2008, 77: 022301.

[52] Barnum H, Caves C M, Fuchs C A, et al. Noncommuting mixed states cannot be broadcast. Physical Review Letters, 1996, 76: 2818-2821.

[53] Piani M, Horodecki P, Horodecki R. No-local-broadcasting theorem for quantum correlations. Physical Review Letters, 2008, 100: 090502.

[54] Lieb E H, Ruskai M B. Proof of the strong subadditivity of quantum-mechanical entropy. Journal of Mathematical Physics, 1973, 14: 1938-1941.

[55] Luo S, Sun W. Decomposition of bipartite states with applications to quantum no-broadcasting theorems. Physical Review A, 2010, 82: 012338.

[56] Luo S, Sun W. Separability and entanglement in tripartite systems. Theoretical and Mathematical Physics, 2009, 160: 1316-1323.

[57] Luo S, Li N. Quantum correlations reduce classical correlations with ancillary systems. Chinese Physics Letters, 2010, 27: 120304.

[58] Shannon C E. A mathematical theory of communication. Bell System Technical Journal, 1948, 27: 379-423, 623-656.

[59] Shannon C E, Weaver W. The Mathematical Theory of Communication. Champaign: University of Illinois Press, 1949.

[60] Wiener N. Cybernetics: Or Control and Communication in the Animal and the Machine. Boston: MIT Press, 1948.

[61] Conway F, Siegelman J. Dark Hero of the Information Age: In Search of Norbert Wiener, the Father of Cybernetics. Basic Books, published in cooperation with Stillpoint Press, 2006.

[62] Bennett C H, Brassard G. Quantum cryptography: Public key distribution and coin tossing. Proceedings of IEEE International Conference on Computers, Systems and Signal Processing, New York, 1984: 175-179.

[63] Shor P. Algorithms for quantum computation: Discrete logarithms and factoring. Proceedings of the 35th Annual IEEE Symposium on Foundations of Computer Science, 1994: 124-134.

[64] Ekert A K. Quantum cryptography based on Bell's theorem. Physical Review Letters, 1991, 67: 661-663.

[65] Bennett C H, Brassard G, Mermin N D. Quantum cryptography without Bell's theorem. Physical Review Letters, 1992, 68: 557-559.

[66] Manin Y. Computable and Uncomputable. Moscow: Sovetskoye Radio, 1980.

[67] Feynman R. Simulating physics with computers. International Journal of Theoretical Physics, 1982, 21: 467-483.

[68] Deutsch D. Quantum theory, the Church Turing principle and the universal quantum computer. Proceedings of the Royal Society of London A, 1985, 400: 97-117.

[69] Everett H. The theory of the universal wavefunction (Manuscript 1955)//Dewitt B, Graham R N. ed. The Many-Worlds Interpretation of Quantum Mechanics. Princeton: Princeton University Press, 1973: 3-140.

[70] Deutsch D. The Fabric of Reality. New York: Penguin, 1997.

[71] Grover L. A fast quantum mechanical algorithm for database search. Proceedings of the 28th ACM Symposium on Theory of Computing, 1996: 212-219.

[72] Wiseman H M, Milburn G J, Quantum Measurement and Control. Cambridge: Cambridge University Press, 2009.

[73] Ollivier H, Zurek W H. Quantum discord: a measure of the quantumness of correlations. Physical Review Letters, 2001, 88: 017901.

[74] Henderson L, Vedral V. Classical, quantum and total correlations. Journal of Physics A, 2001, 34: 6899-6905.

[75] Luo S. Quantum discord for two-qubit systems. Physical Review A, 2008, 77: 042303.

[76] Luo S. Entanglement as minimal discord over state extensions. Physical Review A, 2016, 94: 032129.

[77] Modi K, Brodutch A, Cable H, et al. The classical-quantum boundary for correlations: Discord and related measures. Reviews of Modern Physics, 2012, 84: 1655-1707.

[78] Tsirelson B S. Some results and problems on quantum Bell-type inequalities. Hadronic Journal Supplement, 1993, 8: 329-345.

[79] Tsirelson B S. Bell inequalities and operator algebras. http://www.math.tau.ac.il/~tsirel/Research/bellopalg/main.html

[80] Scholz V B, Werner R F. Tsirelson's problem. arXiv: quant-ph/0812.4305 (2008).

[81] Junge M, Navascues M, Palazuelos1 C, et al. Connes' embedding problem and Tsirelson's problem. Journal of Mathematical Physics, 2011, 52: 012102.

[82] Fritz T. Tsirelson's problem and Kirchberg's conjecture. Reviews in Mathematical Physics, 2012, 24: 1250012.

[83] Schilling C. Quantum marginal problem and its physical relevance. arXiv: quant-ph/1507.00299 (2015).

[84] Klyachko A. Quantum marginal problem and representations of the symmetric group. arXiv: quant-ph/0409113 (2004).

[85] Daftuar S, Hayden P. Quantum state transformations and the Schubert calculus. Annals of Physics, 2005, 315: 80-122.

[86] Christandl M, Mitchison G. The spectra of quantum states and the Kronecker coefficients of the symmetric group. Communications in Mathematical Physics, 2006, 261: 789-797.

[87] Eisert J, Tyc T, Rudolph T, et al. Gaussian quantum marginal problem. Communications in Mathematical Physics, 2008, 280: 263-280.

[88] Durt T, Englert B G, Bengtsson I, et al. On mutually unbiased bases. International Journal of Quantum Information, 2010, 8: 535-640.

[89] Landau L D, Lifshitz E M. Quantum Mechanics. Amsterdam: Elsevier, 2007.

[90] Luo S, Li N, Fu S. Quantumness of quantum ensembles. Theoretical and Mathematical Physics, 2011, 169: 1724-1739.

[91] Li N, Luo S, Mao Y. Quantifying the quantumness of ensembles. Physical Review A, 2017, 96: 022132.

[92] Wehrl A. General properties of entropy. Reviews of Modern Physics, 1978, 50: 221-260.

[93] Vedral V. The role of relative entropy in quantum information theory. Reviews of Modern Physics, 2002, 74: 197-234.

[94] Rényi A. On measures of entropy and information. Fourth Berkeley Symposium on Mathematical Statistics and Probability, 1961: 547-561.

[95] Tsallis C. Possible generalization of Boltzmann-Gibbs statistics. Journal of Statistical Physics, 1988, 52: 479-487.

[96] Fisher R A. Theory of statistical estimation. Mathematical Proceedings of the Cambridge Philosophical Society, 1925, 22: 700-725.

[97] Cover T M, Thomas J A. Elements of Information Theory. 2nd ed. New Jersey: Wiley, 2006.

[98] Cencov N N. Statistical Decision Rules and Optimal Inference. American Mathematical Society, 1982.

[99] Luo S. Maximum Shannon entropy, minimum Fisher information, and an elementary game. Foundations of Physics, 2002, 32: 1757-1772.

[100] Luo S. Statistics of local value in quantum mechanics. International Journal of Theoretical Physics, 2002, 41: 1713-1731.

[101] Wigner E P, Yanase M M. Information contents of distributions. Proceedings of the National Academy of Sciences USA, 1963, 49: 910-918.

[102] Helstrom C W. Quantum Detection and Estimation Theory. New York: Academic, 1976.

[103] Yuen H P, Lax M. Multi-parameter quantum estimation and measurement of nonselfadjoint observables. IEEE Transactions on Information Theory, 1973, 19: 740-750.

[104] Holevo A S. Probabilistic and Statistical Aspects of Quantum Theory. Amsterdam: North-Holland, 1982.

[105] Petz D. Monotone metrics on matrix spaces. Linear Algebra and Its Applications, 1996, 244: 81-96.

[106] Luo S. Heisenberg uncertainty relation for mixed states. Physical Review A, 2005, 72: 042110.

[107] Lieb E H. Convex trace functions and the Wigner-Yanase-Dyson conjecture. Advances in Mathematics, 1973, 11(3): 267-288.

[108] Luo S. Quantum versus classical uncertainty. Theoretical and Mathematical Physics, 2005, 143: 681-688.

[109] Luo S. Quantum uncertainty of mixed states based on skew information. Physical Review A, 2006, 73: 022324.

[110] Chen P, Luo S. Clock and Fisher information. Theoretical and Mathematical Physics, 2010, 165: 1552-1564.

[111] Luo S, Fu S, Oh C H. Quantifying correlations via the Wigner-Yanase skew information. Physical Review A, 2012, 85: 032117.

[112] Li N, Luo S. Entanglement detection via quantum Fisher information. Physical Review A, 2013, 88: 014301.

[113] Luo S. Correlations: Classical versus quantum//Guo L, Ma Z M. ed. Proceedings of the 8th International Congress of Industrial and Applied Mathematics. Higher Ed. Press, Beijing, 2015: 159-184.

[114] Li N, Luo S. Fisher concord: efficiency of quantum measurement. Quantum Measurement and Quantum Metrology, 2016, 3: 44-52.

[115] Luo S, Sun Y. Quantum coherence versus quantum uncertainty. Physical Review A, 2017, 96: 022130.

[116] Luo S. Classicality versus quantumness in Born's probability. Physical Review A, 2017, 96: 052126.

[117] Luo S, Sun Y. Coherence and complementarity in state-channel interaction. Physical Review A, 2018, 98: 012113.

[118] Luo S, Zhang Y. Quantifying nonclassicality via Wigner-Yanase skew information. Physical Review A, 2019, 100: 032116.

[119] Dai H, Luo S. Information-theoretic approach to atomic spin nonclassicality. Physical Review A, 2019, 100: 062114.

[120] Luo S, Zhang Y. Quantumness of Bosonic field states. International Journal of Theoretical Physics, 2020, 59: 206-217.

[121] Kempe J. Quantum random walks—an introductory overview. Contemporary Physics, 2003, 44: 307-327.

[122] Ambainis A. Quantum walks and their algorithmic applications. International Journal of Quantum Information, 2003, 1: 507-518.

[123] Georgescu I M, Ashhab S, Nori F. Quantum simulation. Reviews of Modern Physics, 2014, 86: 153-185.

[124] Quantum machine learning, https://en.wikipedia.org/wiki/Quantum_machine_learning.

[125] Wittek P. Quantum Machine Learning: What Quantum Computing Means to Data Mining. Amsterdam: Elsevier Inc., 2014.

8 量子可积系统新进展——非对角 Bethe Ansatz 方法

杨文力[①]

量子可积模型是一类重要的物理模型, 它们不但拥有优美的数学结构, 同时能为重要的物理问题提供基准. 本文将结合几个典型例子, 介绍近年来发展起来的处理可积模型的统一解析理论——非对角 Bethe Ansatz 方法.

8.1 量子可积模型介绍

可积系统通常具有以下特征: 存在最大守恒量集, 系统的解可以用确定的显函数形式表示. 可积系统在性质上与一般的动力学系统 (如典型的混沌系统) 有很大的不同. 后者通常没有足够多的守恒量, 并且其渐近行为是难以处理的 (例如初始条件中任意小的扰动有可能导致它们的轨迹在足够长的时间内出现任意大的偏差)[1]. 因此, 完全可积性是动力学系统的非平庸性质. 然而, 物理学研究中存在许多系统都是完全可积的, 特别是在哈密顿力学系统中: 经典力学中的一个重要的实例是多维谐振子; 另一个典型例子是行星围绕一个固定中心 (例如太阳系) 或两个固定中心的运动; 其他的基本例子包括刚体绕其质心的运动 (欧拉陀螺) 和轴对称刚体绕其对称轴上的一点的运动 (拉格朗日陀螺) 等.

在有限自由度哈密顿系统中, 刘维尔 (Liouville) 给出了严格意义下的可积性 [2]: 对于一个包含 n 个自由度的哈密顿量系统 H, 它可以使用一个 $2n$ 维的相空间来描述; 此时存在 n 个函数独立的守恒量 $F_i, i = 1, \cdots, n$, 且泊松意义下相互对易 $\{F_i, F_j\} = 0$, 哈密顿量 H 是 F_i 的函数, 并且它们和哈密顿量之间对易 $\{H, F_j\} = 0$; 在正则量子化的情形, 泊松括号转化为对易括号 [3]. 此处函数独立意味着在所有位置, dF_i 都是独立的, 或者说 F_i 的切空间处处存在, 并且是 n 维的. 此时不可能有多于 n 个的独立变量存在, 否则对易关系将会退化失效. 刘维尔可积性意味着相空间存在由不变流形形成的规则叶理, 使得与叶理不变量相关的哈密顿向量场跨越切线分布. 用简要的说法概括就是存在一组最大的泊松交换不变量 (即相空间上的函数, 与系统的哈密顿量之间, 两两相互泊松对易).

① 西北大学现代物理研究所.

在量子的情形下, 相空间的函数必须由希尔伯特空间上的自伴算子代替, 泊松对易关系也转换为正则对易关系. 如果量子系统的动力学是两体可约的 (自由粒子的系统是单体可约的), 则称该量子系统是可积的 [3]. 而 Yang-Baxter 方程 [4,5] 以及散射矩阵 S 或者说 R 矩阵正是这一种性质的体现①. 由 Yang-Baxter 方程出发, 利用矩阵运算的性质, 可给出算子之间的对易关系, 正是这些算子可构成哈密顿量, 并且可以得到无穷多个守恒量的迹恒等式. 那么求解哈密顿量本征值的问题转化为求解单值矩阵 (monodromy matrix) 或者转移矩阵 (transfer matrix) 的本征值的问题. 而这些思想都被运用于代数 Bethe Ansatz(量子逆散射方法) 中以求得系统的精确解. 一些典型的量子可积模型有: 一维 δ 势的玻色气 (Lieb-Liniger model)、哈伯德模型 (Hubbard model)、海森伯模型 (Heisenberg model) 自旋链等.

这一领域的发展经历了漫长的阶段: ①最早由德国著名物理学家诺贝尔奖得主 Hans Bethe 于 1931 年提出了坐标 Bethe Ansatz 方法 [6], 该方法继成功解决一维反铁磁海森伯模型之后, 又被扩展应用于解决玻色气体、Hubbard 模型等; ② 20 世纪 70 年代初, 分别由杨振宁 [4] 和 R. J. Baxter[5,7] 从各自的研究方向得到了 “星–三角关系” (star-triangular relation), 即 Yang-Baxter 方程. Baxter 基于这一方程, 提出了 $T\text{-}Q$ 关系方法 [3,7,8], 这为可积模型领域的繁荣和发展奠定了基础. 其中 Yang-Baxter 方程起着至关重要的作用, 它是一类非线性方程, 从物理问题出发, 将多体相互作用和不同代数结构的守恒流联系起来. 而它的不同类型的解分别联系具体的可积模型及其对应的量子代数结构, 这为研究许多重要的物理问题提供了出发点和基准 [3]; ③ 20 世纪 70 年代末期, 为了系统地解决 $1+1$ 维可积模型, Faddeev 学派提出了基于 Yang-Baxter 方程的代数 Bethe Ansatz 方法 (量子逆散射方法) [9-15]. 这套方法被成功应用于诸如非线性 Schrödinger 方程、场论中的 sine-Gordon 模型、一维 Hubbard 模型、量子自旋链等诸多模型的求解. 上述可积模型的求解, 自然而然地将数学物理和量子场论中的方法应用到凝聚态物理和量子光学中的相关领域, 比如 sine-Gordon 场 [11,12,16]、XXZ 自旋链 [13,17,18]、Gaudin 模型 [19,20]. 这是由于这些模型在场论和凝聚态物理中都有着重要的意义, 一方面有些晶格问题的连续极限和热力学性质就是低维场论, 另外场论中的散射振幅、孤子理论的研究和凝聚态中是共通的, 这些问题的研究引导出重要的物理机制. 本领域研究工作的重要性在 Faddeev 学派 20 世纪 70 年代末期的开创性工作之后得到了充分的认识和体现. 随后的几十年间, 代数 Bethe Ansatz 方法在场和凝聚态领域被更加广泛、深入地用于研究各种物理系统的热力学性质方面 [21,22], 甚至作为普适的统计物理方法被应用于众多其他方面的研究 (如金融行

---

① 量子可积通常是指系统的守恒量可由 Yang-Baxter 方程所构造或刻画, 它提供了可积性的充分条件.

业等). 这使得该方法得到了业界的广泛认可, 衍生出了不同的方向.

8.2   非对角 Bethe Ansatz 方法

上述方法所能够成功求解的可积模型, 其拓扑结构都是具有 $U(1)$ 对称性的. 而 $U(1)$ 对称性作为物理学中最重要的对称性之一, 对应于粒子数守恒的系统. 但在以往几十年的研究工作中, $U(1)$ 对称性破缺的物理系统在众多领域如凝聚态物理、高能物理、粒子物理与统计物理中不断被发现[23-29]. 例如典型的有凝聚态中的超导、超流、自旋轨道耦合及拓扑自旋链系统等. 这些模型的精确求解无疑对揭示 $U(1)$ 对称性破缺所引发现象背后的深层物理机制是有巨大意义的. 而粒子数不守恒的系统, 即 $U(1)$ 对称性破缺系统的求解在方法上的困难在于, 这类系统不存在赝真空态. 以拓扑自旋链为例, 它本身的拓扑结构是一个莫比乌斯圈 (Möbius strip), 在其上无法定义上和下的概念. 而上述的所有传统方法, 如代数 Bethe Ansatz, 都是强烈依赖于赝真空参考态的定义, 并以此出发构造转移矩阵的本征态, 进而完成模型的求解. 粒子数不守恒的系统由于这一对称性的破缺, 并不存在明确的赝真空态, 而成为理论物理学中四十年来遗留的 "可积但不可解" 的著名难题.

这一情形在我们 (中科院物理所王玉鹏研究员和西北大学杨文力教授的研究团队) 自 2013 年所作出的一系列突破性进展[30-36] 之后完全改变. 我们的方法是从体系的不变量出发, 用到了单值矩阵的迹和行列式的性质, 从算子层面构造了转移矩阵的代数恒等关系. 不需要用到具体代数表示的基底, 则不依赖于 "赝真空参考态" 的存在, 从本质上克服了这一困难. 基于这些算子恒等式, 提出了非齐次 (inhomogeneous) 的 T-Q 关系, 得到非对角 (非平行) 边界情形下的 Bethe Ansatz 方程, 从而建立了一套简单普适的解决可积模型精确解问题的系统理论方法——非对角 (off-diagonal) Bethe Ansatz 方法.

这套方法的核心是, 既然没有参考态, 我们就抛开本征态, 直接从代数关系出发求出转移矩阵的本征值, 这就克服了传统方法的困难. 首先我们意识到转移矩阵的本征值是一个 N 阶多项式, 有 $N+1$ 个未知系数. 因此, 只要找到 $N+1$ 个独立的方程就能确定该本征值. 基于 Yang-Baxter 方程, 我们严格证明了转移矩阵满足 N 个算子恒等式, 因此它的本征值满足这 N 个方程, 再加上一个渐近行为, 我们就完全确定了这 $N+1$ 个方程. 在此基础上, 我们提出了非齐次 T-Q 关系, 它是以上 $N+1$ 个方程最一般结构的解. 而其中的关键是引入了第三项, 也被国际同行称为 CYSW 非齐次项. 它是拓扑项, 涵盖了所有的边界情况: 在非平庸边界时非零; 平庸边界时为零, 则该关系退化为 Baxter 的 T-Q 关系. 正是因为有了这样一个非齐次项, 我们把各类可积模型的谱问题纳入一个统一的理论框架之下.

非对角 Bethe Ansatz 方法求解可积模型的大体方案和思路如下所述:

(1) 系统可积性及哈密顿量的构造.

找到构造具体物理模型哈密顿量所对应的 R 矩阵和边界 K 矩阵, 列出它们满足的基本幺正关系、交叉幺正关系、对称性等约束条件. 利用它们所满足的 Yang-Baxter 方程和反射方程, 推导出单值矩阵及转移矩阵, 由此出发构造出系统哈密顿量, 给出转移矩阵与哈密顿量之间的关系.

(2) 算子恒等式的推导.

由上述列出的 R 矩阵的基本对称关系中在特殊参数点的性质, 结合其他基本对称和反对称等关系和 Yang-Baxter 方程, 可得到转移矩阵 (作为算子) 在两个相互关联的特殊参数取值点处的算子乘积的恒等式. 通常对应 N 格点, N 个非均匀谱参数, 那么也会有 N 个恒等式, 此恒等关系为整个方法的精髓.

(3) 算子恒等式转化为函数恒等式.

对于转移矩阵的 N 个恒等式, 会有相应谱参数本征值 (转移矩阵的本征值) 的 N 个函数恒等式.

(4) 确定将本征值进行参数化所需条件.

预判转移矩阵所对应的本征值, 即哈密顿量的本征值的形式, 它作为一个依赖于谱参数的多项式函数, 确定其阶数为 N; 从复变量解析函数的角度分析, 欲确定一个 N 阶多项式, 需要 $N+1$ 个条件; N 个算子恒等式对应的函数恒等式是 N 个, 此时需要再从单值矩阵的参数极限行为出发补充计算本征值的多项式函数的极限行为, 这就构成了所有 $N+1$ 个刻画 N 阶多项式的充分条件.

(5) 构造非齐次 T-Q 关系.

从以上条件出发, 具体实施构造 T-Q 关系 (即含参数的本征值). 之前的研究工作表明, 对于 $U(1)$ 对称性破缺的系统, 其 T-Q 关系的代数结构为

$$\Lambda(u) = a(u)\frac{Q(u+\eta)}{Q(u)} + d(u)\frac{Q(u+\eta)}{Q(u)} + c(u)\frac{a(u)d(u)}{Q(u)} \tag{8.2.1}$$

这个表达式的前两项 $a(u)$, $d(u)$ 正是传统代数 Bethe Ansatz 方法中所得出的, 而在现在 $U(1)$ 对称破缺的情形下, 必须有第三个含 $c(u)$ 的非齐次项存在. 而这也正是非对角 Bethe Ansatz 方法所揭示的此类模型精确解的关键所在.

(6) 求解 Bethe Ansatz 方程, 得到能谱精确解.

包含 $c(u)$ 的项是由系统转移矩阵的渐近行为所决定的. 更进一步, 应确保此 $T-Q$ 关系为一个多项式而非分式, 所有 $Q(u)$ 函数的极点处的留数必须消失, 这就导出了在此种情形下的 Bethe Ansatz 方程. 至此, 哈密顿量的谱已经被完全精确求解了.

这套方法独立于代数 Bethe Ansatz, 但可以看作是它的非平庸扩展, 因为它对于传统的周期性边界条件和对角 (平行) 边界条件的可积模型同样适用. 对于具有 $U(1)$ 对称性的可积模型, 使用这套方法能够使得计算更为简单并且能够直接体现模型的本质. 这套方法目前已成功求解了一系列的可积模型, 其中有代表性的是领域内长期备受关注的几个典型 $U(1)$ 对称破缺的 "可积但不可解" 模型: 拓扑自旋环 (具有反周期边界条件的 XXZ 自旋链, 其拓扑结构对应于几何中莫比乌斯环)[30]、非平行边界场的海森伯自旋链模型 [31] 和奇数格点的 XYZ 自旋链 [32] 等等, 相关结果在凝聚态物理、统计物理和高能物理都具有重要的应用前景. 下文中我们以拓扑自旋环和非平行边界的自旋链为例, 具体阐述这种方法.

8.3 拓扑自旋环

具有拓扑边界 $U(1)$ 对称破缺的典型模型——XXZ spin torus, 它也被称为反周期边界的各向异性量子拓扑自旋环或称量子莫比乌斯圈, 在凝聚态物理中, 它描述嵌入拉停格液体中的约瑟夫森结. 由于拓扑边界条件破坏了系统体内的 $U(1)$ 对称性, 从 20 世纪 90 年代开始, 包括 Baxter 在内的许多学者都对该模型进行了系列的研究, 直到我们的工作 [30], 才给出了该模型最终的精确解.

这类 $U(1)$ 对称性破缺的系统在求解过程中的困难在于, 模型在拓扑结构上导致了赝真空态的缺失. 众所周知, 其在拓扑上没有 "上" "下" 之分, 而所有传统的方法, 包括代数 Bethe Ansatz 方法在内, 在此时失效. 因为它们强烈依赖于李代数结构的最高权态及赝真空态的存在作为出发点, 以此为基准构造哈密顿量及转移矩阵的本征态, 进而完成模型的求解.

该系统的哈密顿量可表述为

$$H = -\sum_{j=1}^{N}[\sigma_j^x\sigma_{j+1}^x + \sigma_j^y\sigma_{j+1}^y + \cosh\eta\,\sigma_j^z\sigma_{j+1}^z] \tag{8.3.1}$$

其反周期边界条件为 $\sigma_{N+1}^\alpha = \sigma_1^x\sigma_1^\alpha\sigma_1^x(\alpha = x, y, z)$, 具体如图 8.1 所示.

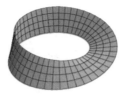

图 8.1

该模型的构造方式如下所述. 体系相关的三角 R 矩阵作用在空间 $V \otimes V$ 上,

V 是 2 维线性空间

$$R_{0,j}(u) = \frac{1}{2}\left[\frac{\sinh(u+\eta)}{\sinh\eta}(1+\sigma_j^z\sigma_0^z) + \frac{\sinh u}{\sinh\eta}(1-\sigma_j^z\sigma_0^z)\right]$$
$$+ \frac{1}{2}(\sigma_j^x\sigma_0^x + \sigma_j^y\sigma_0^y) \tag{8.3.2}$$

其中 u 称为谱参数, η 是交叉参数. 这个 R 矩阵满足以下性质.

初值: $\qquad R_{12}(0) = P_{12} \tag{8.3.3}$

幺正性: $\qquad R_{12}(u)R_{21}(-u) = -\dfrac{\sinh(u+\eta)\sinh(u-\eta)}{\sinh^2\eta} \times \mathrm{id} \tag{8.3.4}$

交叉关系: $\qquad R_{12}(u) = -\sigma_1^y R_{12}^{t_1}(-u-\eta)\sigma_1^y \tag{8.3.5}$

PT-对称性: $\qquad R_{12}(u) = R_{21}(u) = R_{12}^{t_1 t_2}(u) \tag{8.3.6}$

Z_2-对称性: $\qquad \sigma_1^\alpha\sigma_2^\alpha R_{12}(u) = R_{12}(u)\sigma_1^\alpha\sigma_2^\alpha, \quad \alpha = x,y,z \tag{8.3.7}$

聚合条件: $\qquad R_{12}(-\eta) = -2P_{12}^{(-)} \tag{8.3.8}$

并且此 R 矩阵满足 Yang-Baxter 方程

$$R_{12}(u-v)R_{13}(u)R_{23}(v) = R_{23}(v)R_{13}(u)R_{12}(u-v) \tag{8.3.9}$$

该体系可由作用在 $V^{\otimes N}$ 空间上的单值矩阵 $T(u)$ 构造:

$$T_0(u) = R_{0N}(u-\theta_N)R_{0N-1}(u-\theta_{N-1})\cdots R_{01}(u-\theta_1)$$
$$= \begin{pmatrix} A(u) & B(u) \\ C(u) & D(u) \end{pmatrix} \tag{8.3.10}$$

非均匀参数 $\{\theta_i | i = 1, \cdots, N\}$ 是一些复数. 此处下指标 0 对应于系统的辅助空间而 $1, \cdots, N$ 对应于量子空间. 由 R 矩阵满足 Yang-Baxter 方程及单值矩阵 $T(u)$ 的构造方式可推知以下的 Yang-Baxter 代数关系

$$R_{0\bar{0}}(u-v)T_0(u)T_{\bar{0}}(v) = T_{\bar{0}}(v)T_0(u)R_{0\bar{0}}(u-v) \tag{8.3.11}$$

将以上 Yang-Baxter 代数关系 RTT 在辅助空间 $0\bar{0}$ 的乘积形式写出, 可得到单值矩阵中算子的交换关系

$$[B(u), B(v)] = [C(u), C(v)] = 0 \tag{8.3.12}$$

$$A(u)B(v) = \frac{\sinh(u-v-\eta)}{\sinh(u-v)}B(v)A(u) + \frac{\sinh\eta}{\sinh(u-v)}B(u)A(v) \tag{8.3.13}$$

$$D(u)B(v) = \frac{\sinh(u-v+\eta)}{\sinh(u-v)}B(v)D(u) - \frac{\sinh\eta}{\sinh(u-v)}B(u)D(v) \quad (8.3.14)$$

$$C(u)A(v) = \frac{\sinh(u-v+\eta)}{\sinh(u-v)}A(v)C(u) - \frac{\sinh\eta}{\sinh(u-v)}A(u)C(v) \quad (8.3.15)$$

$$C(u)D(v) = \frac{\sinh(u-v-\eta)}{\sinh(u-v)}D(v)C(u) + \frac{\sinh\eta}{\sinh(u-v)}D(u)C(v) \quad (8.3.16)$$

$$[C(u),B(v)] = \frac{\sinh\eta}{\sinh(u-v)}[D(u)A(v) - D(v)A(u)] \quad (8.3.17)$$

此系统转移矩阵 $t(u)$ 按照如下规则构造

$$t(u) = tr_0\{\sigma_0^x T(u)\} = B(u) + C(u) \quad (8.3.18)$$

Yang-Baxter 代数关系 (8.3.11) 以及 R 矩阵的 Z_2 对称性 (8.3.7) 导致含有不同谱参数的转移矩阵能够相互对易 $[t(u), t(v)] = 0$. 此关系也称为守恒定律, $t(u)$ 是体系守恒量的生成函数, 这就保证了这一含有反周期边界的系统的可积性. 系统的哈密顿量可由转移矩阵按照参数 u 展开的一阶守恒量得到

$$H = -2\sinh\eta \frac{\partial \ln t(u)}{\partial u}\bigg|_{u=0,\{\theta_j=0\}} + N\cosh\eta \quad (8.3.19)$$

若我们定义态

$$|0\rangle = \otimes|\uparrow\rangle_j = \otimes \begin{pmatrix} 1 \\ 0 \end{pmatrix}_j \quad (8.3.20)$$

由 R 矩阵和单值矩阵 $T(u)$ 的构造过程我们可知

$$C(u)|0\rangle = 0, \quad A(u)|0\rangle = a(u)|0\rangle$$
$$D(u)|0\rangle = d(\lambda)|0\rangle \quad (8.3.21)$$

其中本征值为

$$d(u) = a(u-\eta) = \prod_{j=1}^{N} \frac{\sinh(u-\theta_j)}{\sinh\eta} \quad (8.3.22)$$

基于 R 矩阵的内禀属性, 如幺正性 (8.3.4)、交叉幺正性 (8.3.5) 及在特殊点的取值 (8.3.3), 可推导出有关转移矩阵的算子恒等式. 通常来说, 对于 N 量子格点的模型, 有 N 个非均匀格点参数 θ_j, 则可推导得出 N 个算子恒等式,

$$t(\theta_j)t(\theta_j - \eta) = -a(\theta_j)d(\theta_j - \eta) \times \mathrm{id}, \quad j = 1, \cdots, N \quad (8.3.23)$$

这些恒等式构成了非对角 Bethe Ansatz 方法的核心.

接下来将这些算子恒等式作用于系统的本征态 $|\Psi\rangle$ (系统的可积性保证了本征态的存在), 即可得到相应的函数恒等式

$$\Lambda(\theta_j)\Lambda(\theta_j - \eta) = -a(\theta_j)d(\theta_j - \eta), \quad j = 1, \cdots, N \tag{8.3.24}$$

这里 $\Lambda(u)$ 为转移矩阵 $t(u) = B(u) + C(u)$ 作用于 $|\Psi\rangle$ 的本征值, $a(u)$ 和 $d(u)$ 是算子 $A(u)$ 和 $D(u)$ 作用于态 $|0\rangle$ 的本征值 (8.3.22), 此处记号同代数 Bethe Ansatz.

由算子 $B(u)$ 和 $C(u)$ 的渐近展开式我们可得知: $\Lambda(u)$ 作为谱参数 u 的函数, 是阶数为 $N-1$ 的三角多项式. 该三角多项式的周期性 $\Lambda(u+i\pi) = (-1)^{N-1}\Lambda(u)$.

那么本征函数 $\Lambda(u)$ 可以被参数化为以下三角多项式的形式

$$\Lambda(u) = \Lambda_0 \prod_{j=1}^{N-1} \sinh(u - z_j) \tag{8.3.25}$$

此时 N 个方程 (8.3.24) 可以完全确定 Λ_0 及 $\{z_j | j = 1, \cdots, N-1\}$ 这 N 个未知数. 而哈密顿量的本征值 (能谱) 可表示为这些零点的函数

$$E = 2\sinh\eta \sum_{j=1}^{N-1} \coth z_j + N\cosh\eta \tag{8.3.26}$$

由方程 (8.3.24) 及 $\Lambda(u)$ 作为三角多项式的阶数和周期性两项属性, 我们可给出以下的非齐次 T-Q 关系,

$$\Lambda(u) = a(u)e^u \frac{Q(u-\eta)}{Q(u)} - e^{-u-\eta}d(u)\frac{Q(u+\eta)}{Q(u)} - c(u)\frac{a(u)d(u)}{Q(u)} \tag{8.3.27}$$

其中的 $Q(u)$ 函数定义为

$$Q(u) = \prod_{j=1}^{N} \frac{\sinh(u - \lambda_j)}{\sinh\eta} \tag{8.3.28}$$

系数 $c(u)$ 为

$$c(u) = e^{u - N\eta + \sum_{l=1}^{N}(\theta_l - \lambda_l)} - e^{-u - \eta - \sum_{l=1}^{N}(\theta_l - \lambda_l)} \tag{8.3.29}$$

此时要求 N 个参数 $\{\lambda_j\}$ 满足 Bethe Ansatz 方程 (BAEs), 以保证 $\Lambda(u)$ 为三角多项式

$$e^{\lambda_j}a(\lambda_j)Q(\lambda_j - \eta) - e^{-\lambda_j-\eta}d(\lambda_j)Q(\lambda_j + \eta) - c(\lambda_j)a(\lambda_j)d(\lambda_j)$$

$$= 0, \quad j = 1, \cdots, N \tag{8.3.30}$$

哈密顿量的能谱可以用这些方程的 Bethe 根表示为

$$E = 2\sinh\eta \sum_{j=1}^{N} [\coth(\lambda_j + \eta) - \coth(\lambda_j)] - N\cosh\eta - 2\sinh\eta \tag{8.3.31}$$

8.3.1　构造 Bethe 态

分离变量法 (SoV)[37] 的优势之一是它能够给出由 N 个独立变量描述的 Hilbert 空间的简单基底. 这套基底可以用于构造转移矩阵的本征态以及关联函数的计算. 在非对角 Bethe Ansatz 方法的框架下, 我们也可使用这套基底方便地计算得到系统的本征 Bethe 态 [38]. 请注意在使用非对角 Bethe Ansatz 方法求解 $U(1)$ 对称性破缺模型的过程中, 系统的能谱先被求解, 然后基于 Bethe Ansatz 方程的解, 可以构造系统的本征 Bethe 态. 这一过程与代数 Bethe Ansatz 方法是相反的.

对于当前的拓扑自旋环模型, 考虑由 N 个非均匀参数 $\{\theta_j\}$ 描述的左态和右态:

$$\langle \theta_{p_1}, \cdots, \theta_{p_n}| = \langle 0| \prod_{j=1}^{n} C(\theta_{p_j}) \tag{8.3.32}$$

$$|\theta_{q_1}, \cdots, \theta_{q_n}\rangle = \prod_{j=1}^{n} B(\theta_{q_j})|0\rangle \tag{8.3.33}$$

其中指标 $p_j, q_j \in \{1, \cdots, N\}$, 并且有顺序 $p_1 < p_2 < \cdots < p_n$ 和 $q_1 < q_2 < \cdots < q_n$. 此时由于 $d(\theta_j) = 0$, 见公式 (8.3.22) 及算子之间的对易关系可知以上两个态是 $D(u)$ 算子的本征态,

$$D(u)|\theta_{p_1}, \cdots, \theta_{p_n}\rangle = d(u) \prod_{j=1}^{n} \frac{\sinh(u - \theta_{p_j} + \eta)}{\sinh(u - \theta_{p_j})} |\theta_{p_1}, \cdots, \theta_{p_n}\rangle \tag{8.3.34}$$

$$\langle \theta_{p_1}, \cdots, \theta_{p_n}|D(u) = d(u) \prod_{j=1}^{n} \frac{\sinh(u - \theta_{p_j} + \eta)}{\sinh(u - \theta_{p_j})} \langle \theta_{p_1}, \cdots, \theta_{p_n}| \tag{8.3.35}$$

根据排列组合的规则可知这样线性独立的左态 (8.3.32) 或右态 (8.3.33) 的数目是

$$\sum_{n=0}^{N} \frac{N!}{(N-n)!n!} = 2^N$$

使用交换关系 (8.3.12)—(8.3.17) 可验证这些右态和左态之间的正交性:

$$\langle \theta_{p_1}, \cdots, \theta_{p_n} | \theta_{q_1}, \cdots, \theta_{q_m} \rangle = f_n(\theta_{p_1}, \cdots, \theta_{p_n}) \, \delta_{m,n} \prod_{j=1}^{n} \delta_{p_j, q_j} \qquad (8.3.36)$$

其中

$$f_n(\theta_{p_1}, \cdots, \theta_{p_n}) = \prod_{l=1}^{n} \left\{ a(\theta_{p_l}) d_{p_l}(\theta_{p_l}) \prod_{k \neq l}^{n} \frac{\sinh(\theta_{p_l} - \theta_{p_k} + \eta)}{\sinh(\theta_{p_l} - \theta_{p_k})} \right\} \qquad (8.3.37)$$

我们指出 $f_0 = \langle 0|0 \rangle = 1$. 函数 $d_l(u)$ 定义为

$$d_l(u) = \prod_{j \neq l}^{N} \frac{\sinh(u - \theta_j)}{\sinh \eta}, \quad l = 1, \cdots, N \qquad (8.3.38)$$

对于一般的一组 $\{\theta_j\}$, 这些右态或左态形成了 Hilbert 空间的一组正交基底, 任意的左态或右态都可以表示为一组此基底的线性组合.

由于左态 $\{ \langle \theta_{p_1}, \cdots, \theta_{p_n} | \, | n = 0, \cdots, N, 1 \leqslant p_1 < p_2 < \cdots < p_n \leqslant N \}$ 形成了 Hilbert 空间的一组正交基底, 此时转移矩阵的本征态 $|\Psi\rangle$ 可由以下标量积所决定,

$$F_n(\theta_{p_1}, \cdots, \theta_{p_n}) = \langle \theta_{p_1}, \cdots, \theta_{p_n} | \Psi \rangle, \quad n = 0, \cdots, N \qquad (8.3.39)$$

其中 $F_0 = 1$. 文献 [30] 中给出了这些标量积 $F_n(\theta_{p_1}, \cdots, \theta_{p_n})$ 的表达式

$$F_n(\theta_{p_1}, \cdots, \theta_{p_n}) = \prod_{l=1}^{n} \Lambda(\theta_{p_l}), \quad n = 1, \cdots, N \qquad (8.3.40)$$

基于以上结论, 可以考虑如下构造的 Bethe 态,

$$|\lambda_1, \cdots, \lambda_N\rangle = \prod_{j=1}^{N} \frac{D(\lambda_j)}{d(\lambda_j)} |\Omega; \{\theta_j\}\rangle \qquad (8.3.41)$$

其中参数 $\{\lambda_j | j = 1, \cdots, N\}$ 满足 Bethe Ansatz 方程 (8.3.30). $|\Omega; \{\theta_j\}\rangle$ 可以看作是广义的参考态, 需要通过进一步计算得到. 根据以上左态和 Bethe 态的内积需满足条件 (8.3.40),

$$\langle \theta_{p_1}, \cdots, \theta_{p_n} | \lambda_1, \cdots, \lambda_N \rangle = \prod_{l=1}^{n} \Lambda(\theta_{p_l}), \quad n = 1, \cdots, N \qquad (8.3.42)$$

最终得到参考态的具体形式为

$$|\Omega; \{\theta_j\}\rangle = \sum_{n=0}^{N} \sum_{p} f_n^{-1}(\theta_{p_1}, \cdots, \theta_{p_n}) \prod_{l=1}^{n} e^{\theta_{p_l}} a(\theta_{p_l}) |\theta_{p_1}, \cdots, \theta_{p_n}\rangle. \qquad (8.3.43)$$

8.4 非平行边界的自旋链

8.4.1 非平行边界的 XXX 自旋链

具有最一般的非平行边界磁场的自旋 $s = \dfrac{1}{2}$ 各向同性 XXX 自旋链 [31] 的哈密顿量是

$$H = \sum_{j=1}^{N-1} \vec{\sigma}_j \cdot \vec{\sigma}_{j+1} + h_1 \sigma_1^z + h_N^x \sigma_N^x + h_N^z \sigma_N^z \tag{8.4.1}$$

其中 h_1, h_N^x 和 h_N^z 是边界磁场强度.

系统的 R 矩阵是

$$R(\lambda) = \begin{pmatrix} \lambda + \eta & & & \\ & \lambda & \eta & \\ & \eta & \lambda & \\ & & & \lambda + \eta \end{pmatrix} \tag{8.4.2}$$

此处 λ 是谱参数. 该 R 矩阵具有以下性质.

初值: $\qquad\qquad R_{12}(0) = P_{12} \tag{8.4.3}$

幺正性: $\qquad\quad R_{12}(\lambda)R_{21}(-\lambda) = -\xi(\lambda)\,\mathrm{id}, \quad \xi(\lambda) = (\lambda + \eta)(\lambda - \eta) \tag{8.4.4}$

交叉关系: $\qquad R_{12}(\lambda) = V_1 R_{12}^{t_2}(-\lambda - \eta)V_1, \quad V = -i\sigma^y \tag{8.4.5}$

PT-对称性: $\qquad R_{12}(\lambda) = R_{21}(\lambda) = R_{12}^{t_1 t_2}(\lambda) \tag{8.4.6}$

反对称性: $\qquad R_{12}(-\eta) = -(\eta - P_{12}) = -2P_{12}^{(-)} \tag{8.4.7}$

这里 $R_{21}(\lambda) = P_{12} R_{12}(\lambda) P_{12}$. R 矩阵满足 Yang-Baxter 方程

$$R_{12}(\lambda - u)R_{13}(\lambda - v)R_{23}(u - v) = R_{23}(u - v)R_{13}(\lambda - v)R_{12}(\lambda - u) \tag{8.4.8}$$

引入单行单值矩阵 $T(\lambda)$ 和 $\hat{T}(\lambda)$

$$T_0(\lambda) = R_{0N}(\lambda - \theta_N)R_{0\,N-1}(\lambda - \theta_{N-1}) \cdots R_{01}(\lambda - \theta_1) \tag{8.4.9}$$

$$\hat{T}_0(\lambda) = R_{01}(\lambda + \theta_1)R_{02}(\lambda + \theta_2) \cdots R_{0N}(\lambda + \theta_N) \tag{8.4.10}$$

其中 $\{\theta_j, j = 1, \cdots, N\}$ 是非均匀参数. 和哈密顿量 (8.4.1) 对应的反射矩阵 $K^-(\lambda)$ 和对偶反射矩阵 $K^+(\lambda)$ 分别是

$$K^-(\lambda) = \begin{pmatrix} p + \lambda & 0 \\ 0 & p - \lambda \end{pmatrix} \tag{8.4.11}$$

$$K^+(\lambda) = \begin{pmatrix} q + \lambda + \eta & \xi(\lambda + \eta) \\ \xi(\lambda + \eta) & q - \lambda - \eta \end{pmatrix} \tag{8.4.12}$$

它们满足反射方程和对偶反射方程

$$R_{12}(\lambda - u)K_1^-(\lambda)R_{21}(\lambda + u)K_2^-(u)$$
$$= K_2^-(u)R_{12}(\lambda + u)K_1^-(\lambda)R_{21}(\lambda - u) \tag{8.4.13}$$
$$R_{12}(u - \lambda)K_1^+(\lambda)R_{21}(-\lambda - u - 2\eta)K_2^+(u)$$
$$= K_2^+(u)R_{12}(-\lambda - u - 2\eta)K_1^+(\lambda)R_{21}(u - \lambda) \tag{8.4.14}$$

为了得到可积的开边界系统, 引入双行单值矩阵 $\mathbb{T}(\lambda)$:

$$\mathbb{T}(\lambda) = T(\lambda)K^-(\lambda)\hat{T}(\lambda) \tag{8.4.15}$$

相应的转移矩阵是

$$t(\lambda) = \text{tr}(K^+(\lambda)\mathbb{T}(\lambda)) \tag{8.4.16}$$

利用 Yang-Baxter 方程和反射方程, 可以证明含有不同谱参数的转移矩阵彼此对易, $[t(\lambda), t(u)] = 0$, 因此体系是可积的.

在 XXX 自旋链的情形下我们取 $\eta = 1$, 系统哈密顿量 (8.4.1) 由转移矩阵求对数后的一阶导数给出

$$H = \frac{\partial \ln t(\lambda)}{\partial \lambda}\bigg|_{\lambda = 0\{\theta_j = 0\}} - N$$
$$= 2\sum_{j=1}^{N-1} P_{j,j+1} + \frac{K_N^{-\prime}(0)}{K_N^-(0)} + 2\frac{K_1^{+\prime}(0)}{K_1^+(0)} - N$$
$$= \sum_{j=1}^{N-1} \vec{\sigma}_j \cdot \vec{\sigma}_{j+1} + \frac{1}{p}\sigma_1^z + \frac{1}{q}(\sigma_N^z + \xi\sigma_N^x) \tag{8.4.17}$$

因此 $\sigma_1 = 1/p$, $\sigma_N^x = \xi/q$, $\sigma_N^z = 1/q$.

利用 R 矩阵的交叉对称性 (8.4.5) 等属性, 可以证明转移矩阵 $t(\lambda)$ 具有以下性质.

交叉对称性: $t(-\lambda - 1) = t(\lambda)$ \hfill (8.4.18)

初值: $t(0) = 2p\,q\displaystyle\prod_{j=1}^{N}(1 - \theta_j)(1 + \theta_j) \times \text{id}$ \hfill (8.4.19)

渐近行为: $\qquad t(\lambda) \sim 2\lambda^{2N+2} \times \mathrm{id} + \cdots, \quad \lambda \to \pm\infty$ \hfill (8.4.20)

相应地, 转移矩阵的本征值 $\Lambda(\lambda)$ 也应该满足

交叉对称性: $\qquad \Lambda(-\lambda-1) = \Lambda(\lambda)$ \hfill (8.4.21)

初值: $\qquad \Lambda(0) = 2p\,q\prod_{j=1}^{N}(1-\theta_j)(1+\theta_j) = \Lambda(-1)$ \hfill (8.4.22)

渐近行为: $\qquad \Lambda(\lambda) \sim 2\lambda^{2N+2} + \cdots, \quad \lambda \to \pm\infty$ \hfill (8.4.23)

本征值 $\Lambda(\lambda)$ 是一个关于变量 λ 的 $2N+2$ 阶多项式, 因此需要它在 $2N+3$ 个点上的值来确定其具体形式. 事实上, 我们已经知道 $\Lambda(\lambda)$ 在 $\lambda = 0, -1, \infty$ 上的取值, 因此还需要另外的 $2N$ 个点, 譬如 $\lambda = \theta_j$ 和 $\theta_j - 1$ 时的关系来确定 $\Lambda(\lambda)$.

我们计算转移矩阵 $t(\lambda)$ 在 θ_j 点和 $\theta_j - 1$ 点的值, 并利用 Yang-Baxter 方程 (8.4.8), R 矩阵的幺正关系 (8.4.4) 和交叉关系 (8.4.5), 可以得到转移矩阵满足以下关系 (由于交叉关系的存在, 这相当于 $2N$ 个条件, 此处详细的证明过程见 [39])

$$t(\theta_j)t(\theta_j-1) = -\frac{\Delta_q(\theta_j)}{(2\theta_j-1)(2\theta_j+1)}, \qquad j = 1, \cdots, N \tag{8.4.24}$$

其中量子行列式 $\Delta_q(\lambda)$ 的具体表达式为

$$\Delta_q(\lambda) = \mathrm{Det}\{T(\lambda)\}\,\mathrm{Det}\{\hat{T}(\lambda)\}\,\mathrm{Det}\{K^-(\lambda)\}\,\mathrm{Det}\{K^+(\lambda)\} \tag{8.4.25}$$

进一步地计算给出

$$\mathrm{Det}\{T(\lambda)\}\,\mathrm{id} = \mathrm{tr}_{12}\left(P_{12}^{(-)}T_1(\lambda-1)T_2(\lambda)P_{12}^{(-)}\right) = \prod_{j=1}^{N}(\lambda-\theta_j+1)(\lambda-\theta_j-1)\,\mathrm{id}$$

$$\mathrm{Det}\{\hat{T}(\lambda)\}\,\mathrm{id} = \mathrm{tr}_{12}\left(P_{12}^{(-)}\hat{T}_1(\lambda-1)\hat{T}_2(\lambda)P_{12}^{(-)}\right) = \prod_{j=1}^{N}(\lambda+\theta_j+1)(\lambda+\theta_j-1)\,\mathrm{id}$$

$$\mathrm{Det}\{K^-(\lambda)\} = \mathrm{tr}_{12}\left(P_{12}^{(-)}K_1^-(\lambda-1)R_{12}(2\lambda-1)K_2^-(\lambda)\right) = 2(\lambda-1)(p^2-\lambda^2)$$

$$\mathrm{Det}\{K^+(\lambda)\} = \mathrm{tr}_{12}\left(P_{12}^{(-)}K_2^+(\lambda)R_{12}(-2\lambda-1)K_1^+(\lambda-1)\right)$$
$$= 2(\lambda+1)((1+\xi^2)\lambda^2 - q^2)$$

相应地, 转移矩阵的本征值 $\Lambda(\lambda)$ 满足恒等式

$$\Lambda(\theta_j)\Lambda(\theta_j-1) = \frac{\Delta_q(\theta_j)}{(1-2\theta_j)(1+2\theta_j)}, \qquad j = 1, \cdots, N \tag{8.4.26}$$

方程 (8.4.26) 建立了转移矩阵的本征值 $\Lambda(\lambda)$ 在特殊点 $\{\theta_j\}$ 的值和量子行列式 $\Delta_q(\lambda)$ 之间的关系. 由于矩阵的迹和量子行列式都不依赖于态, 因此非对角 Bethe Ansatz 解决了传统方法缺少真空态的困难. 而且方程 (8.4.21)—(8.4.23) 和 (8.4.26) 可以确定函数 $\Lambda(\lambda)$. 下面我们通过推广的 T-Q 关系来确定出函数 $\Lambda(\lambda)$.

首先定义 $\bar{a}(\lambda)$ 和 $\bar{d}(\lambda)$

$$\bar{a}(\lambda) = \frac{2\lambda+2}{2\lambda+1}(\lambda+p)(\sqrt{1+\xi^2}\,\lambda+q)\prod_{j=1}^{N}(\lambda+\theta_j+1)(\lambda-\theta_j+1) \quad (8.4.27)$$

$$\bar{d}(\lambda) = \frac{2\lambda}{2\lambda+1}(\lambda-p+1)(\sqrt{1+\xi^2}\,(\lambda+1)-q)\prod_{j=1}^{N}(\lambda+\theta_j)(\lambda-\theta_j)$$

$$= \bar{a}(-\lambda-1) \quad (8.4.28)$$

方程 (8.4.21)—(8.4.23) 和 (8.4.26) 的 $T-Q$ 试探解为

$$\Lambda(\lambda) = \bar{a}(\lambda)\frac{Q_1(\lambda-1)}{Q_2(\lambda)} + \bar{d}(\lambda)\frac{Q_2(\lambda+1)}{Q_1(\lambda)} + 2(1-\sqrt{1+\xi^2})\lambda^n(\lambda+1)^n$$

$$\times \frac{\displaystyle\prod_{j=1}^{N}(\lambda+\theta_j)(\lambda-\theta_j)(\lambda+\theta_j+1)(\lambda-\theta_j+1)}{Q_1(\lambda)Q_2(\lambda)} \quad (8.4.29)$$

其中 n 是整数, 函数 $Q_1(\lambda)$ 和 $Q_2(\lambda)$ 可以用 $2M$ 个 Bethe 根 $\{\mu_j | j = 1, \cdots, 2M\}$ 参数化为

$$Q_1(\lambda) = \prod_{j=1}^{2M}(\lambda-\mu_j) \quad (8.4.30)$$

$$Q_2(\lambda) = \prod_{j=1}^{2M}(\lambda+\mu_j+1) \quad (8.4.31)$$

注意 $2M$ 个 Bethe 根彼此不等. 通过分析该 T-Q 关系, 就可以得到 Bethe Ansatz 方程中根的分布, 从而研究系统的物理性质.

数值结果表明, 任意一个固定的 M 就可以给出转移矩阵或者哈密顿量的所有能谱. 而不同的 M 仅仅给出本征值不同的参数化形式. 因此我们可以给出简单的 T-Q 关系: 对于偶数格点 N, 令 $n = 1$ 并且 $M = N/2$; 对于奇数格点, 令 $n = 2$ 并且 $M = (N+1)/2$.

我们先考虑偶数格点 N. 为了叙述方便, 定义

$$c(\lambda) = 2(1-\sqrt{1+\xi^2})\lambda(\lambda+1)\frac{2\lambda+1}{(2\lambda+2)(\lambda+p)(\sqrt{1+\xi^2}\,\lambda+q)}$$

$$\times \frac{2\lambda + 1}{2\lambda(\lambda - p + 1)(\sqrt{1 + \xi^2}(\lambda + 1) - q)} \tag{8.4.32}$$

函数 $Q_1(\lambda)$ 的零点是 $\lambda = \mu_j$, 函数 $Q_2(\lambda)$ 的零点是 $\lambda = -\mu_j - 1$. 零点 μ_j 和 $-\mu_j - 1$ 互为交叉对称. 首先考虑零点 $\lambda = \mu_j$. 因为 $\Lambda(\lambda)$ 是一个 $N + 2$ 阶多项式, 它本身没有奇点, 所以 T-Q 试探解 (8.4.29) 中右端在 $\lambda = \mu_j$ 处的留数应该为零. 据此可得 Bethe Ansatz 方程

$$c(\mu_j)\bar{a}(\mu_j) = -Q_2(\mu_j)Q_2(\mu_j + 1)$$

$$\equiv -\prod_{l=1}^{2M}(\mu_j + \mu_l + 1)(\mu_j + \mu_l + 2), \qquad j = 1, \cdots, 2M \tag{8.4.33}$$

对 T-Q 试探解 (8.4.29) 求在 $\lambda = -\mu_j - 1$ 处的留数可得 Bethe Ansatz 方程

$$c(-\mu_j - 1)\bar{d}(-\mu_j - 1) = -Q_1(-\mu_j - 1)Q_1(-\mu_j - 2)$$

$$\equiv -\prod_{l=1}^{2M}(\mu_j + \mu_l + 1)(\mu_j + \mu_l + 2), \qquad j = 1, \cdots, 2M \tag{8.4.34}$$

很明显, Bethe Ansatz 方程 (8.4.33) 和 (8.4.34) 等价. 在均匀极限下, $\{\theta_j = 0, j = 1, \cdots, N\}$, 系统的 Bethe Ansatz 方程是

$$(1 - \sqrt{1 + \xi^2})(2\mu_j + 1)(\mu_j + 1)^{2N+1}$$

$$= -(\mu_j - p + 1)(\sqrt{1 + \xi^2}(\mu_j + 1) - q)$$

$$\times \prod_{l=1}^{2M}(\mu_j + \mu_l + 1)(\mu_j + \mu_l + 2), \quad j = 1, \cdots, 2M \tag{8.4.35}$$

利用关系 (8.4.17), 哈密顿量 (8.4.1) 的本征值 (能谱) 为

$$E = N - 1 + \frac{1}{p} + \frac{\sqrt{1 + \xi^2}}{q} - 2\sum_{j=1}^{2M}\frac{1}{\mu_j + 1} \tag{8.4.36}$$

对于奇数 N, 令 $M = (N + 1)/2$, $\Lambda(u)$ 可以参数化为

$$\Lambda(\lambda) = \bar{a}(\lambda)\frac{Q_1(\lambda - 1)}{Q_2(\lambda)} + \bar{d}(\lambda)\frac{Q_2(\lambda + 1)}{Q_1(\lambda)} + 2(1 - \sqrt{1 + \xi^2})\lambda^2(\lambda + 1)^2$$

$$\times \frac{\displaystyle\prod_{j=1}^{N}(\lambda + \theta_j)(\lambda - \theta_j)(\lambda + \theta_j + 1)(\lambda - \theta_j + 1)}{Q_1(\lambda)Q_2(\lambda)} \tag{8.4.37}$$

由留数定理可得在均匀极限下的 Bethe Ansatz 方程

$$(1 - \sqrt{1+\xi^2})\mu_j(2\mu_j + 1)(\mu_j + 1)^{2N+2}$$

$$= -(\mu_j - p + 1)(\sqrt{1+\xi^2}\,(\mu_j + 1) - q)$$

$$\times \prod_{l=1}^{2M}(\mu_j + \mu_l + 1)(\mu_j + \mu_l + 2), \quad j = 1, \cdots, 2M \quad (8.4.38)$$

注意 Bethe 根两两不等, $\mu_j \neq \mu_l$. 哈密顿量的本征值仍然由方程 (8.4.36) 给出, 其中 $M = (N+1)/2$.

8.4.2 非平行边界的 XXZ 自旋链

具有任意非平行边界场的 XXZ 自旋链 [32], 其哈密顿量有如下形式

$$H = \sum_{j=1}^{N-1}\left[\sigma_j^x\sigma_{j+1}^x + \sigma_j^y\sigma_{j+1}^y + \cosh\eta\,\sigma_j^z\sigma_{j+1}^z\right] + \vec{h}_- \cdot \vec{\sigma}_1 + \vec{h}_+ \cdot \vec{\sigma}_N \quad (8.4.39)$$

与该模型相关的是三角 R 矩阵 (8.3.2), 相应的最具一般性的边界 K^- 矩阵形式为

$$K^-(u) = \begin{pmatrix} K_{11}^-(u) & K_{12}^-(u) \\ K_{21}^-(u) & K_{22}^-(u) \end{pmatrix}$$

$$K_{11}^-(u) = 2\left(\sinh(\alpha_-)\cosh(\beta_-)\cosh(u) + \cosh(\alpha_-)\sinh(\beta_-)\sinh(u)\right)$$

$$K_{22}^-(u) = 2\left(\sinh(\alpha_-)\cosh(\beta_-)\cosh(u) - \cosh(\alpha_-)\sinh(\beta_-)\sinh(u)\right)$$

$$K_{12}^-(u) = e^{\theta_-}\sinh(2u), \quad K_{21}^-(u) = e^{-\theta_-}\sinh(2u) \quad (8.4.40)$$

K^+ 矩阵可通过同构映射得到

$$K^+(u) = K^-(-u-\eta)\big|_{(\alpha_-, \beta_-, \theta_-) \to (-\alpha_+, -\beta_+, \theta_+)} \quad (8.4.41)$$

这里 $\alpha_\mp, \beta_\mp, \theta_\mp$ 是有关边界场的边界参数, 见 (8.4.42). 这一对 K 矩阵满足同样形式的反射方程 (8.4.13) 和 (8.4.14).

XXZ 开边界自旋链的构造方式类似于 XXX 开边界自旋链, 参见双行单值矩阵 (8.4.15) 和转移矩阵 (8.4.16) 的构造. 相应的系统哈密顿量可由转移矩阵得到

$$H = \sinh\eta\,\frac{\partial \ln t(u)}{\partial u}\bigg|_{u=0, \theta_j=0} - N\cosh\eta - \tanh\eta\sinh\eta$$

$$= \sum_{j=1}^{N-1}\left[\sigma_j^x\sigma_{j+1}^x + \sigma_j^y\sigma_{j+1}^y + \cosh\eta\,\sigma_j^z\sigma_{j+1}^z\right]$$

$$+ \frac{\sinh \eta}{\sinh \alpha_- \cosh \beta_-} (\cosh \alpha_- \sinh \beta_- \sigma_1^z + \cosh \theta_- \sigma_1^x + i \sinh \theta_- \sigma_1^y)$$

$$+ \frac{\sinh \eta}{\sinh \alpha_+ \cosh \beta_+} (-\cosh \alpha_+ \sinh \beta_+ \sigma_N^z + \cosh \theta_+ \sigma_N^x + i \sinh \theta_+ \sigma_N^y) \quad (8.4.42)$$

从转移矩阵的构造方式可知, 转移矩阵的本征值 $\Lambda(u)$ 满足以下性质:

$$\Lambda(-u - \eta) = \Lambda(u), \quad \Lambda(u + i\pi) = \Lambda(u) \quad (8.4.43)$$

$$\Lambda(0) = -2^3 \sinh \alpha_- \cosh \beta_- \sinh \alpha_+ \cosh \beta_+ \cosh \eta$$

$$\times \prod_{l=1}^{N} \frac{\sinh(\eta - \theta_l) \sinh(\eta + \theta_l)}{\sinh^2 \eta} \quad (8.4.44)$$

$$\Lambda\left(\frac{i\pi}{2}\right) = -2^3 \cosh \alpha_- \sinh \beta_- \cosh \alpha_+ \sinh \beta_+ \cosh \eta$$

$$\times \prod_{l=1}^{N} \frac{\sinh\left(\frac{i\pi}{2} + \theta_l + \eta\right) \sinh\left(\frac{i\pi}{2} + \theta_l - \eta\right)}{\sinh^2 \eta} \quad (8.4.45)$$

$$\lim_{u \to \pm\infty} \Lambda(u) = -\frac{\cosh(\theta_- - \theta_+) e^{\pm[(2N+1)u + (N+2)\eta]}}{2^{2N+1} \sinh^{2N} \eta} + \cdots \quad (8.4.46)$$

由渐近行为 (8.4.46)、公式 (8.4.43) 的零点值, 以及 R 矩阵和 K 矩阵的解析性可知, 本征值 $\Lambda(u)$ 进一步满足属性:

$$\Lambda(u) \text{作为 } u \text{ 的函数, 是阶数为 } 2N + 4 \text{ 的三角多项式} \quad (8.4.47)$$

类似于 XXX 情形, 可知该模型转移矩阵本征值 $\Lambda(u)$ 所满足的恒等式为

$$\Lambda(\theta_j)\Lambda(\theta_j - \eta) = \frac{\Delta_q(\theta_j) \sinh \eta \sinh \eta}{\sinh(\eta - 2\theta_j) \sinh(\eta + 2\theta_j)}, \quad j = 1, \cdots, N \quad (8.4.48)$$

这里量子行列式 $\Delta_q(u)$ 的定义同于 (8.4.25), 此时由公式 (8.4.49) 给出 [23,40].

$$\Delta_q(u) = -2^4 \frac{\sinh(2u - 2\eta) \sinh(2u + 2\eta)}{\sinh^2 \eta}$$

$$\times \sinh(u + \alpha_-) \sinh(u - \alpha_-) \cosh(u + \beta_-) \cosh(u - \beta_-)$$

$$\times \sinh(u + \alpha_+) \sinh(u - \alpha_+) \cosh(u + \beta_+) \cosh(u - \beta_+)$$

$$\times \prod_{l=1}^{N} \frac{\sinh(u + \theta_l + \eta) \sinh(u - \theta_l + \eta) \sinh(u + \theta_l - \eta) \sinh(u - \theta_l - \eta)}{\sinh^4(\eta)}$$

$$(8.4.49)$$

基于以上属性, 我们可以构造推广的 T-Q 关系. 为此定义函数

$$\bar{A}(u) = \prod_{l=1}^{N} \frac{\sinh(u - \theta_l + \eta)\,\sinh(u + \theta_l + \eta)}{\sinh^2 \eta} \tag{8.4.50}$$

$$\bar{a}(u) = -2^2 \frac{\sinh(2u + 2\eta)}{\sinh(2u + \eta)} \sinh(u - \alpha_-)\cosh(u - \beta_-)$$
$$\times \sinh(u - \alpha_+)\cosh(u - \beta_+)\bar{A}(u) \tag{8.4.51}$$

$$\bar{d}(u) = \bar{a}(-u - \eta) \tag{8.4.52}$$

函数 $Q_1(u)$ 和 $Q_2(u)$ 是由 Bethe 根作为参数的三角多项式,

$$Q_1(u) = \prod_{j=1}^{N+m} \frac{\sinh(u - \mu_j)}{\sinh(\eta)} \tag{8.4.53}$$

$$Q_2(u) = \prod_{j=1}^{N+m} \frac{\sinh(u + \mu_j + \eta)}{\sinh(\eta)} = Q_1(-u - \eta) \tag{8.4.54}$$

在 N 为偶数时 $m = 0$, 在 N 为奇数时 $m = 1$. 受到 [30,31] 的启发, 对于 XXZ 开边界自旋链, 非齐次的 $T - Q$ 关系为 [①]

$$\Lambda(u) = \bar{a}(u)\frac{Q_1(u\quad\eta)}{Q_2(u)} + \bar{d}(u)\frac{Q_2(u + \eta)}{Q_1(u)} + \frac{\sinh^m u\,\sinh^m(u + \eta)}{\sinh^{2m}\eta}$$
$$+ \frac{2\bar{c}\sinh(2u)\sinh(2u + 2\eta)}{Q_1(u)Q_2(u)}\bar{A}(u)\bar{A}(-u - \eta) \tag{8.4.55}$$

根据渐近行为 (8.4.46), 参数 $\bar{c}$ 由边界参数和 μ_j 共同确定

$$\bar{c} = \cosh\left[(N + 1 + 2m)\eta + \alpha_- + \beta_- + \alpha_+ + \beta_+ + 2\sum_{j=1}^{N+m}\mu_j\right] - \cosh(\theta_- - \theta_+) \tag{8.4.56}$$

如果 $N + m$ 个参数 $\{\mu_j | j = 1, \cdots, N + m\}$ 满足 Bethe Ansatz 方程

$$\frac{2\bar{c}\sinh(2\mu_j)\sinh(2\mu_j + 2\eta)\,\bar{A}(\mu_j)\bar{A}(-\mu_j - \eta)}{\bar{d}(\mu_j)Q_2(\mu_j)Q_2(\mu_j + \eta)}$$
$$= -\frac{\sinh^{2m}\eta}{\sinh^m \mu_j \sinh^m(\mu_j + \eta)}, \quad j = 1, \cdots, N + m \tag{8.4.57}$$

---

① 一些形变的 T-Q 关系对应于阶化 XXZ 开边界自旋链可见 [41].

并有选择定则

$$\mu_j \neq \mu_l, \quad \mu_j \neq -\mu_l - \eta \tag{8.4.58}$$

那么 $\Lambda(u)$ 函数 (8.4.55) 即成为 (8.4.47)—(8.4.48) 的解.

Bethe Ansatz 方程 (8.4.57) 在均匀极限 $\theta_j = 0$ 之下变为

$$\frac{\bar{c}\sinh(2\mu_j+\eta)\sinh(2\mu_j+2\eta)\sinh^m\mu_j\sinh^m(\mu_j+\eta)\sinh^{2N}(\mu_j+\eta)}{2\sinh(\mu_j+\alpha_-+\eta)\cosh(\mu_j+\beta_-+\eta)\sinh(\mu_j+\alpha_++\eta)\cosh(\mu_j+\beta_++\eta)}$$

$$= \prod_{l=1}^{N+m}\sinh(\mu_j+\mu_l+\eta)\sinh(\mu_j+\mu_l+2\eta), \quad j=1,\cdots,N+m \tag{8.4.59}$$

系统哈密顿量的本征值 (能谱) 可表示为

$$E = -\sinh\eta[\coth(\alpha_-)+\tanh(\beta_-)+\coth(\alpha_+)+\tanh(\beta_+)]$$

$$-2\sinh\eta\sum_{j-1}^{N+m}\coth(\mu_j+\eta)+(N-1)\cosh\eta \tag{8.4.60}$$

8.4.3 XXZ 自旋链的热力学极限和表面能

为确保哈密顿量的厄米性, 考虑 η 和 $\theta_\pm$ 均为虚数的情形. 同时设 $\alpha_\pm$ 为虚数, $\beta_\pm$ 为实数, 此时边界场为实数. 我们研究在参数 $\eta = \eta_m$ 这些退化点 (对应于 $\bar{c} = 0$) 时的解 [42]

$$\eta_m = -\frac{\alpha_-+\alpha_+\pm(\theta_--\theta_+)+2\pi im}{N+1} \tag{8.4.61}$$

此处 m 是任意整数. 方便起见, 我们引入记号 $\lambda_j = \mu_j+\dfrac{\eta}{2}$, $ia_\pm = \alpha_\pm+\dfrac{\eta}{2}$, $\eta = i\gamma$, 且有 $a_\pm, \gamma \in (0,\pi)$. 则在 $\eta = \eta_m$ 情形下, 约化的 Bethe Ansatz 方程可表示为 ①

$$\left[\frac{\sinh\left(\lambda_j-i\frac{\gamma}{2}\right)}{\sinh\left(\lambda_j+i\frac{\gamma}{2}\right)}\right]^{2N}\frac{\sinh(2\lambda_j-i\gamma)}{\sinh(2\lambda_j+i\gamma)}\frac{\sinh(\lambda_j+ia_+)}{\sinh(\lambda_j-ia_+)}$$

$$\times\frac{\sinh(\lambda_j+ia_-)}{\sinh(\lambda_j-ia_-)}\frac{\cosh\left(\lambda_j+\beta+i\frac{\gamma}{2}\right)}{\cosh\left(\lambda_j+\beta-i\frac{\gamma}{2}\right)}\frac{\cosh\left(\lambda_j-\beta+i\frac{\gamma}{2}\right)}{\cosh\left(\lambda_j-\beta-i\frac{\gamma}{2}\right)}$$

---

① 约化的 Bethe Ansatz 方程是由约化的 $\Lambda(u)$ 函数的正则性得出的 [32].

$$=-\prod_{l=1}^{N}\frac{\sinh(\lambda_j-\lambda_l-i\gamma)\sinh(\lambda_j+\lambda_l-i\gamma)}{\sinh(\lambda_j-\lambda_l+i\gamma)\sinh(\lambda_j+\lambda_l+i\gamma)} \tag{8.4.62}$$

其中的 $j=1,\cdots,N$. 以上的约化 Bethe Ansatz 方程由 [24] 首次给出.

相应的能谱为

$$E=-\sum_{j=1}^{N}\frac{4\sin^2\gamma}{\cosh(2\lambda_j)-\cos\gamma}+(N-1)\cos\gamma$$

$$-\sin\gamma\left[\cot(a_+-\gamma/2)+\cot(a_--\gamma/2)\right] \tag{8.4.63}$$

在格点数趋向于无穷的热力学极限 $N\to\infty$ 之下, 基态能量可写为

$$E=Ne_g+e_b \tag{8.4.64}$$

其中的 e_g 是周期性自旋链的基态能量密度, e_b 是由边界场导致的表面能

$$e_g=-\int_{-\infty}^{\infty}\frac{\sin\gamma\sinh(\pi\omega/2-\gamma\omega/2)}{\sinh(\pi\omega/2)\cosh(\gamma\omega/2)}d\omega+\cos\gamma \tag{8.4.65}$$

$$e_b=e_b^0+I_1(a_+)+I_1(a_-)+2I_2(\beta) \tag{8.4.66}$$

表面能中的每一项分别表达为

$$e_b^0=-\sin\gamma\int_{-\infty}^{\infty}\frac{\tilde{a}_1(\omega)}{1+\tilde{a}_2(\omega)}[\tilde{a}_2(\omega/2)-1]d\omega-\cos\gamma$$

$$I_1(\alpha)=\sin\gamma\int_{-\infty}^{\infty}\frac{\tilde{a}_1(\omega)}{1+\tilde{a}_2(\omega)}\tilde{a}_{2\alpha/\gamma}(\omega)d\omega-\sin\gamma\cot(\alpha-\gamma/2)$$

$$I_2(\beta)=-\sin\gamma\int_{-\infty}^{\infty}\frac{\tilde{a}_1(\omega)}{1+\tilde{a}_2(\omega)}\cos(\beta\omega)\tilde{b}(\omega)d\omega \tag{8.4.67}$$

其中用到了以下函数

$$a_n(\lambda)=\frac{1}{\pi}\frac{\sin(n\gamma)}{\cosh(2\lambda)-\cos(n\gamma)} \tag{8.4.68}$$

$$b(\lambda)=\frac{1}{\pi}\frac{\sin\gamma}{\cosh(2\lambda)+\cos\gamma} \tag{8.4.69}$$

及傅里叶变换后的函数

$$\tilde{a}_n(\omega)=\frac{\sinh(\pi\omega/2-\delta_n\pi\omega)}{\sinh(\pi\omega/2)},\quad \tilde{b}(\omega)=\frac{\sinh(\gamma\omega/2)}{\sinh(\pi\omega/2)} \tag{8.4.70}$$

其中的 $\delta_n \equiv \dfrac{n\gamma}{2\pi} - \left\lfloor \dfrac{n\gamma}{2\pi} \right\rfloor$ 表示 $\dfrac{n\gamma}{2\pi}$ 的分数部分.

8.5 总结和展望

以上我们以拓扑自旋环为例, 构造了非齐次的 T-Q 关系并求解了能谱; 在此基础上进一步构造了模型的 Bethe 态. 对于非平行边界的自旋链, 我们展示了如何求解非平行边界的 XXX 和 XXZ 自旋链能谱, 并讨论了 XXZ 自旋链的热力学极限行为和表面能. 以上内容的更多细节及其他诸多模型和方法, 如 XYZ 自旋链、Hubbard 模型、SU(n) 自旋链、非线性 Schrödinger 模型、Izergin-Korepin 模型 ($A_2^{(2)}$ 代数)、嵌套的非对角 Bethe Ansatz 方法、代数聚合方法等的探讨均收录在著作 [39] 中. 非对角 Bethe Ansatz 这套方法独立于代数 Bethe Ansatz, 但可以看作是它的扩展. 因为这套方法具有普适性, 除了能够有效地用于求解 $U(1)$ 对称性破缺的可积模型之外, 对于传统的周期性边界条件和对角 (平行) 边界条件的可积模型同样适用. 此外, 该方法还有待于进一步发展, 并留下了一些有待解决的问题, 其中包括: 如何将其应用于阶化可积模型和具有非平凡边界的循环可积模型, 如何得到高秩量子可积模型的 Bethe 态和关联函数等. 我们希望这些问题在不久的将来会有更多的进展 ①.

参 考 文 献

[1] Arnold V I. Mathematical Methods of Classical Mechanics. 2nd ed. New York: Springer, 1997.

[2] Babelon O, Bernard D, Talon M. Introduction to Classical Integrable Systems. Cambridge: Cambridge University Press, 2003: 610.

[3] Baxter R J. Exactly Solved Models in Statistical Mechanics. New York: Academic Press, 1982.

[4] Yang C N. S Matrix for the One-Dimensional N-Body problem with repulsive or attractive δ-Function interaction. Phys. Rev., 1968, 168: 1920-1923.

[5] Baxter R J. Eight-Vertex model in lattice statistics. Phys. Rev. Lett., 1971, 26: 832-833.

[6] Bethe H. Zur Theorie der Metalle. Z. Physik, 1931, 71: 205-226.

[7] Baxter R J. Partition function of the Eight-Vertex lattice model. Ann. Phys., 1972, 70: 193-228.

---

① 在 2017 年报告之后我们取得了一些进展. 例如在 [43] 中, 得到了转移矩阵在取一般谱参数时 (此关系是普适的、非特殊点时) 满足的恒等式. 在此基础上可以得到 $U(1)$ 对称破缺 (拓扑边界) 系统相关的一套均匀的 Bethe Ansatz 方程, 使得分析系统的基态和元激发变得简便可行. 其他一些进展如 B_n, C_n, D_n 等高秩代数相关模型的求解 [45-47], 阶化 SU(2|2) 自旋链模型 [48] 的求解, Izergin-Korepin 模型 ($A_2^{(2)}$ 代数) Bethe 态的构造 [49], XYZ 自旋链热力学性质 [50] 的研究等.

[8] Baxter R J. Asymptotically degenerate maximum eigenvalues of the eight-vertex model transfer matrix and interfacial tension. J. Stat. Phys., 1973, 8: 25.

[9] Korepin V E, Bogoliubov N M, Izergin A G. Quantum Inverse Scattering Method and Correlation Functions. Cambridge: Cambridge University Press, 1993.

[10] Faddeev L D, Takhtajan L A. What is the spin of a spin wave? Phys. Lett. A, 1981, 85: 375.

[11] Izergin A G, Korepin V E. The lattice quantum sine-Gordon model. Lett. Math. Phys., 1981, 5: 199.

[12] Izergin A G, Korepin V E. Lattice versions of quantum field theory models in two dimensions. Nucl. Phys. B, 1982, 205: 401.

[13] Takhtajan L A, Faddeev L D. The quantum method for the inverse problem and the Heisenberg XYZ model. Russ. Math. Surv., 1979, 34: 11-68.

[14] Faddeev L, Sklyanin E, Takhtajan L. Quantum inverse problem method. I. Theor. Math. Phys., 1979, 40: 688.

[15] Sklyanin E K. Boundary conditions for integrable quantum systems. J. Phys. A, 1988, 21: 2375.

[16] Faddeev L D, Korepin V E. Quantum theory of solitons. Physics Reports, 1978, 42 (1): 1-87.

[17] Essler F, Frahm H, Izergin A G, Korepin V E. Determinant representation for correlation functions of spin-$\frac{1}{2}$ XXX and XXZ Heisenberg magnets. Commun. Math. Phys., 1995, 174: 191-214.

[18] Kitanine N, Maillet J M, Terras V. Form factors of the XXZ Heisenberg spin-1/2 finite chain. Nucl. Phys. B, 1999, 554: 647.

[19] Gaudin M. Diagonalization of a class of spin hamiltonians. J. Phys. (Paris), 1976, 37: 1087.

[20] Richardson R W. A restricted class of exact eigenstates of the pairing-force Hamiltonian. Phys. Lett., 1963, 3: 277; IBID, 1963, 5: 82.

[21] Faddeev L D. How Algebraic Bethe Ansatz works for integrable model. Les-Houches Lectures, 1996.

[22] Klumper A. Integrability of quantum chains: theory and applications to the spin-1/2 XXZ chain. Lect. Notes Phys., 2004, 645: 349.

[23] Nepomechie R I. Solving the open XXZ spin chain with nondiagonal boundary terms at roots of unity. Nucl. Phys. B, 2002, 622: 615.

[24] Cao J, Lin H Q, Shi K J, Wang Y. Exact solution of XXZ spin chain with unparallel boundary fields. Nucl. Phys. B, 2003, 663: 487.

[25] Maillet J M, de Santos J S. Drinfel'd twists and algebraic Bethe Ansatz. Amer. Math. Soc. Transl., 2000, 201: 137.

[26] Yang W L, Zhang Y Z, Gould M. Exact solution of the XXZ Gaudin model with generic open boundaries. Nucl. Phys. B, 2004, 698: 503.

[27] de Gier J, Essler F H L. Large deviation function for the current in the open asymmetric simple exclusion process. Phys. Rev. Lett., 2011, 107: 010602.

[28] Crampe N, Ragoucy E. Generalized coordinate Bethe ansatz for non diagonal boundaries. Nucl. Phys. B, 2012, 858: 502.

[29] Niccoli G. Non-diagonal open spin-1/2 XXZ quantum chains by separation of variables: Complete spectrum and matrix elements of some quasi-local operators. J. Stat. Mech., 2012: 10025.

[30] Cao J, Yang W L, Shi K J, Wang Y. Off-Diagonal Bethe Ansatz and exact solution of a topological spin ring. Phys. Rev. Lett., 2013, 111: 137201.

[31] Cao J, Yang W L, Shi K, Wang Y. Off-diagonal Bethe Ansatz solution of the XXX spin chain with arbitrary boundary conditions. Nucl. Phys. B, 2013, 875: 152.

[32] Cao J, Yang W L, Shi K, Wang Y. Off-diagonal Bethe Ansatz solutions of the anisotropic spin-1/2 chains with arbitrary boundary fields. Nucl. Phys. B, 2013, 877: 152.

[33] Jiang Y, Cui S, Cao J, et al. Completeness and Bethe root distribution of the spin-1/2 Heisenberg chain with arbitrary boundary fields. 2013.

[34] Cao J, Yang W L, Shi K, Wang Y. Nested off-diagonal Bethe ansatz and exact solutions of the SU(N) spin chain with generic integrable boundaries. JHEP, 2014, 4: 143.

[35] Li Y Y, Cao J, Yang W L, Shi K, Wang Y. Exact solution of the one-dimensional Hubbard model with arbitrary boundary magnetic fields. Nucl. Phys. B, 2014, 879: 98.

[36] Zhang X, Cao J, Yang W L, Shi K, Wang Y. Exact solution of the one-dimensional super-symmetric t-J model with unparallel boundary fields. J. Stat. Mech., 2014, P04031.

[37] Sklyanin E K. The quantum Toda chain. Lect. Notes Phys., 1985, 226: 196; Goryachev-Chaplygin top and the inverse scattering method. J. Sov. Math., 1985, 31: 3417; Separation of Variables: New Trends. Prog. Theor. Phys. Suppl., 1995, 118: 35.

[38] Zhang X, Li Y Y, Cao J, et al. Retrieve the Bethe states of quantum integrable models solved via off-diagonal Bethe Ansatz. J. Stat. Mech., 2015: P05014.

[39] Wang Y, Yang W L, Cao J, Shi K. Off-Diagonal Bethe Ansatz for Exactly Solvable Models. New York: Springer Press, 2015.

[40] Nepomechie R I. Bethe Ansatz solution of the open XX spin chain with non-diagonal boundary terms. J. Phys. A, 2001, 34: 9993. Functional Relations and Bethe Ansatz for the XXZ Chain. J. Stat. Phys., 2003, 111: 1363 [**hep-th/0211001**]; Bethe Ansatz solution of the open XXZ chain with nondiagonal boundary terms. J. Phys. A, 2004, 37: 433.

[41] Karaiskos N, Grabinski A, Frahm H. Bethe Ansatz solution of the small polaron with nondiagonal boundary terms. J. Stat. Mech., 2013: P07009.

[42] Li Y Y, Cao J, Yang W L, Shi K, Wang Y. Thermodynamic limit and surface energy of the XXZ spin chain with arbitrary boundary fields. Nucl. Phys. B, 2014, 884: 17-27.

[43] Qiao Y, Sun P, Cao J, et al. Exact ground state and elementary excitations of a topological spin chain. Phys. Rev. B, 2020, 102: 085115.

[44] Qiao Y, Cao J, Yang W, et al. Exact surface energy and helical spinons in the XXZ spin chain with arbitrary nondiagonal boundary fields. Phys. Rev. B, 2021, 103: L220401.

[45] Li G L, Xue P, Sun P, et al. Exact solutions of the C_n quantum spin chain. Nucl. Phys. B, 2021, 965: 115333.

[46] Li G L, Cao J, Xue P, et al. Off-diagonal Bethe Ansatz for the $D_3^{(1)}$ model. JHEP, 2019, 12: 051.

[47] Li G L, Cao J, Xue P, et al. Off-diagonal Bethe Ansatz on the so(5) spin chain. Nucl. Phys. B, 2019, 946: 114719.

[48] Xu X, Cao J, Qiao Y, et al. Graded Off-diagonal Bethe ansatz solution of the $SU(2|2)$ spin chain model with generic integrable boundaries. Nucl. Phys. B, 2020, 960: 115206.

[49] Qiao Y, Zhang X, Hao K, et al. A convenient basis for the Izergin-Korepin model. Nucl. Phys. B, 2018, 930: 399-417.

[50] Xin Z, Cao Y, Xu X, Yang T, Cao J, Yang W L. Thermodynamic limit of the spin-1/2 XYZ spin chain with the antiperiodic boundary condition. JHEP, 2020, 12: 146.